| 博士生导师学术文库 |

A Library of Academics by
Ph.D.Supervisors

流域水资源保护目标与管理模式研究

丁爱中　潘成忠　许新宜　著

光明日报出版社

图书在版编目（CIP）数据

流域水资源保护目标与管理模式研究 / 丁爱中，潘成忠，许新宜著．-- 北京：光明日报出版社，2023.9

ISBN 978-7-5194-7510-9

Ⅰ.①流… Ⅱ.①丁… ②潘… ③许… Ⅲ.①流域—水资源—资源保护—研究②流域—水资源管理—研究 Ⅳ.①TV213.4

中国国家版本馆 CIP 数据核字（2023）第 185274 号

流域水资源保护目标与管理模式研究

LIUYU SHUIZIYUAN BAOHU MUBIAO YU GUANLI MOSHI YANJIU

著　　者：丁爱中　潘成忠　许新宜

责任编辑：刘兴华　　责任校对：宋　悦　乔宇佳

封面设计：一站出版网　　责任印制：曹　诤

出版发行：光明日报出版社

地　　址：北京市西城区永安路 106 号，100050

电　　话：010-63169890（咨询），010-63131930（邮购）

传　　真：010-63131930

网　　址：http://book.gmw.cn

E - mail：gmrbcbs@gmw.cn

法律顾问：北京市兰台律师事务所龚柳方律师

印　　刷：三河市华东印刷有限公司

装　　订：三河市华东印刷有限公司

本书如有破损、缺页、装订错误，请与本社联系调换，电话：010-63131930

开　　本：170mm×240mm

字　　数：332 千字　　印　　张：18.5

版　　次：2023 年 9 月第 1 版　　印　　次：2024 年 1 月第 1 次印刷

书　　号：ISBN 978-7-5194-7510-9

定　　价：98.00 元

内容简介

本书从我国水资源管理实际需求和生态文明建设要求出发，开展了水功能区管理目标、水资源保护生态补偿机制和协调机制系统研究。首先明确了我国水资源保护的意义，分析了我国流域水资源现状和水资源保护存在的问题，在此基础上提出了本书的结构。全书分为上、中、下三篇，上篇提出了水功能区管理目标制定原则，根据不同功能区的实际进一步明确了功能区目标和确定方法，包括水量目标、水质目标和水生态目标，以淮河流域为案例，研究制定了流域水量、水质和水生态目标；

中篇基于水资源开发利用的损益关系分析和水生态系统服务功能价值，提出了水资源开发利用生态补偿框架，对典型与水资源开发利用相关行为如集中式饮用水源地、地下水超采、矿产资源开发、水能开发利用等分析了损益关系，确定了补偿主体、补偿对象以及补偿模式；

下篇基于我国水资源保护中存在的实际问题，开展了典型性案例分析，借鉴国外水资源管理的先进方法，以及我国的水资源管理的经验教训，力求在我国现有水资源管理体制下提出符合我国实际的水资源保护管理模式和协调机制。

本书集成课题组多年研究成果，涉及水资源保护目标、补偿机制和协调机制，既有理论分析，又有实际案例，可为从事水资源保护领域的管理人员、科研人员和技术人员提供参考，也可作为高等院校及科研院所相关专业的参考用书。

前 言

水资源是人类社会发展和生态系统健康的重要基础，然而，随着人口增长、工业化进程加快和气候变化等因素的影响，全球范围内的水资源短缺和水环境问题日益突出，严重影响了经济社会的可持续发展和环境的保护。2013 年 1 月，国务院办公厅发布《实行最严格水资源管理制度考核办法》，从水量、用水效率和水质 3 个方面建立了“四项制度”和“三条红线”，着力解决水资源过度开发、用水浪费和水污染严重等突出问题。水资源的科学合理利用和节约保护是生态和经济可持续发展的重要保障。

水功能区划是实现我国水资源可持续开发利用和保护的关键要素。近年来，随着我国社会经济的快速发展、产业结构的调整和水资源开发利用条件的变化，部分水域出现了现状功能同发展及保护需求不相适应的问题。因此，水功能区管理目标的研究完善对于水生态系统及其水资源的管理具有重要意义。同时，流域生态补偿作为协调流域各方利益相关者关系、促进流域水资源可持续利用最为有效的手段，受到社会各界的广泛关注。2016 年国务院颁布实施的《关于健全生态保护补偿机制的意见》指出“到 2020 年要实现森林、草原、水流等重点领域生态补偿全覆盖”。2022 年党的二十大报告提出要“统筹水资源、水环境、水生态治理，推动重要江河湖库生态保护治理”“建立生态产品价值实现机制，完善生态保护补偿制度”。由此可见，国家对水资源的管理高度重视。为了缓解水资源匮乏和水污染对社会经济发展带来的制约作用，建立更加科学合理和高效公平的水资源管理制度与模式至关重要。流域水资源管理问题较为复杂，在天然形成的流域范围基础上，还涉及人为的行政区划（如不同县级、市级、省级，甚至不同国家），如何协调流域机构和地方政府的管理职能，统筹流域内各利益相关者的用水需求、实现全流域共同发展，是流域水资源管理中迫切需要解决的难题。

基于以上问题，本书以流域水资源保护目标与管理模式为研究重点，系统总结了当前亟待研究和解决的问题。本书分为上篇、中篇和下篇三个部分。上篇主要从水功能区管理目标的研究着手，分析了在水功能区管理过程中遇到的问题，提出了我国水功能区管理目标的确定方法；中篇则重点研究了水资源保护生态补偿机制，构建水资源开发利用生态补偿框架体系；下篇对水资源保护协调机制进行研究，制定适合我国经济社会发展的水资源管理模式与制度。未来需要水资源管理部门、流域管理机构和地方政府紧密配合，完善涉水法规体系，探索跨部门、跨区域协调的综合管理体制，进一步推进水资源管理与保护实践发展。

本书的成稿是集体智慧的结晶。本书是在水利部水资源司、水资源中心和水利水电规划设计总院多项课题的支持下完成的，课题组多名研究生参与课题研究，有信达、高媛媛、宾零陵、孙宗健、陈德胜、白乙娟、任良锁、侯颖，以及淮河水利委员会程绪水、郁丹英参加了部分课题研究，在成书之际，谨向他们表示诚挚的谢忱。

我国水资源管理的理论在实践中不断完善，水资源管理机制和体制也往往随着国家管理部门的职责不断调整，加之作者学识、水平有限，书中疏漏和不妥之处在所难免，敬请各位读者、同行批评指正。

作者

2023 年 7 月

于北京师范大学

目　录

CONTENTS

第一章　绪　论 ………………………………………………… **1**

　第一节　我国水资源保护的意义 ……………………………… 1

　第二节　我国流域水资源现状 ………………………………… 4

　第三节　我国流域水资源保护存在的问题 …………………… 9

　第四节　本书主要内容及研究思路 …………………………… 10

上篇　水功能区管理目标研究 ……………………………………… **13**

第二章　水功能区概述 ………………………………………… **15**

　第一节　水功能区划体系 ……………………………………… 15

　第二节　水功能区现状与存在问题 …………………………… 20

　第三节　水功能区管理目标需求 ……………………………… 28

第三章　水功能区管理目标制定 ………………………………… **34**

　第一节　水功能区管理目标制定原则 ………………………… 34

　第二节　水量目标确定方法 …………………………………… 34

　第三节　水质目标确定方法 …………………………………… 39

　第四节　水生态目标确定方法 ………………………………… 61

第四章　淮河流域重要水功能区管理目标制定 ………………… **85**

　第一节　流域概况 ……………………………………………… 85

　第二节　重要水功能区概况 …………………………………… 87

第三节 水量管理目标 …… 90
第四节 水质管理目标 …… 93
第五节 水生态管理目标 …… 97

中篇 水资源保护生态补偿机制研究 …… 127

第五章 水资源开发利用损益关系分析 …… 129
第一节 开展生态补偿的必要性 …… 129
第二节 生态损益及相关方法研究进展 …… 131
第三节 水资源开发利用的损益分析 …… 134

第六章 水资源开发利用生态补偿框架体系 …… 135
第一节 水资源开发利用的生态补偿概念和内涵 …… 135
第二节 水资源开发利用的生态补偿总体框架 …… 138

第七章 集中式饮用水源地生态补偿 …… 146
第一节 集中式饮用水源地损益关系分析 …… 146
第二节 集中式饮用水源地生态补偿框架 …… 146
第三节 集中式饮用水源地生态补偿案例解析 …… 147

第八章 地下水超采区生态补偿 …… 153
第一节 地下水超采区损益关系分析 …… 153
第二节 地下水超采区生态补偿框架 …… 154
第三节 地下水超采区生态补偿案例解析 …… 160

第九章 矿产资源开发水生态补偿 …… 168
第一节 矿产资源开发损益关系分析 …… 168
第二节 矿产资源开发水生态补偿框架 …… 174
第三节 矿产资源开发水生态补偿案例解析 …… 177

第十章 水能开发利用生态补偿 …… 185
第一节 水能开发利用损益关系分析 …… 185
第二节 水能开发利用生态补偿框架 …… 187
第三节 水能开发利用生态补偿案例解析 …… 190

下篇　水资源保护协调机制研究 …… 227

第十一章　我国水资源保护工作进程与成效 …… 229

第一节　我国水资源保护工作进程简介 …… 229

第二节　我国水资源保护成效分析 …… 234

第十二章　国内外水资源保护管理体制与模式 …… 249

第一节　我国水资源保护管理模式 …… 249

第二节　国外水管理体制和模式 …… 263

参考文献 …… 270

第一章　绪　论

第一节　我国水资源保护的意义

作为人类文明的基础，水资源的战略地位不言而喻，随着经济社会的迅猛发展，人类对水资源的消耗也是有增无减，水资源的开发利用水平和有效管理关系到一个国家可持续发展的战略未来，而目前我国的水资源形势和水环境问题却异常严峻，主要表现在以下几个方面：

（1）水资源短缺现象严重。

我国是一个干旱缺水严重的国家。淡水资源总量为28000亿立方米，占全球水资源的6%，仅次于巴西、俄罗斯和加拿大，居世界第四位，但人均只有2200立方米，仅为世界平均水平的1/4、美国的1/5，是全球13个人均水资源最贫乏的国家之一。除此之外，我国水资源的时空分布不均等问题突出，南多北少及水资源季节分配不均的问题导致水资源短缺的局面进一步加大。①

（2）水污染问题形势严峻。

我国江河湖泊普遍遭受污染，全国75%的湖泊出现了不同程度的富营养化；90%的城市水域污染严重，南方城市总缺水量的60%—70%是由于水污染造成的；对我国118个大中城市的地下水调查显示，有115个城市地下水受到污染，其中重度污染约占40%。水污染降低了水体的使用功能，加剧了水资源短缺，对我国可持续发展战略的实施带来了负面影响。近年来，一些突发性的水污染事件也对水资源保护带来了挑战，如松花江水污染事件、太湖水污染事件、紫金矿业有毒废水泄漏等问题屡见不鲜，水污染问题已经成为制约我国发展的重

---

① 纪强，史晓新，朱党生，等. 中国水功能区划的方法与实践［J］. 水利规划设计，2002（1）：44-47.

要因素。①

（3）水生态遭受破坏。

由于水资源过度开发利用以及污染问题加剧，与水相关的生态环境也遭到了严重破坏，水土流失、酸雨等现象严重，干旱及洪涝灾害造成的水环境恶化局面短期内难以逆转。② 根据《2021 年中国水土保持公报》，全国有 267.42 万平方公里水土流失面积亟待治理，其中北方风沙区水土流失面积最多，为 133.67 万平方公里，占区域总面积的 55.63%；其次为西北黄土高原区，水土流失 20.55 万平方公里，占区域总面积的 35.74%。东北黑土区的保护和西南石漠化地区耕地资源的抢救也十分紧迫。

水污染严重、水资源不合理开发利用、水生态系统破坏等各种各样的资源和生态环境问题，不仅导致水生生态系统及其服务功能的退化，也已直接影响到饮水和食品安全，影响到公众健康和社会的长治久安，成为社会经济可持续发展的瓶颈。水资源短缺、水质污染、水生态退化已成为社会关注的焦点和热点问题，与我国的经济社会发展极其不协调。

党中央和政府十分重视水资源利用和保护工作，党的十五届五中全会指出："水资源可持续利用是我国经济社会发展的战略问题。"《中共中央关于制定国民经济和社会发展第十个五年计划的建议》就把节约和保护水资源作为一个战略问题，明确指出："全面规划，统筹兼顾，标本兼治，综合治理。坚持兴利除害结合，开源节流并重，防洪抗旱并举，下大力气解决洪涝灾害、水资源不足和水污染问题。"水利部也提出了要从工程水利向资源水利、从传统水利向现代水利、可持续发展水利转变的新时期治水思路。通过水资源的开发、利用、治理、配置、节约、保护，以水资源的可持续利用保障经济社会的可持续发展。把提高水资源的承载能力，提高水资源利用效率，减少水环境污染，促进水资源优化配置，加强水资源科学管理放到重要位置，对水资源保护和管理工作提出了更高、更迫切的要求。2022 年水利部印发《"十四五"水安全保障规划》。《规划》提出，到 2025 年，水旱灾害防御能力、水资源节约集约安全利用能力、水资源优化配置能力、河湖生态保护治理能力进一步加强，国家水安全保障能力明显提升。这是国家层面首次编制实施的水安全保障五年规划，系统总结评估水利改革发展"十三五"规划实施情况，提出了"十四五"水安全保障的总体

① 郭妮娜. 浅析我国水资源现状、问题及治理对策［J］. 安徽农学通报，2018，24（10）：79-81.

② 鲁洪. 水资源利用中存在的生态问题及对策［J］. 绿色环保建材，2016（10）：184.

思路、规划目标、规划任务和保障措施等。

水利部于1998年开始组织各流域机构、省、自治区、直辖市、计划单列市开展水功能区划工作，其指导原则为可持续发展，统筹兼顾、突出重点，前瞻性，便于管理、实用可行和水质水量并重，采用系统分析法、定性判断法、定量计算法和综合决策法进行水功能划分，将地表水功能区划分为二级，即一级区划、二级区划。一级区划是宏观上解决水资源开发利用保护与恢复的问题，主要协调地区间用水关系，长远上考虑可持续发展的需求；二级区划主要协调各市和市内用水部门之间的关系。其中一级功能区分保护区、保留区、开发利用区、缓冲区4类，二级功能区是在一级区划的开发利用区内再分7类，包括饮用水源区、工业用水区、农业用水区、渔业用水区、景观娱乐用水区、过渡区、排污控制区。水功能区划所确定的各功能区的控制断面及水质保护目标，是分析计算水体纳污能力，提出不同规划水平年水体纳污总量控制方案，以及现状排污状况下排污量削减分配方案的依据。

2002年已经完成全国（地表）水功能区划工作，全国31个省（自治区、直辖市）完成行政审批，正式颁布执行。2007年全国监测评价水功能区3355个，按水功能区水质管理目标评价，全年水功能区达标率为41.6%，其中一级水功能区（不包括开发利用区）达标率为48.1%，二级水功能区达标率38.0%。在一级水功能中，保留区达标率为62.3%，保护区达标率为58.5%，缓冲区达标率为25.1%。在二级水功能区中，饮用水源区达标率为43.4%，工业用水区、农业用水区和渔业用水区达标率分别为40.1%、35.9%和44.0%，景观娱乐用水区、过渡区、排污控制区达标率分别为32.8%、18.7%和17.8%。

水功能区划的实施，对水资源保护、水环境改善等方面发挥了重要作用。但随着社会经济的发展，产业结构的调整，城市布局的改变，原有的水功能区划暴露出部分区域划分不合理的问题。另外随着经济的发展，有的水域的功能区划与当地经济发展出现了不协调的矛盾，不利于对水资源的有效保护和合理开发。

同时，我国涉及水资源相关工作的部门较多，流域或区域水资源状况、水资源开发利用现状以及社会经济条件不同，地区或用水部门对水资源的需求不同，往往从局部或部门的利益出发，不同地区或部门之间缺乏协调，由此造成了水资源保护工作的混乱，未与区域或流域经济社会发展相联系，对水环境的生态功能考虑不足，河流跨界断面水质指标较难协调，管理中存在一定困难。

在我国现行的水资源保护工作中，涉及的相关区划主要有水利部的水功能区划、水资源综合规划，生态环境部的水环境功能区划、水污染防治分区等。

这些区划或规划在水资源保护和水污染防治中无疑发挥着重要作用，但也仍存在一些不足：（1）不同区划或规划侧重点不同，或为开发，或为保护，相互之间存在职责交叉，由此带来了水资源管理工作的困难；（2）区划主要以水资源开发利用为中心，对水环境的生态功能考虑不足；（3）河流跨界断面水质指标考核较难协调，管理中存在一定困难。

因此，如何从水资源、水环境特征出发，制定适合经济社会发展的水资源保护协调机制，已经成为我国水资源管理工作的战略性课题。

第二节　我国流域水资源现状

一、水资源概况

我国水资源紧缺已经是不争的事实，《2021 年中国水资源公报》显示，2021 年全国水资源总量为 29638.2 亿立方米，比多年平均值偏多 7.3%。北方 6 区水资源总量 7460.1 亿立方米，占全国的 25.2%，2020 年、2021 年比常年平均偏多 35.1%；南方 4 区水资源总量为 22178.1 亿立方米，占全国的 74.8%，2020 年、2021 年比常年平均偏多 5.3%。全国水资源总量占降水总量的 45.3%，平均每平方公里产水 31.3 万立方米。

2021 年全国地表水资源量 28310.5 亿立方米，折合年径流深 299.3 毫米，比多年平均值偏多 6.6%，比 2020 年减少 6.8%。从水资源分区看，北方 6 区地表水资源量比多年平均值偏多 46.1，南方 4 区比多年平均值偏少 1.0%。在 31 个省级行政区中，地表水资源量比多年平均值偏多的有 23 个省（自治区、直辖市），比多年平均值偏少的有 8 个省（自治区、直辖市），其中北京、天津、河北、内蒙古、陕西、山西偏多 100% 以上，福建、广东、云南 3 个省偏少 20% 以上。

近几年来，我国地表水污染的趋势和程度有所减缓，但是污染依旧严重。根据《中国生态环境状况公报》，2019 年，长江、黄河、珠江、松花江、淮河、海河、辽河七大流域和浙闽片河流、西北诸河、西南诸河主要江河监测的 1610 个水质断面中，Ⅰ～Ⅲ类，Ⅳ、Ⅴ类和劣Ⅴ类水质的断面比例分别为 79.1%、18% 和 3.0%；2020 年监测的 1614 个水质断面中，Ⅰ～Ⅲ类，Ⅳ、Ⅴ类和劣Ⅴ类水质的断面比例分别为 87.4%、12.3% 和 0.2%；2021 年监测的 3117 个国考断面中，Ⅰ～Ⅲ类，Ⅳ、Ⅴ类和劣Ⅴ类水质的断面比例分别为 87.1%、12% 和

0.9%。主要污染指标为化学需氧量、高锰酸盐指数和总磷。其中长江流域、西北诸河、西南诸河、浙闽片河流和珠江流域水质为优，黄河流域、辽河流域和淮河流域水质良好，海河流域和松花江流域为轻度污染。

由于社会经济发展大量占用河道内生态环境用水和超采地下水，导致许多地区出现河流断流、干涸，湖泊、湿地萎缩，入海水量减少，河口淤积萎缩、地下水位持续下降、地面沉降、海水入侵等一系列与水有关的生态环境问题。

据调查，在北方地区调查的514条河流中，有49条河流发生断流，断流河段长度达7428千米，占调查河长的35%。河西走廊及新疆内陆河流，其下游河段及尾闾湖泊常年处于干涸状态，导致林草干枯、土地沙化、绿洲退化等严重后果。20世纪50年代以来，全国面积大于10平方千米的635个湖泊中，目前有231个湖泊发生不同程度的萎缩，其中干涸湖泊89个；湖泊萎缩面积约1.38万平方千米，约占湖泊总面积的18%。全国天然湿地面积共计减少约1350万平方千米，减少了28%。由于面积减少、水量衰减、水循环减弱，导致许多湿地生态环境功能明显减弱，生物多样性受到严重威胁。①

综上所述，目前我国存在的水资源问题主要包括水量紧缺、水质低劣、水生态恶化等，这给水资源保护工作带来了诸多困难。

二、全国水量评价

（一）水量评价指标

评价中根据水资源的多重属性，将引起水量短缺的原因划分为四种，即资源短缺、供水工程不足或老化、水资源利用效率低下、社会经济过载。本次评价选取指标及分级标准如表1-1。同时在评价中以水量短缺作为目标层，以水资源、供水、社会经济、水资源利用效率为准则层。

---

① LIU J, WU Y. Water Sustainability for China and Beyond [J]. Science, 2012, 337 (6095): 649-650.
CAI J, VARIS O, YIN H. China's water resources vulnerability: A spatio-temporal analysis during 2003-2013 [J]. Journal of Cleaner Production, 2017, 142: 2901-2910.
JIANG Y, CHAN F, HOLDEN J, et al. China's water management——challenges and solutions [J]. Environmental Engineering and Management Journal, 2013, 12 (7): 1311-1321.
LIU B J, LIAO S P. The present situation, utilization and protection of water resource [J]. Journal of Southwestern Petroleum Institute Natural Science Edition, 2007, 29 (6): 1-11.

表 1-1　水量评价指标体系及其分级标准

分类	指标	Ⅰ丰水	Ⅱ脆弱	Ⅲ缺水	Ⅳ严重缺水
水资源	人均水资源量（立方米/人）	>2000	1200~2000	400~1200	<400
	亩均水资源量（立方米/亩）	>2000	1200~2000	400~1200	<400
	径流深（毫米）	>800	200~800	50~200	<50
	产水模数（万立方米/平方千米）	>80	45~80	10~45	<10
	降雨深（毫米）	>1600	800~1600	400~800	<400
	人均过境水资源量（立方米/人）	>2000	1200~2000	400~1200	<400
	亩均过境水资源量（立方米/亩）	>2000	1200~2000	400~1200	<400
水资源开发利用	人均供水量（立方米/人）	>1000	600~1000	250~600	<250
	水资源开发利用率（%）	<10	10~25	25~40	>40
	地下水供水比例（%）	<10	10~35	35~60	>60
	跨流域调水比例（%）	0	0~5	5~10	>10
水资源利用效率	万元 GDP 用水量（立方米）	<200	200~600	600~1000	>1000
	一般工业万元产值用水量（立方米）	<80	80~160	160~250	>250
	亩均农田灌溉用水量（立方米）	<300	300~550	550~800	>800
	生活日用水量（升/人）	<100	100~160	160~250	>250
	综合耗水率（%）	<30	30~55	55~70	>70
社会经济	人口密度（人/平方千米）	<100	100~300	300~500	>500
	人均 GDP（万元/人）	<1	1~2	2~3	>3
	第二产业产值占 GDP 比重（%）	>65	50~65	35~50	<35
	第二产业产值模数（万元/平方千米）	<100	100~550	550~1000	>1000
	耕地率（%）	<10	10~25	25~40	>40

（二）水量短缺程度分布

根据集对分析原理，最终得到水量短缺程度分布。根据评价结果全国 31 个省（直辖市、自治区）中，严重缺水的包括北京、天津、山西、山东、河南、河北、宁夏 7 省市自治区；一般缺水区包括甘肃、内蒙古、辽宁、吉林、江苏、黑龙江、上海、安徽 8 省；贵州、四川、重庆、陕西、新疆、福建、江西、湖北、浙江、海南 10 省属于水量脆弱区；青海、云南、西藏、广西、广东、湖南 6 省属于丰水区。

（三）问题分析

从以上情况不难看出，我国缺水最严重的地区主要分布在华北地区，此地区基本处于我国的海河流域，海河流域是我国政治文化中心和经济发达地区，也是水资源十分短缺和生态环境十分脆弱的地区之一。加强流域水资源综合管理，维系良好的流域水生态环境，以水资源的可持续利用支撑经济社会的可持续发展，对海河流域经济社会的可持续发展具有十分重大的战略意义。

我国缺水区主要分布在东北三省和华东地区，东北三省是老工业基地，也是我国粮食主产区，水量的缺乏对其工农业的发展具有严重影响，应当采取有效措施加以保护。华东地区经济发达，人口密集，维持水资源安全具有重要的战略意义，因此在水资源保护中需要予以重点考虑。

三、全国水质评价

（一）水质评价指标

由于水量评价过程中，综合考虑了水资源的多重属性，在水质评价中，选择的指标相对单一，以反映目前河流水质、供水水质的指标为主。所选取指标权重及其分级标准如表 1-2。

表 1-2 水质评价指标及其分级标准

指标	好	一般	差	极差
河流水质Ⅰ~Ⅲ比例（%）	>80	55~80	30~55	<30
水库水质Ⅰ~Ⅲ比例（%）	>80	55~80	30~55	<30
饮用水水源地达标率（%）	100	70~100	50~70	<50
水功能区达标（%）	>80	55~80	30~55	<30

（二）水质状况分布

根据集对分析原理，最终得到水质状况分布。根据评价结果，在全国 31 个省（直辖市、自治区）中，极差区包括天津、河北、河南、山西、山东、内蒙古、上海、黑龙江 8 省（市、自治区）；差区包括北京、辽宁、宁夏、江苏 4 省；陕西、甘肃、安徽、吉林、浙江 5 省（市、自治区）属于一般区；重庆、湖南、广西、广东、云南、贵州、青海、新疆、四川、湖北、西藏、江西、福建、海南 14 省（市、自治区）较好。

（三）问题分析

通过对河流、水库水质的分析和饮用水水源地、水功能区达标情况的计算不难发现，除西北、西南、华南和中部部分地区以外，我国的大部分区域的水质状况并不理想。而非限制区的水质状况较好主要基于以下几点：

一是水资源较为丰富，对污染物有较强的稀释作用，有利于污染物扩散；

二是西部等区域人口稀疏，工业相对较少，污染物总量少。

与之相反，问题严重的区域水资源相对匮乏，而经济发达和人口密集导致工业和生活污水的大量排放，水体自净能力有限，污染严重。同时，该区域管理体制健全，科技手段先进，应当对水质保护起到积极的促进作用，但水质较差的现实却值得反思，只有采取有针对性的措施并严格加以执行，才能保障水质安全。

四、全国水生态评价

（一）水生态评价指标

本次评价以陆地生态环境为主，水生态限制区评价指标及其分级如表1-3。

表1-3 水生态评价指标及其分级标准

指标	良好	脆弱	一般	较差
生物丰度指数（%）	>75	50~75	25~50	<25
植被覆盖指数（%）	>75	50~75	25~50	<25
土壤退化指数（%）	<25	25~50	50~75	>75

（二）水生态状况分布

根据集对分析原理，根据评价结果，在全国31个省（市、自治区）中，较差区包括天津、河北、河南、山西、山东、内蒙古、上海、宁夏、江苏、陕西、甘肃、青海、新疆、西藏14省（市、自治区）；一般区包括北京、辽宁、吉林、重庆、黑龙江5省；四川、贵州、湖北3省（市、自治区）属于脆弱区；安徽、江西、福建、浙江、云南、湖南、广西、广东、海南9省（市、自治区）属于良好区。

（三）问题分析

从水生态限制区分布来看，我国北方地区的生态系统比较脆弱，一方面是由于北方地区水量较少且季节性分配不均，另一方面，水土流失、植被覆盖减少等问题也是重要因素。也就是说，从生态系统保护的角度来讲，北方地区的问题较为严重，从自然条件看，水资源禀赋少是客观原因，而主动的生态环境保护行为更是必不可少，因此在水资源保护过程中，在生态环境方面仍然有很多工作值得研究。

第三节 我国流域水资源保护存在的问题

通过以上现状分析不难看出，我国的水资源保护面临很大的压力，而在水资源保护工作的开展过程中，也暴露出了不少问题。

（1）水资源保护管理体制尚需改进

以流域区域管理为例，尽管2002年中国修订的《中华人民共和国水法》第12条明确规定了“流域管理与行政区域相结合”的水资源管理模式，并由国务院水行政主管部门负责全国水资源的统一管理和监督工作。但是在现实生活中，往往是地表水的开发利用归水利部，地下水归自然资源部，水污染防治归生态环境部等，多部门管理往往缺乏合作与协商，造成了部门间政策不协调，削弱了水政策以及相关法律法规的有效实施。

（2）水资源保护相关法律体系仍需完善

当前，我国有关水资源保护的法制建设有所发展，相继制定了《中华人民共和国水法》《中华人民共和国水污染防治法》《河道管理条例》《入河排污口监督管理办法》等法律法规，各地地方权力部门也制定了一些法规，各级人民政府还有不少政策性规定。但我国涉及水资源的法律法规和各种规章较为庞杂，有关水量、水质和水生态等问题之间的界定和管理会存在一些交叉，不利于理顺关系，给管理部门的工作造成一定困难。有些法律法规由于年代久远，已经与当前的管理相脱节，也不利于水资源保护工作的开展。

（3）地方保护现象较为严重

在20世纪90年代，我国财税体制改革推动了地方经济的快速发展，GDP增长速度被视为地方政府政绩考核的主要指标，地方政府往往以牺牲水资源和环境为代价，首先考虑经济利益，考虑本地区的税收情况，而对于水资源的保护管理要求，则是以不出现重大污染事故为原则，对于节约用水等问题往往忽视，水资源的粗放型使用现象相当普遍。而中央政府对于地方政府是否依法履行其对本辖区水资源负责的义务，是否采取有效措施改善，仍然缺乏有效的机制和手段进行监督和制约。

（4）水污染突发事件的应急管理缺乏协调

我国水污染应急管理起步较晚，无论是综合性的法律还是单行法对水污染突发事件的规定都不足，由于缺乏相应的法律依据，因此在应对突发问题时经验不足，更不用谈流域和区域以及部门之间的相互协调问题了，松花江污染事故的拖延导致事态进一步扩大就能够充分说明这一点。① 此外，水资源突发事件的应急管理体系并不健全，应急管理的组织、实施、监督、协调等各个环节也都存在着一些具体问题，例如应急管理指挥系统中的职责确定，应急管理中如何协调和保障，预防预警系统中的预警分级等方面都需要完善。

（5）水资源保护宣传工作不到位

一直以来，社会上对水的问题还存在着“取之不尽，用之不竭”等错误观念，同时导致了节水难度增加和水价制定困难等问题。这种问题的存在除了受经济利益驱使外，在很大程度上是因为很多地方政府对公众的宣传教育不到位，致使很多群众缺乏水患意识，对水资源保护的重要性认识不足，对水法律法规不甚了解。宣传教育没有发挥其应有的作用，全社会在水资源保护方面的合力难以形成，在很大程度上对水资源保护工作的开展造成了障碍。

此外，水资源保护监测手段落后、执法队伍素质参差不齐、经费投入不足等问题也是长期困扰我国水资源保护工作的难点，需要继续改进。

通过对我国水资源现状和水资源保护过程中相关问题的分析，可以看出水资源保护工作中的体制、法制和管理机制等仍然存在较大问题，我国水资源在水质、水量和水生态等方面问题相对严重，因此也需要重点加以考虑。通过水量、水质、水生态相关状况的调查评价，可以了解我国水资源的分布状况和问题所在，从而为针对性管理工作的开展奠定基础。

第四节　本书主要内容及研究思路

一、研究内容

针对目前流域水资源保护和管理中亟待研究和解决的问题，本书主要从水

---

① 松花江水污染事件：2005 年 11 月 13 日，吉林石化公司双苯厂一车间发生爆炸。截至同年 11 月 14 日，共造成 5 人死亡、1 人失踪，近 70 人受伤。爆炸发生后，约 100 吨苯类物质（苯、硝基苯等）流入松花江，造成了江水严重污染，沿岸数百万居民的生活受到影响。

功能区管理目标，水资源保护生态补偿机制，及水资源保护协调机制研究三方面进行总结。在结构上本书分为上篇、中篇和下篇，上篇为第 2 章至第 4 章，中篇为第 5 章至第 10 章，下篇为第 11 章至第 12 章。具体内容如下：

1. 上篇：水功能区管理目标研究

通过梳理我国水功能区划体系与现状，分析总结我国在水功能区管理与实践探究过程中遇到的问题与不足，提出我国水功能区管理目标需求。综合水量、水质和水生态管理需求，兼顾水利部提出的“三条红线”管理要求和水功能区管理工作实际，根据水功能区使用功能和特点制定水功能区管理目标。并以淮河流域为例，制定重要水功能区水量、水质和水生态管理目标。

2. 中篇：水资源保护生态补偿机制研究

阐明了在目前的形势下建立与水有关生态补偿机制的必要性，通过分析人类活动对水资源开发利用所产生的损益关系，确定合理的补偿主体、补偿对象、补偿范围、补偿内容、补偿标准与补偿方式，明确与水有关的生态补偿实施机制，构建水资源开发利用生态补偿框架体系。具体介绍了集中式饮用水源地生态补偿、地下水超采区生态补偿、矿产资源开发水生态补偿水能开发利用生态补偿的框架及案例解析。

3. 下篇：水资源保护协调机制研究

总结了我国水资源保护工作进程以及水资源管理中存在的问题，通过对地方水资源保护管理、水资源保护跨部门管理、水资源保护与经济社会发展、跨界河流水资源保护和水污染应急事件协调机制现状的调查评价，分析我国水资源保护的成效。介绍我国流域与区域水资源管理模式，并分析国外水资源管理体制及政府间横向协调机制。

二、研究思路

当前我国水资源正面临严峻挑战，洪涝灾害、干旱缺水、水土流失、水污染、水生态破坏等水问题严重影响了我国经济社会的可持续发展和环境的保护。水资源的数量和质量与日益增长的水资源需求形成强烈的对比，水利工程投入与水资源利用的利益不平衡、经济发展与生态资源环境保护之间的矛盾日益凸现。如何对水资源进行生态、高效协调管理，实现水资源的可持续利用，已成为当前迫切需要解决的现实问题。本书从水资源、水环境特征出发，对水资源保护目标与管理模式涉及的问题进行系统阐述，对水功能区水质、水量、水生态管理目标确定方法进行论述。通过分析水资源开发利用损益关系，明确补偿主体与补偿对象、补偿范围与内容、补偿标准与补偿方式，进一步构建水资源开发利用生态补偿框架体系。总结与概括国内外的水资源管理模式与制度，有助于更清楚地了解各模式与制度的优缺点，探索符合我国国情的水资源管理模式与制度，从而制定适合我国经济社会发展的水资源保护协调机制，促进流域生态环境与社会经济的可持续发展。

上篇

水功能区管理目标研究

第二章　水功能区概述

第一节　水功能区划体系

水利部于1998年在全国范围内组织开展水功能区划分工作，根据国家和流域水资源的管理重点和核心，于2001年下发了《中国水功能区划（试行本）》[简称《区划（试行本）》]。2003年，水利部征求全国各省、自治区、直辖市人民政府及各部委意见，对《区划（试行本）》进行调整修改后上报国务院批准并于2003年7月1日，水利部正式颁布实施了《水功能区管理办法》。

2000年2月，水利部开始组织实施全国七大流域（片）的水功能区划工作。水功能区划是根据流域或区域水资源状况、水资源开发利用现状以及一定时期社会经济在不同地区、不同用水部门对水资源的不同需求，同时考虑水资源的可持续利用，在江河湖库等水域划定具有特定功能的水域（水功能区），并提出不同的水质目标。区划工作目前按照两级基本划分方法进行：一级区划分为保护区、缓冲区、开发利用区和保留区4区；在一级区划的基础上，将开发利用区再划分为饮用水源区、工业用水区、农业用水区、渔业用水区、景观娱乐用水区、过渡区和排污控制区7个二级分区。

2000年12月，水利部召开了《全国七大流域（片）水功能区划报告》专家座谈会。根据专家座谈会意见，在各流域编制的水功能区划成果基础上编制完成了中国水功能区划报告。按照全国水功能区划技术体系的统一要求，全国选择1407条河流、248个湖泊水库进行区划，共划分保护区、缓冲区、开发利用区、保留区等水功能一级区3122个，区划总计河长209881.7公里。在水功能一级区划的基础上，根据二级区划分类与指标体系，在开发利用区进一步划分饮用水源区、工业用水区、农业用水区、渔业用水区、景观娱乐用水区、过渡区和排污控制区共七类水功能二级区。在全国1333个开发利用区中，共划分水功能二级区 2813 个，河流总长度 74113.4 千米。2002 年 4 月，水利部正式批准在全国试行水功能分区工作。目前全国 31 个省、市、自治区的水功能区划均已完成，为编制全国水资源保护规划和进行水资源管理提供了重要依据。

水功能区是指根据流域或区域的水资源状况，并考虑水资源开发利用现状和社会经济发展对水量和水质的需求，在相应水域划定的具有特定功能、有利于水资源的合理开发利用和保护、能够发挥最佳效益的区域。①

水功能区划分是按各类功能区的指标把某一水域划分为不同类型的水功能区单元的一项水资源开发利用与保护的基础性工作。其主导功能是指在某一水域具有多种功能的情况下，按水资源的自然属性、开发利用现状及社会经济需求，既考虑各功能对水量要求的大小，又兼顾各功能对水质要求的高低，经功能重要性排序而拟定的首位功能即为该区的主导功能。

目前水资源水环境管理中采用的水功能区划方法为两级体系水功能区划方法，即一级区划和二级区划。一级区划在宏观上解决水资源开发利用与保护的问题，主要协调地区间用水关系，长远上考虑可持续发展的需求；二级区划主要协调用水部门之间的关系。一级区划范围可覆盖全流域，二级区划范围仅限于开发利用区内。水功能区划分级分类系统见图 2-1。②

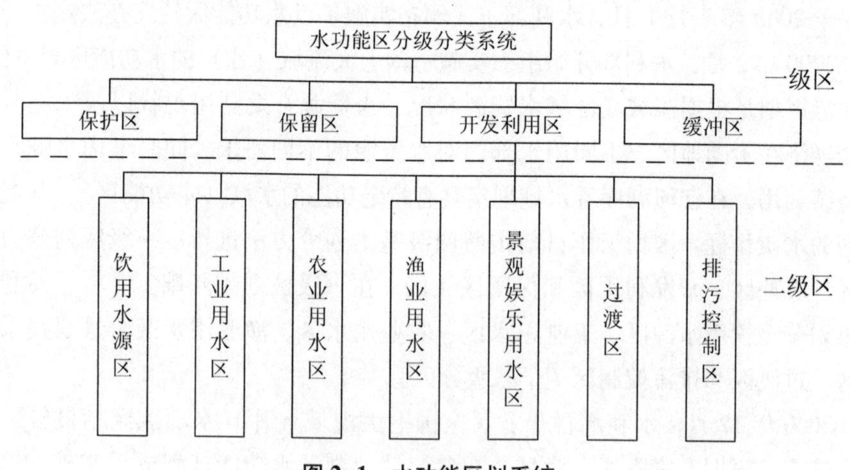

图 2-1 水功能区划系统

（1）保护区

指对水资源保护、自然生态及珍稀濒危物种的保护有重要意义的水域。该

① 彭文启. 水功能区限制纳污红线指标体系［J］. 中国水利，2012，（7）：19-22.

② 魏辰. 水功能区优化布局研究［D］. 西安：西北大学，2019.

区内严格禁止进行其他开发活动，并不得进行二级区划。其区划为满足下列条件之一者：

源头水保护区，系指以保护水资源为目的，在重要河流的源头河段划出专门保护的区域；

国家级和省级自然保护区的用水水域或具有典型的生态保护意义的自然生境所在水域；

跨流域、跨省及省内的大型调水工程水源地，主要指已建（包括规划水平年建成）调水工程的水源区。

功能区划指标包括：集水面积、水量、调水量、保护级别等。

功能区水质标准：根据需要分别执行《地面水环境》（GB3838—2002）Ⅰ、Ⅱ类水质标准或维持水质现状。

（2）保留区

指目前开发利用程度不高，为今后开发利用和保护水资源而预留的水域区域。该区内应维持现状不遭破坏，未经流域机构批准，不得在区内进行大规模的开发利用活动。其区划为满足下列条件之一者：

受人类活动影响较少，水资源开发利用程度较低的水域；

目前不具备开发条件的水域；

考虑到可持续发展的需要，为今后的发展预留的水资源区。

功能区划指标包括：产值、人口、水量等。

功能区水质标准：按现状水质类别控制。

（3）缓冲区

指为协调省际、矛盾突出的地区间用水关系，以及在保护区与开发利用区相接时，为满足保护区水质要求而划定的水域。未经流域机构批准，不得在该区域内进行对水质有影响的开发利用活动。其区划为满足下列条件之一者：

跨省、自治区，直辖市行政区域河流、湖泊的边界附近水域；

省际边界河流、湖泊的边界附近水域；

用水矛盾突出的地区之间水域；

保护区与开发利用区紧密相连的水域。

功能区划指标包括：跨界区域及相邻功能区间水质差异程度。

功能区水质标准：按实际需要执行相关水质标准或按现状控制。

（4）开发利用区

主要指具有满足工农业生产、城镇生活、渔业和游乐等多种需水要求的水域。该区内的具体开发活动必须服从二级区划的功能分区要求，区内的二级区划工作在流域机构指导下，由省级水行政主管部门负责组织划定。其区划条件为取水口较集中，取水量较大的水域（如流域内重要城市江段，具有一定灌溉用水量和渔业用水要求的水域等）。

功能区划指标包括：产值、人口、水量等。

功能区水质标准：按二级区划分类分别执行相应的水质标准。

开发利用区下划分二级区，分别为：

①饮用水源区

指满足城镇生活用水需要的水域。其划区条件为：

已有城市生活用水取水口分布较集中的水域；或在规划水平年内城市发展需要设置取水口，且具有取水条件的水域；

每个用水户取水量不小于有关水行政主管部门实施取水许可制度规定的取水限额。

功能区划指标包括：人口、取水总量、取水口分布等。

功能区水质标准：根据需要分别执行《地面水环境质量标准》（GB3838—2002）Ⅱ、Ⅲ类水质标准。

②工业用水区

指满足城镇工业用水需要的水域。其划区条件为：

现有工矿企业生产用水的集中取水点水域；或根据工业布局，在规划水平年内需要设置工矿企业生产用水取水点，且具备取水条件的水域；

每个用水户取水量不小于行政主管部门实施取水许可制度细则规定的最小取水量。

功能区划指标包括：工业产值、取水总量、取水口分布等。

功能区水质标准：执行《地面水环境质量标准》（GB3838—2002）Ⅳ类标准。

③农业用水区

指满足农业灌溉用水需要的水域。其划区条件为：

已有农业灌溉用水的集中取水点水域；或根据规划水平年内农业灌溉的发展，需要设置农业灌溉集中取水点，且具备取水条件的水域；

每个用水户取水量不小于行政主管部门实施取水许可制度细则规定的最小取水量。

功能区划指标包括：灌区面积、取水总量、取水口分布等。

功能区水质标准：执行《地面水环境质量标准》（GB3838—2002）Ⅴ类标准。

④渔业用水区

指具有鱼、虾、蟹、贝类产卵场、索饵场及洄游通道功能的水域，养殖鱼、虾、蟹、贝、藻类等水生动植物的水域。其划区条件为：

主要经济鱼类的产卵、索饵、洄游通道，及历史悠久或新辟人工繁衍和保护的渔业水域；

水文条件良好，水交换畅通；

有合适的地形、底质。

功能区划指标包括：渔业生产条件及生产状况。

功能区水质标准：执行《渔业水质标准》（GB11607—89）并可参照《地面水环境质量标准》（GB3838—2002）Ⅱ类标准。

⑤景观娱乐用水区

指以满足景观、疗养、度假和娱乐需要为目的的江河湖库等水域。其划区为满足下列条件之一者：

度假、娱乐、运动场所涉及的水域；

水上运动场；

风景名胜区所涉及的水域。

功能区划指标包括：景观娱乐类型及规模。

功能区水质标准：执行《城市污水再生利用　景观环境用水水质》（GB—T18921—2002）并可参照《地面水环境质量标准》（GB3838—2002）Ⅲ类标准。

⑥过渡区

指为使水质要求有差异的相邻功能区顺利衔接而划定的区域。其划区条件为：

下游用水要求高于上游水质状况；

有双向水流的水域，且水质要求不同的相邻功能区之间。

功能区划指标包括：水质与水量。

功能区水质标准：以满足出流断面所邻功能区水质要求选用相应控制标准。

⑦排污控制区

指接纳生活、生产污废水比较集中，接纳的污废水对水环境无重大不利影响的区域。其划区的条件为：

接纳废水中污染物为可稀释降解的；

水域的稀释自净能力较强，其水文、生态特性适宜于作为排污控制区。

功能区划指标包括：排污量、排污口分布。

功能区水质标准：不执行地面水环境质量标准。

第二节　水功能区现状与存在问题

一、水功能区现状调查与评价

（一）全国重要江河湖泊水功能区划情况

1999年底，根据国务院“三定”方案规定水利部职责要求，水利部组织制定全国水功能区划工作，提出了水功能区的两级区划11个分区的基本划分方法，并明确提出了各级区划的具体分类指标。2000年12月编制完成《中国水功能区划》，2002年印发试行。

为有效保护水资源，为水资源开发、利用、保护和水污染防治工作提供科学的依据，按照《中华人民共和国水法》的规定，2002年国务院水行政主管部门组织流域机构和各省水行政主管部门，根据流域和区域水资源条件和水环境状况，结合水资源开发利用现状和经济社会发展要求，开展了水功能区划工作，明确了江河（湖库）水资源开发利用功能和保护目标，主要是考虑水质保护要求。到2008年基本完成了全国各省市区的水功能区划的批复工作。

在全国31个省、自治区、直辖市人民政府批复的本辖区水功能区划的基础上，从国家对水资源管理、水功能的保护重点和实施最严格水资源管理制度出发，选定以下几类区域作为区划对象：

（1）国家重要江河干流及其主要支流的水功能区；国家级及省级自然保护区、跨流域调水水源地及列入国家级名录的集中式地表饮用水水源地水功能区。

（2）国家重点湖库水域的水功能区，主要包括对区域生态保护和水资源开发利用具有重要意义的湖泊和水库水域的水功能区；省际边界水域、重要河口水域、国际界河等协调省区和国家间用水关系和内陆水域功能与海洋功能的重要水域水功能区。

根据区划，纳入全国重要江河湖泊水功能一级区共3216个，区划河长共179605千米，区划湖库面积49496.3平方千米。水功能一级区包括保护区910个，占总数的28.3%；缓冲区478个，占总数的14.9%；开发利用区1107个，占总数的34.4%；保留区690个，占总数的21.5%。其中河道型水功能一级区中，保护区河长共49403千米，占区划总河长27.5%；缓冲区13364千米，占

7.4%；开发利用区 68552 千米，占 38.1%；保留区 45577 千米，占 25.4%（表 2-1）。①

表 2-1　全国重要江河湖泊水功能一级区划信息表

河系分区	水功能一级区		
	个数	河长（千米）	面积（平方千米）
松花江	326	26316	6832
辽河	151	11498	357
海河流域	178	11127	1301
黄河流域	242	15896	1177
淮河流域	263	12968	7379
长江流域	1027	48727	13975
太湖流域	254	4382.3	2777.3
珠江流域	388	17380	939
东南诸河	132	4589	2571
西南诸河	168	14868	1482
西北诸河	87	11854	10704
全国	3216	179605	49496.3

在 1217 个开发利用区中，划定水功能二级区共 2421 个（表 2-2）。水功能二级区分布及长度与我国水资源开发利用程度基本一致，总体上北方多于南方。从区划河长来看，松花江、淮河流域、辽河、黄河流域位于前四位。太湖、东南诸河区和西南诸河区居后三位。

表 2-2　全国重要江河湖泊水功能二级区划信息表

河系分区	二级区划		
	个数	长度（千米）	面积（平方千米）
松花江	224	12099	5
辽河	261	9071	92
海河流域	136	5260	236

① 魏辰. 水功能区优化布局研究［D］. 西安：西北大学，2019.

续表

河系分区	二级区划		
	个数	长度（千米）	面积（平方千米）
黄河流域	229	8620	8
淮河流域	316	9241	899
长江流域	647	7060	1036
太湖流域	284	3589	753
珠江流域	309	6549	353
东南诸河	181	3235	817
西南诸河	57	1012	15
西北诸河	61	4998	2982
全国合计	2421	67145	6444

水功能二级区中，农业用水区累计河长约占水功能二级区划总河长的41%，居七类功能区之首；其他依次为工业用水区、渔业用水区、饮用水源区、过渡区；排污控制区和景观娱乐用水区则最短。

（二）全国水功能区监督管理制度建设

在完成水功能区划的基础上，水利部门开始依据水法的指导开展水功能区监督管理工作。2003年7月水利部下发了《水功能区管理办法》，同时下发了《关于贯彻落实水功能区管理办法加强水功能区监督管理工作的通知》，为水功能区管理提供全面指导。

2004年水利部下发《关于印发水功能区水资源质量评价暂行规定的通知（试行）》，指导各地水功能区水资源质量监测和评价工作。

2005年1月，水利部下发《入河排污口监督管理办法》（水利部第22号令），该办法对新建、改建或者扩大的入河排污口的监督管理提出了明确的要求，对已有排污口的管理也做了明确的规定，以此为指导开展入河排污口监督管理工作。

2006年水利部下发《关于加强省界缓冲区水资源保护和管理工作的通知》，规定了流域机构对省界缓冲区的管理职能，指导流域机构的水功能区监督管理工作。

2009年2月全国水资源工作会议上，陈雷部长提出要实行最严格的水资源管理制度，不断完善并全面贯彻落实水资源管理的各项法律、法规和政策措施，划定水资源管理“红线”，严格执法监督。提出要明确水功能区限制纳污红线，严格控制入河排污总量，并以水功能区管理为载体，进一步加强水资源保护。提出要强化水功能区监督管理，进一步完善水功能区管理的各项制度，科学核定水域纳污能力，根据国家节能减排总体目标，研究提出分阶段入河污染物排放总量控制计划，依法向有关部门提出限制排污的意见。严格入河排污口的监督管理，加强省界和重要控制断面的水质监测，强化入河排污总量的监控，及时将有关情况通报各级政府和有关部门。

2011 年中共中央和国务院一号文件进一步明确提出要实行最严格的水资源管理制度，要建立水功能区限制纳污制度。确立水功能区限制纳污红线，从严核定水域纳污容量，严格控制入河湖排污总量。要求各级政府要把限制排污总量作为水污染防治和污染减排工作的重要依据，明确责任，落实措施。对排污量已超出水功能区限制排污总量的地区，限制审批新增取水和入河排污口。建立水功能区水质达标评价体系，完善监测预警监督管理制度。加强水源地保护，依法划定饮用水水源保护区，强化饮用水水源应急管理。

2007 年，水利部门开始着手研究核定水域纳污能力和限制排污总量意见的分解工作。与此同时，水利部门继续稳步推进全国和各流域水功能区划批复工作。2010 年，《太湖流域水功能区划》由发改委（牵头）、水利部、生态环境部三部委共同组织完成，并得到国务院批复，为进一步强化太湖流域水功能区管理奠定了坚实的基础，也标志着水功能区管理工作取得重大进展。2011 年 8 月 24 日，国务院常务会议审议并原则通过了《太湖流域管理条例》，该条例对流域供水安全保障、水功能区开发利用活动管理、入河排污口监督管理、水质监测等方面作出了较为详细的规定，对流域水功能区管理工作提供了有力的支撑。

（三）全国水功能区监测通报情况

1. 水质及入河排污口监测

水质保护是水功能区管理的主要目标，开展水质监测是水法、《水文条例》、“三定方案”赋予水行政主管部门的重要职能，为水功能水质管理、开展纳污能力核定及提出限制排污总量意见、落实最严格水资源管理制度等提供重要基础支撑。水质监测工作的开展已经有几十年的历史，从刚开始的化学分析到河流断面的水质监测分析，从采样、化验到评价通报整个程序上讲，这项工作已经是比较成熟了。2002 年水利部印发《中国水功能区划（试行）》为开展水功能区的监测提供了基础，水法第三十二条规定“县级以上人民政府水行政主管部门和流域管理机构应当对水功能区的水质状况进行监测，发现重点污染物排放总量超过控制指标的，或者水功能区的水质未达到水域使用功能对水质要求的，应当及时报告有关人民政府采取治理措施，并向环境保护行政主管部门通报。”为水功能区监测和通报工作的开展提供了契机。从2002年开始，流域管理机构以及省级水行政主管部门水功能区水质监测工作相继开展，按照水功能区要求对水质监测断面进行了调整，目前近20个省区定期发布水功能区水质监测通报，各流域机构也都开展了重要水功能区水质监测工作，大部分流域每月或每季发布流域水功能区水质通报。

从流域机构和各省开展监测情况来看，由于流域和区域特点及发展水平的不同，开展监测工作的进程有所差异，水功能区监测覆盖率、监测频次也不尽相同。面积大、分布广的流域和地区，因受地理条件、交通、人员、经费等制约，实施全面监测相对困难。经济较发达的省份，已基本实现重点水功能区全覆盖固定监测。经济较落后省份，则主要针对重点饮用水源地和污染相对较重的水功能区，根据自身监测能力实行每月或每季的常规固定监测，对水质相对较好的区域，往往减少其监测频次。例如：江苏省水功能区监测范围从2003年的223个提高到现在的450个，监测频次从二月一次加密到一月一次，并对全部水功能区开展每两月一次全覆盖监测。太湖流域在流域机构和省市水行政主管部门的共同努力下，基本实现了国务院批复水功能区的全覆盖监测。淮河流域2009年开始实现了全流域水功能区水质监测，2010年全流域所有水功能区的监测频次达到4次/年，重点水功能区的监测频次为每月一次。从水功能区管理的重要性和整体趋势看，随着对水资源的水质要求逐步提高，流域和省区水功能区监测覆盖率和监测频次在不断地提高。

从全国水功能区评价情况来看，2005年全国水功能区评价结果第一次正式公布，纳入全国评价的水功能区共1143个，随后根据水功能区划的不断调整，水功能区评价个数也相应进行调整，至2008年，纳入全国评价的水功能区共有3219个，基本覆盖了全国江河湖泊重要水功能区的范围。

2010年按照水利部的部署，各流域机构组织省、市、县各级环保、水利部门共同开展了省界缓冲区水质监测断面现场查勘和复核工作，形成省界断面设置方案报水利部，2011年各流域开始按照查勘后确定的省界断面开展监测，目前省界缓冲区的监测覆盖率已接近100%。

2. 水量监测现状

水量的监测任务主要是在水文部门的领导下完成，水文监测站点、监测设备以及信息传输的平台等已经比较完备，这也是水利部门工作的优势。但是从目前来说，对应于水功能区管理的水量监测工作还基本处于空白，主要原因是水功能区的水量目标还未建立，水量监测运用于水功能区管理的信息平台还需要进一步的整合完善。

3. 水生态监测现状

2010年，水利部等相关水资源管理部门正在进行水生态系统保护和修复的相关规划、工程建设，管理规范化建设和水生态系统监测与评价等相关工作，已经在武汉市、桂林市、无锡市、合肥市、邢台市等地区进行试点。同时根据全国重要河湖健康评估工作的总体部署，水利部于2010年9月召开了全国重要河湖健康评估工作布置会议，全面部署了河湖健康评估工作任务，相继印发了《全国重要河湖健康评估（试点）工作大纲》《河流健康评估指标、标准与方法（试点工作用）》和《湖泊健康评估指标、标准与方法（试点工作用）》，目前，全国重要河湖健康评估试点工作正在开展。水生态监测和评价体系正在逐步建立和完善阶段。

（四）全国重要江河湖泊水功能区水质状况

通过收集整理我国2005—2008年水资源质量公报的成果，我们首先对近年来水功能区的达标情况进行分析。按《地表水资源质量评价技术规程》（SL395—2007）规定的评价方法，对全国重点水功能区进行了水质监测评价，按评价个数分析，多年平均水功能区达标率为45.6%，其中一级水功能区的保护区和保留区达标较高，分别为61.2%和69%，而省界缓冲区的达标率较低，只有27.4%。在二级水功能区中，饮用水源区达标率为48.2%，工业用水区、农业用水区和渔业用水区达标率分别为41.1%、34.6%和50.2%，景观娱乐用水区、过渡区达标率分别为29.7%和20.8%，而排污控制区达标率仅有18.6%。总体上，水功能区水质要求越低，其达标率也越低。

二、水功能区管理存在的主要问题

水功能区管理从提出到现在经历了十几年时间，做了很多卓有成效的工作，对于促进水资源的有效保护起到了巨大作用。然而，当前水功能区管理仍存在不少问题，其中水功能区管理内容不完整，目标不明确，手段不完善是几个重要问题。

（一）水功能区管理目标不完整

水功能区是指为满足水资源合理开发和有效保护的需求，根据水资源的自然条件、功能要求、开发利用现状，按照流域综合规划、水资源保护规划和经济社会发展要求，在相应水域按其主导功能划定并执行相应质量标准的特定区域。这样来讲水功能区管理就包含了对水资源的自然属性的管理，水资源的自然属性可以用水量、水质、水生态来概括，那么完整的水功能区管理应包含这三个方面。

现行的水功能区划结果，实质上仅提供了实现水功能的水质目标，导致结果是在水功能区评价中只是简单的评价某一水体为几类水、此类水可实现什么功能，有没有达标。在水功能区内容上缺少了流量、水位等水量和水生态目标管理的内容。目前由于人口增长、社会经济发展、气候变化等多种因素影响，河流的径流量基本上均呈现减少的趋势，甚至出现连续多年径流量均低于其平均流量的情况，水生态出现恶化现象。水功能区管理不仅要考虑水体的水质目标，同时还要考虑流量、水位、流速、泥沙及生态保护等水量和水生态方面的指标，从而将水量、水质和水生态目标统一到特定水域单元考虑，这样水功能区管理的内容才完整，才能满足对河湖生态系统健康管理的需要。

目前水功能区在其区划过程中主要是从水质和水量的角度出发，根据水功能的水质水量需求而划分，在划分过程中没有考虑水生态系统对其的要求。另一方面在水功能区评价的过程中只有水质指标，而无水量指标，更没有水生态系统的总体考虑。目前水利部等相关水资源管理部门正在进行水生态系统保护和修复的相关规划、工程建设，管理规范化建设和水生态系统监测与评价等相关工作，已经在武汉市、桂林市、无锡市、合肥市、邢台市等地区进行试点。总体而言目前水生态系统修复已经成为水资源管理的重点工作之一，而水功能区划作为目前水资源管理的重要手段，其管理指标必须结合水生态指标，对水生态系统进行综合的评价。

（二）水功能区管理考核办法不统一

首先，水功能区的水质目标和评价方法尚不统一。针对水功能区划的水质目标，只是给出了几类水的目标，对于水质指标还不是非常明确，在评价过程中有的采用两项（氨氮、高锰酸盐指数）指标，有的采用全指标（《地表水环境质量标准》GB3838—2002 中的 24 项基本项目），评价结果差异很大。同时由于在水功能区水质监测内容、评价标准和方法，站点布设、监测时间与频次方面存在的差异性，导致实际操作中评价结果的不一致，出现同一个水功能区不同部门采用不同方法评价时，有的评价结果达标，有的评价结果不达标，影响数据的权威性和严肃性，从一定意义来说等同于水质目标的不明确，容易造成管理上的混乱。

目前水功能区的评价方法有均值评价、测次评价，还包括水功能区达标个数评价、水功能区达标河长评价、湖库水功能区达标面积评价多种方法。不同评价方法的评价结果肯定不同，对水功能区管理存在较大的影响，也使得各流域、各区域间的评价结果的可比性降低。各流域采用的水功能区评价方法统计见表 2-3。

其次，在水功能区管理中还未建立水量和水生态指标，明确水量和水生态的目标，要综合考虑水量、水质以及水生态的影响，部分水功能区要从水质目标以及最小生态需水量等因素考虑限制排污及取水的要求。

第三，在一些地区省界缓冲区的管理上，上游省和下游省根据自身的发展情况划定的水质目标不一致，出现上游省出口断面的目标低而下游省入口断面目标高，导致下游省入口断面水质不达标现象时有发生，进而引发上下游之间的争执和纠纷。因此，省界缓冲区目标由流域管理机构进行制定比较可行。

表 2-3　不同流域水功能区评价方法统计

流域	评价方法		
	按水功能区个数统计	河流按代表河长统计	湖（库）按代表面积统计
长江	√	√	√
黄河	√	√	√
海河	√	×	×
松辽	√	√	×
淮河	√	√	√

注："√"表示在该流域采用此评价方法，"×"表示在该流域不采用此评价方法。

（三）水功能区管理手段不完善

首先，水功能区管理的相关法律和规范性文件不具体，技术标准和规范不健全，缺乏可操作性的相关规定。目前水功能区管理的法律依据，除了水法《取水许可和水资源费征收管理条例》中有部分条款涉及水功能区管理之外，主要依靠《水功能区管理办法》进行规范。《水功能区管理办法》全文只有 19 个条文，主要是原则上规定了水功能区的分类、划分主体、编制审批程序、管理体制、检查考核、监测、入河排污口监管等内容，内容不具体，在管理过程中不能发挥其真正的作用。同时水功能区管理尚未有专门的技术导则，在监测和评价中，采用水利部颁布的《水功能区水资源质量评价暂行规定（试行）》，以最劣断面采用一票否决法，未体现出各水质断面、各水质指标的权重和超标程度。

其次，水功能区达标率普遍偏低，水利部门抓手不够。从水功能区管理工作开展情况来看，深入开展工作受到越来越多的制约，最大困难是对水功能区水质保护和入河排污总量控制上缺乏有效的管理手段，特别是对污染源缺乏有效的监督控制手段。如何利用水功能区水质目标和退水管理要求限制取水，找到水功能区管理强有力的抓手，落实限制排污总量，守住纳污控制红线，实现水功能区水质达标率的目标，是目前迫切需要解决的关键问题。

（四）水功能区管理其他问题

当前水功能区管理的一些技术问题仍有待解决，以提高管理效率，实现管理目的。如水功能区水质目标设定，2003 年制定水功能区划时由于完全强调水功能区保护目标不低于现状，导致水污染严重地区水质管理目标低，水资源保护好的地方水质管理目标高，以致在水功能区考核中，水质好的地方水功能区达标率低于水污染严重地区，显然是不合理的。又如最劣断面采用一票否决法，事实上，在最劣断面的水经过一定流动后，其水质会发生改善，因此，一定范围水域内采用水质最劣断面并不合适，未体现出各水质断面的权重，往往造成水功能区达标率过低。

第三节　水功能区管理目标需求

水功能区的管理就是要将水资源的自然属性和社会属性进行有机结合的管理，是统筹考虑水资源的使用功能，提出合理的水质、水量、水生态的管理目标，将水资源的合理利用和保护结合起来，最大限度发挥现有水资源的经济效益、社会效益和生态效益。

一、总体目标需求

（一）水量目标需求

水量指标主要以水位、流量作为主要控制指标，对于特殊河流可以增加可选指标。比如为保证渔业生态系统的生物多样性，在涉及渔业物种资源保护区域可增加流速指标；在黄河等含沙量大的河流可增加冲沙指标。

水量目标是按照水功能区经济社会用水要求和生态用水要求，提出不同水功能区在一定保证率下水位、水量的要求。

对于水功能区经济社会用水要求高的水功能区，要求达到一定的水量保证率，如饮用水源地水量保证率为95%以上。考虑生态用水，提出最小生态水位或最小生态需水量要求，同时考虑水域纳污能力要求，以《水域纳污能力计算规程》（GB/T25173—2010）规定的近10年最低月平均水位或90%保证率最枯月平均水位相应的需水量作为水量目标。

以最小生态水位、需水量或者水域纳污能力计算设计水量作为水资源配置管理的水量目标。根据干旱所造成的环境容量减少和缺水问题进行合理的水质水量联合调度，同时实施用水量紧急限制，限制向污染企业供水。

（二）水质目标需求

水质目标主要是采用全国重要江河湖泊水功能区划确定的水质类别，以及满足水功能区限制纳污量控制要求。

部分水质目标根据现状水质状况以及功能需求进行重新核定。《地表水环境质量标准》（GB3838—2002）规定不同类别水质适用范围如下。

Ⅰ类：主要适用于源头水、国家自然保护区。

Ⅱ类：主要适用于集中式生活饮用水地表水源地一级保护区、珍稀水生生物栖息地、鱼虾类产卵场、仔稚幼鱼的索饵场等。

Ⅲ类：主要适用于集中式生活饮用水地表水源地二级保护区、鱼虾类越冬场、洄游通道、水产养殖区等渔业水域及游泳区。

Ⅳ类：主要适用于一般工业用水区及人体非直接接触的娱乐用水区。

Ⅴ类：主要适用于农业用水区及一般景观要求水域。

污染源的控制和污染物总量的削减是保证水功能区水质达标的根本措施。因此水质指标一方面主要是按照《地表水环境质量标准》（GB3838—2002）规定的24项基本项目为主；饮用水源区增加5项补充项目，作为集中式饮用水源地增加80项特定项目；农业用水区增加农田灌溉用水水质基本控制指标；渔业用水区增加渔业水质控制指标。另一方面应结合水功能区限制纳污量控制指标。

湖泊增加富营养化指标。有工业入河排污口的水功能增加工业污染源特殊项目指标。

从水质目标管理的要求上，《污水综合排放标准》（GB8978—1996）明确规定“GB3838中Ⅰ、Ⅱ类水域和Ⅲ类水域中划定的保护区禁止新建排污口，现有排污口应按水体功能要求实行污染物总量控制以保证受纳水体水质符合规定用途的水质标准”；同时水法明确规定禁止在饮用水水源保护区设置排污口。

（三）水生态目标需求

充分考虑到现阶段水生态监测和评价还不够成熟和完善，在水生态目标的制定上，目前不宜太复杂，参考欧盟水框架和全国重点河湖评估（试点）相关报告制定。

水生态目标主要是浮游植物、保护底栖动物和鱼类的完整性以及保护珍稀水生动物。水生态指标主要包括浮游植物多样性指数和丰富度指数，底栖动物完整性和鱼类完整性，部分地区包括珍稀水生动物存活指数。

底栖动物目前已被广泛应用于生态监测评价中，通过构建底栖动物完整性指数（B-IBI）可以对河湖水生态现状进行较为全面的科学评估。浮游植物及鱼类指标亦常用于评价，因目前全国监测能力不同，结合各地区监测条件而选取。

珍稀水生动物主要包括国家重点保护的、珍稀濒危的、土著的、特有的、重要经济价值的水生物种。

二、保护区管理目标需求分析

保护区是对水资源保护、自然生态及珍稀濒危物种的保护有重要意义的水域。包括重要河流的源头河段、国家级和省级自然保护区的用水水域或具有典型生态保护意义的自然生态所在水域、跨流域或跨省的大型调水工程水源地。

要求满足河流基本生态功能及维持河流源头、国家级和省级自然保护区内生物多样性、水环境和水生态价值，其目标不应低于现状水平。

由于该区极高的保护目标和对自然资源保护具有重要意义，其管理目标也相对其他功能区要高。

（一）水量需求

要求满足河流基本生态功能及维持河流源头、国家级和省级自然保护区内生物多样性、水环境和水生态价值，其目标不应低于现状水平。跨流域或省内特大型调水工程水源地保护区，应根据水资源承载力分析确定某时期系统的合理调水量，应保证本流域或省的水量不仅满足其生态要求，还要满足经济社会用水需求。

（二）水质需求

满足水功能区划要求，《地表水环境质量标准》（GB3838—2002）I、II 类水质标准或不低于现状水质。

限制纳污控制指标取纳污能力与现状年污染物入河量中较小的，其中特殊保护、特大型调水工程、水源地和输水干线的水域，禁止排污。

（三）水生态需求

满足生态流量、保证水生植物生存、水生动物生存和繁殖条件；管理目标设为生态状况极好。

三、保留区管理目标需求分析

保留区是目前开发利用程度不高，为今后开发利用和保护水资源而预留的水域。包括：受人类活动影响较少，水资源开发利用程度较低的水域；目前不具备开发条件的水域；考虑到可持续发展的需要，为今后的发展预留的水资源区。

（一）水量需求

由于该区水体没有具体明确的社会功能，为维持现状不遭破坏，其管理标准应按现状控制。

（二）水质需求

满足水功能区划要求且不低于现状水质。限制纳污量控制指标取纳污能力。

（三）水生态需求

满足生态流量、保证水生植物生存、水生动物生存和繁殖条件；管理目标设为生态状况极好。

四、缓冲区管理目标需求分析

缓冲区是为协调省际、矛盾突出的地区间用水关系，在一级功能区之间划定的水域。包括跨省、自治区、直辖市行政区域河流、省际边界河流、湖泊的边界附近水域和用水矛盾突出的地区之间水域。

（一）水量需求

满足各省或区域社会经济发展和生态环境所需水量，功能区管理须按流域分水方案进行控制。

（二）水质需求

满足水功能区划要求且不低于现状水质。

为避免省界之间用水冲突，限制纳污控制量为零。

（三）水生态需求

满足生态流量、保证水生植物生存、水生动物生存条件；目标设为生态状况中等。

五、开发利用区管理目标需求分析

开发利用区是为满足工农业生产、城镇生活、渔业和游乐等多种需水要求的水域。共包含7个二级水功能区，管理目标需求分析如下：

（一）水量需求

按二级区分类分别满足其相应的水量需求。

1. 工业用水区：满足工业生产需求及达到该功能区的水质目标要求的环境流量。

2. 农业用水区：满足农业生产需求，防止土壤、地下水和农产品污染，保障人体健康，维护生态平衡。

3. 渔业用水区：保证鱼、贝、藻类等正常生长、繁殖和水产品的质量所需水量。

4. 饮用水源区：满足居民生活饮用水的需求。

5. 景观娱乐用水区：满足水功能区达到水质要求的环境流量和景观绿化、娱乐、休闲、疗养等需水量，对于城市湿地，既有景观功能也有生态涵养的功能，需水量要能维持湿地生物多样性和景观功能。

6. 过渡区：要求满足水质达到下游功能区水质目标所需要的水量。

7. 排污控制区：无特定的保护目标，满足出流断面水质达到相邻功能区的水质目标所需水量。

（二）水质需求

限制纳污控制指标取纳污能力。对于饮用水源区，为保障城乡居民生活用水安全，应维持逐步改善水功能区水质，禁止设置入河排污口，限制纳污控制指标为零。

水质指标满足以下要求。

1. 工业用水区：满足《地表水环境质量标准》（GB3838—2002）Ⅳ类标准的同时达到工业用水对水质的要求，满足水功能区划要求且不低于现状水质。

2. 农业用水区：满足《地表水环境质量标准》（GB3838—2002）Ⅲ-Ⅳ类标准，满足《农田灌溉水质标准》（GB5084—2005）基本要求，满足水功能区划要求且不低于现状水质。

3. 渔业用水区：满足《地表水环境质量标准》（GB3838—2002）Ⅱ-Ⅲ类标准，满足《渔业用水标准》（GB11607—89）要求，满足水功能区划要求且不低于现状水质。

4. 饮用水源区：满足《地表水环境质量标准》（GB3838—2002）Ⅱ、Ⅲ类水质标准，满足水功能区划要求且不低于现状水质。

5. 景观娱乐用水区：满足《地表水环境质量标准》（GB3838—2002）Ⅲ-

Ⅳ类标准，满足景观环境用水的水质标准，满足水功能区划要求且不低于现状水质。

6. 过渡区：满足水功能区划要求且不低于现状水质。

7. 排污控制区：满足下一级水功能水质要求。

（三）水生态管理需求

1. 工业用水区：满足生态流量；管理目标为生态状况中等。

2. 农业用水区：满足生态流量、保证水生植物生存、水生动物生存条件；管理目标为生态状况中等。

3. 渔业用水区：满足生态流量、保证水生植物生存、水生动物生存和繁殖条件；目标为生态状况良好。

4. 饮用水源区：满足生态流量、保证水生植物生存、水生动物生存和繁殖条件；管理目标设为生态状况良好。

5. 景观娱乐用区：满足生态流量、保证水生植物生存、水生动物生存和繁殖条件；管理目标为生态状况良好。

6. 过渡区：满足生态流量、保证水生植物生存、水生动物生存条件；制定管理目标为生态状况中等。

7. 排污控制区：满足生态流量、保证水生植物生存、水生动物生存条件；制定管理目标为生态状况中等。

第三章　水功能区管理目标制定

第一节　水功能区管理目标制定原则

(1) 统筹全局，突出重点。目标制定同时考虑水量、水质和水生态管理需求，根据水功能区不同功能，突出重要江河湖泊水功能区和主导功能目标。以保护水资源，维护河流健康生命为最终目标，突出以水质管理为重点，在此基础上，根据水功能区使用功能和特点，完善水量指标，建立生态指标。

(2) 考虑共性，兼顾特性。水功能区水量水质水生态目标要清晰明确，既要有共性指标，也要体现出水功能区管理的差异性，提供不同的自选指标，力求目标明确，科学合理。

(3) 明确要求，分步实施。结合水利部提出的“三条红线”管理要求和水功能区管理工作实际，根据不同类型水功能区的特点和功能，分类制定管理目标，要求明确清晰。同时按照分步实施的原则，提出分阶段要求。如水生态监测能力以及相关配套设施不够完善，条件不够成熟，简化水生态指标，分步实施。

第二节　水量目标确定方法

根据目前水功能区的划分原则、水资源利用现状和经济发展状况，将流量和水位（湖泊和水库）作为水功能区水量指标。

确定水量管理目标时为满足不同功能区对水量的要求，便于管理和考核，提出功能流量和环境流量两个目标值，并选择其中较大值作为管理目标。

水功能区水量指标的计算方法主要包括：一是功能流量或水位，根据水功能区的不同目标需求，利用水文站点的实测数据采用相应的计算方法。二是环境流量，采用水功能区纳污能力计算的设计流量，计算方法是近10年最枯月平均流量或是90%保证率最枯月平均流量。没有水文资料的水功能区，可以根据上、下游功能区降雨量、径流面积与径流模数确定。

一、保护区

保护区是指对水资源保护、自然生态系统和珍稀濒危动物的保护具有重要意义，需划定进行保护的水域。主要包括三类：

一是国家级和省级自然保护区范围内的水域或具有典型生态保护意义的自然生境内的水域，对于这类保护区其功能水量的计算可以根据国家对河流自然保护区水量的相关规定，若没有规定，可采用多年平均流量作为保护区水量管理目标。

二是已建和拟建（规划水平年内建设）跨流域、跨区域的调水工程水源（包括线路）和国家重要水源地水域。对这类调水水源保护区，应根据水资源承载力分析确定某时期系统的合理调水量，保证本流域或省的水量不仅满足其生态要求，还要满足经济社会用水需求。所以采用调水工程要求的调水水位作为功能水位。

三是重要河流的源头河段应划定一定范围水域以涵养和保护水源。所以水源地保护区，为保证水源质量和供水需求，功能流量或水位应该满足水库的正常蓄水位或多年平均流量。

二、缓冲区

缓冲区是为协调省际用水关系和水污染矛盾而划定的特定水域。要求各流域根据不同省份（或区域）的社会经济概况，对流域水资源进行规划，合理分配水资源，解决用水矛盾、促进水资源可持续利用，所以缓冲区的功能流量要保证满足流域分水方案中对断面流量的要求。

三、保留区

保留区是目前开发利用程度不高，但为今后开发利用程度和保护水资源预留的水域。由于其社会功能暂时不是很明确，所以要求在现有的条件下不能对保留区进行任何开发活动，导致影响下游水功能区的来水量，如建设取水工程等。其功能流量要求满足近10年平均流量或是根据上一水功能区的来水量确定。

四、开发利用区

开发利用区是为满足工农业生产、城镇生活、渔业和游乐等多种需水要求的水域，共包含7个二级水功能区，其水量管理目标应根据二级区的具体功能来确定。

（一）饮用水源区

饮用水源区是指为城镇提供综合生活用水而划定的水域。水量管理目标要能满足在一定的供水保证率下居民饮用水的需求。地表饮用水水源地一般为大中型的河流和湖泊、水库，可根据饮用水源区供水规模大小，分别取90%—99%的供水保证率。

（二）工业用水区

工业用水区是用作工业生产用水水域的水域。水量管理目标要满足一定工业用水保证率下的工业发展对流量的需求。我国工业大致分为重点工业（如电力、火电工业）和一般工业，为保证工业的正常发展，一般重点工业采用95%供水保证率，一般工业90%。

（三）农业用水区

农业用水区是用作农业及林业用水水源的水域。水量管理目标要求在一定灌溉用水保证率下满足水功能区的农业灌溉和林业用水需求。农业灌溉供水保证率根据不同区域有所不同，根据《灌溉与排水工程设计规范》（GB50288—99），对应于当地的气候和作物种类采用不同的设计保证率，一般采用75%—90%保证率。

表3-1　灌溉设计保证率

灌溉方法	地区	作物种类	灌溉设计保证率（%）
地面灌溉	干旱地区或水资源紧缺地区	以旱作为主	50—75
		以水稻为主	70—80
	半干旱、半湿润地区或水资源不稳定地区	以旱作为主	70—80
		以水稻为主	75—85
	湿润地区或水资源丰富地区	以旱作为主	75—85
		以水稻为主	80—95
喷灌、微灌	各类地区	各类作物	85—95

注：1. 作物经济价值较高的地区，宜选用表中较大值；作物经济价值不高的地区，可选用表中较小值。

2. 引洪淤灌系统的灌溉设计保证率可取 30%—50%。

（四）渔业用水区

渔业用水区是为满足鱼、虾、蟹等水生生物养殖需求而划定的水域。水量管理目标要求能保证渔业用水区域鱼虾贝藻等正常生长和繁殖所需要的流量（或水位）。宜在考虑其他河道内生态环境和生产用水的条件下，使河道内水产养殖用水的水量得到满足。至少应该满足 90%保证率的流量。

水库养鱼面积与养鱼水位有关，一般死水位至设计正常水位之间 2/3 高程处的相应水位即设计养鱼水位。

（五）景观娱乐用水区

景观娱乐用水区是用作景观、娱乐、运动、休闲、度假和疗养的水域。水量管理目标，要求能满足水功能区景观绿化、娱乐、休闲、疗养等地的需水量，对于城市湿地，由于它既有景观功能也有生态涵养的功能，所以需水量要能维持湿地生物多样性和景观功能。但是目前针对这一功能的需水量计算还没有具体的方法，一般采用水文或水力学方法代替，或是采用 90%保证率下的月平均流量。

（六）排污控制区

排污控制区是集中接纳大中城市生活生产污水，且对水环境无重大不利影响的水域。水量管理目标，要满足排出的水量在过渡区自净后达到下一功能区的水质目标。所以要求排污控制区的功能流量满足 90%保证率的月平均流量。

（七）过渡区

过渡区是为使水质要求有差异的相邻功能区或市级行政区域边界功能区之间顺利衔接而划定的水域。过渡区的功能流量应该满足下游水功能区水质达标要求的流量，功能流量可采用 90%保证率月平均流量或是根据上一水功能区的来水量确定。

五、其他需求的功能流量确定方法

（1）河流输沙排盐需水量的计算

①以汛期用于输沙的水量来计算，公式为：

$$W_f = S_i / C_{max}$$

式中 W_f 为输沙用水量；S_i 为多年平均输沙量；C_{max} 为多年最大年平均含沙量的平

均值，可由公式：$C_{max}=\frac{1}{n}\sum C_{ij}$计算。$C_{ij}$为第$i$年第$j$月平均含沙量。

②以月排沙输水量的平均值来计算：

$$w_{\mathrm{i}}=86400\frac{\frac{1}{n}\sum_{j=1}^{n}t_{ij}}{42.8}d_{i}$$

式中w_i为第i月排沙输水量，t_{ij}为i年j月的输沙量，d_i为i月天数。①

（2）通航水量（水位）的确定

通航河流应根据河道条件保持一定的流量，以维持航道必要的深度和宽度，按照航运设计标准，确定相应的最低通航水深保证率的流量，以此作为河道内航运用水的控制流量。②

天然河流的设计最低通航水位可采用保证率频率法和综合历时曲线法计算，取保证率和重现期应符合表 3-2 及表 3-3 的规定。

表 3-2　天然河流设计最低通航水位保证率频率法

航道等级	保证率（%）	重现期（年）
Ⅰ、Ⅱ	98~99	5~10
Ⅲ、Ⅳ	95~98	4~5
Ⅴ~Ⅵ	90~95	2~4

表 3-3　天然河流设计最低通航水位综合历时曲线法

航道等级	保证率（%）
Ⅰ、Ⅱ	≥98
Ⅲ、Ⅳ	95~98
Ⅴ~Ⅵ	90~95

① 李丽娟，郑红星. 海滦河流域河流系统生态环境需水量计算［J］. 地理学报，2000（4）：495-500.

② 黄学伟，李永庆，刘江侠，等. 北运河旅游通航水源条件分析［J］. 海河水利，2021（5）：5-7.

第三节　水质目标确定方法

2002年试行的《中国水功能区划》按照两级基本划分方法进行：一级区划分为保护区、缓冲区、开发利用区和保留区4个区；在一级区划的基础上，将开发利用区再划分为饮用水源区、工业用水区、农业用水区、渔业用水区、景观娱乐用水区、过渡区和排污控制区7个二级分区。一级水功能区划是从宏观上解决水资源开发利用与保护的问题，主要协调地区间用水关系，从长远上考虑可持续发展的需求。其划分工作以流域机构为主，地方水利部门配合完成。二级水功能区划主要协调用水部门之间的关系。主要由地方水利部门完成，有关流域机构负责指导、协调工作。一级水功能区的划分对二级水功能区划分具有宏观指导作用。

为防治水污染，保护地表水水质，保障人体健康，维护良好的生态系统，国家环境保护总局、国家市场监督管理总局发布《地表水环境质量标准》，地表水环境质量标准基本项目适用于全国江河、湖泊、运河、渠道、水库等具有使用功能的地表水水域，涵盖水功能区的适用范围——中华人民共和国境内陆域河流、湖泊、沼泽、塘库等地表水体。因此在水功能区划中将《地表水环境质量标准》作为水质管理目标和指标制定的基本依据。

不同水功能区的定义、划区条件以及地表水水域环境功能和保护目标不同，其水质管理标准与水质目标也不一样，水质评价根据水功能区类别，选取相应类别标准进行单因子评价，评价结果应说明水质达标情况，超标的应说明超标项目和超标倍数。

水功能区水质管理目标和水质指标确定方法如下：

一、保护区

对水资源保护、自然生态及珍稀濒危物种的保护有重要意义的水域。范围包括重要河流的源头河段、国家级和省级自然保护区的用水水域或具有典型生态保护意义的自然生态所在水域、跨流域或跨省的大型调水工程水源地（主要指已建或包括规划水平年建成调水工程的水源区）。由于该区极高的保护目标和对自然资源保护具有重要意义，其水质管理目标也相对其他功能区要高，保护区执行《地表水环境质量标准》（GB3838—2002）I、II类水质标准或维持现状水质。对于没有水源地功能的水域仅选取地表水环境质量标准基本项目24项

(见表 3-4) 作为水质指标进行考核，水源地保护区水质指标除以上基本 24 项还需包含集中式生活饮用水地表水源地补充项目 5 项 (见表 3-5) 和特定项目 80 项 (由县级以上人民政府环境保护行政主管部门从中选择确定的特定项目，见表 3-6)。

表 3-4　水环境质量标准基本项目标准值　　单位：毫克/升

序号	分类项目		Ⅰ类	Ⅱ类	Ⅲ类	Ⅳ类	Ⅴ类
1	水温（摄氏度）		人为造成的环境水温变化应限制在：周平均最大温升≤1 周平均最大温降≤2				
2	pH		6~9				
3	溶解氧	≥	饱和率 90%（或 7.5）	6	5	4	3
4	高锰酸盐指数	≤	2	4	6	10	15
5	化学需氧量（COD）	≤	15	15	20	30	40
6	生化需氧量（BOD_5）	≤	3	3	4	6	10
7	氨氮（NH3-N）	≤	0.15	0.5	1.0	1.5	2.0
8	总磷（以 P 计）	≤	0.02（湖、库 0.01）	0.1（湖、库 0.025）	0.1（湖、库 0.05）	0.2（湖、库 0.1）	0.2（湖、库 0.2）
9	总氮（湖、库以 N 计）	≤	0.2	0.5	1.0	1.5	2.0
10	铜	≤	0.01	1.0	1.0	1.0	1.0
11	锌	≤	0.05	1.0	1.0	2.0	2.0
12	氟化物（以 F^- 计）	≤	1.0	1.0	1.0	1.5	1.5
13	硒	≤	0.01	0.01	0.01	0.02	0.02
14	砷	≤	0.05	0.05	0.05	0.1	0.1
15	汞	≤	0.00005	0.00005	0.0001	0.001	0.001
16	镉	≤	0.001	0.005	0.005	0.005	0.01
17	铬（六价）	≤	0.01	0.05	0.05	0.05	0.1
18	铅	≤	0.01	0.01	0.05	0.05	0.1
19	氰化物	≤	0.005	0.05	0.2	0.2	0.2
20	挥发酚	≤	0.002	0.002	0.005	0.01	0.1

续表

序号	分类项目		Ⅰ类	Ⅱ类	Ⅲ类	Ⅳ类	Ⅴ类
21	石油类	≤	0.05	0.05	0.05	0.5	1.0
23	阴离子表面活性剂	≤	0.2	0.2	0.2	0.3	0.3
22	硫化物	≤	0.05	0.1	0.2	0.5	1.0
24	粪大肠菌群（个/L）	≤	200	1000	10000	20000	40000

表 3-5　集中式生活饮用水地表水源地补充项目标准限值　单位：毫克/升

序号	项目	标准价值
1	硫酸盐（以硫酸根计）	250
2	氯化物（以 Cl^- 计）	250
3	硝酸盐（以 N 计）	10
4	铁	0.3
5	锰	0.1

表 3-6　集中式生活饮用水地表水源地特定项目标准限值　单位：毫克/升

序号	项目	标准值	序号	项目	标准值
1	三氯甲烷	0.06	41	丙烯酰胺	0.0005
2	四氯化碳	0.002	42	丙烯腈	0.1
3	三溴甲烷	0.1	43	邻苯二甲酸二丁酯	0.003
4	三氯甲烷	0.02	44	邻苯二甲酸二（2-乙基己基）脂	0.008
5	1，2-二氯乙烷	0.03	45	水合肼	0.1
6	环氧氯丙烷	0.02	46	四乙基铅	0.0001
7	氯乙烯	0.005	47	吡啶	0.2
8	1，1-二氯乙烯	0.03	48	松节油	0.2
9	1，2-二氯乙烯	0.05	49	苦味酸	0.5
10	三氯乙烯	0.07	50	丁基黄原酸	0.005
11	四氯乙烯	0.04	51	活性氯	0.01
12	氯丁二烯	0.002	52	滴滴涕	0.001
13	六氯丁二烯	0.0006	53	林丹	0.002

续表

序号	项目	标准值	序号	项目	标准值
14	苯乙烯	0.02	54	环氧七氯	0.0002
15	甲醛	0.9	55	对硫磷	0.003
16	乙醛	0.05	56	甲基对硫磷	0.002
17	丙烯醛	0.1	57	马拉硫磷	0.05
18	三氯乙醛	0.01	58	乐果	0.08
19	苯	0.01	59	敌敌畏	0.05
20	甲苯	0.7	60	敌百虫	0.05
21	乙苯	0.3	61	内吸磷	0.03
22	二甲苯①	0.5	62	百菌清	0.01
23	异丙苯	0.25	63	甲萘威	0.05
24	氯苯	0.3	64	溴氰菊酯	0.02
25	1，2-二氯苯	1.0	65	阿特拉津	0.003
26	1，4-二氯苯	0.3	66	苯并（a）芘	2.8×10E-6
27	三氯苯②	0.02	67	甲基汞	1.0×10E-6
28	四氯苯③	0.02	68	多氯联苯⑥	2.0×10E-5
29	六氯苯	0.5	69	微囊藻毒素-LR	0.001
30	硝基苯	0.017	70	黄磷	0.003
31	二硝基苯④	0.5	71	钼	0.07
32	2，4-二硝基甲苯	0.0003	72	钴	1.0
33	2，4，6-三硝基甲苯	0.5	73	铋	0.02
34	硝基氯苯⑤	0.05	74	硼	0.5
35	2，4-二硝基氯酚	0.05	75	锑	0.005
36	2，4-二氯苯酚	0.093	76	镍	0.02
37	2，4，6-三氯苯酚	0.2	77	钡	0.7
38	五氯酚	0.009	78	钒	0.05
39	苯胺	0.1	79	钛	0.1
40	联苯胺	0.002	80	铊	0.0001

注：①二甲苯：指对-二甲苯、间-二甲苯、邻-二甲苯。

②三氯苯：指1，2，3-三氯苯、1，2，4-三氯苯、1，3，5-三氯苯。

③四氯苯：指 1，2，3，4-四氯苯、1，2，3，5-四氯苯、1，2，4，5-四氯苯。

④二硝基苯：指对-二硝基苯、间-二硝基苯、邻-二硝基苯。

⑤硝基氯苯：指对-硝基氯苯、间-硝基氯苯、邻-硝基氯苯。

⑥多氯联苯：指 PCB-1016、PCB-1221、PCB-1232、PCB-1242、PCB1248、PCB-1254、PCB-1260。

二、保留区

目前开发利用程度不高，为今后开发利用和保护水资源而预留的水域。划区条件包括：受人类活动影响较少，水资源开发利用程度较低的水域；目前不具备开发条件的水域；考虑到可持续发展的需要，为今后的发展预留的水资源区。由于该区水体现状年没有具体明确的社会功能，为维持现状不遭破坏，其水质管理标准应按现状水质类别控制。水质指标也按照现状选取其对应的指标进行考核和评价。

三、缓冲区

为协调省际、矛盾突出的地区间用水关系，在一级功能区之间关系而划定的水域。包括跨省、自治区、直辖市行政区域河流、省际边界河流、湖泊的边界附近水域和用水矛盾突出的地区之间水域。缓冲区划范围大且种类繁杂，功能区管理也须按实际需要执行相关水质标准或按现状控制。

四、开发利用区

具有满足工农业生产、城镇生活、渔业和游乐等多种需水要求的水域。该区内的具体开发活动必须服从二级区划功能分区要求。开发利用区的二级区划水体功能相差较大，无法给出统一的水质管理标准和水质指标，故按二级区划分类分别执行相应的水质标准。

（一）饮用水源区

指满足城镇生活用水需要的水域。划区条件：已有城市生活用水取水口分布较集中的水域；或具有取水条件的水域，在规划水平年内城市发展需设置取水口。根据水域功能，为保障地表水水质和人体健康，该区水质管理标准执行《地表水环境质量标准》（GB3838—2002）II、III 类水质标准。水质指标包括地表水环境质量标准基本项目 24 项、集中式生活饮用水地表水源地补充项目 5 项和特定项目 80 项（可选）。

（二）工业用水区

指满足城镇工业用水需要的水域。根据功能区定义及水域功能，并参照

《工业用水水质标准》中对水质要求，该区水质管理标准执行《地表水环境质量标准》（GB3838—2002）IV 类标准。水质指标选取地表水环境质量标准基本项目 24 项。

（三）农业用水区

指满足农业灌溉用水需要的水域。为防止土壤、地下水和农产品污染，保障人体健康，维护生态平衡，该区执行《地表水环境质量标准》（GB3838—2002）V 类标准，可参照《农业灌溉水质标准》。水质指标参照地表水环境质量标准基本项目 24 项，同时参照农田灌溉用水水质基本控制项目 16 项（见表 3-7）和选择性控制项目 11 项（见表 3-8），其中《地表水环境质量标准》与《农业灌溉水质标准》中重复的指标取较严格标准值。

（四）渔业用水区

指具有鱼、虾、蟹、贝类产卵场、索饵场、越冬场及洄游通道功能的水域，养殖鱼、虾、蟹、贝、藻类等水生动植物的水域。为防止和控制渔业水域水质污染，保证鱼、贝、藻类正常生长、繁殖和水产品的质量，该区执行《渔业水质标准》（GB11607—89）并可参照《地表水环境质量标准》（GB3838—2002）II~III 类标准。水质指标选取渔业水质标准 31 项（表 3-9）及地表水环境质量标准基本项目 24 项，重复的指标取较严格极限值。

表 3-7 农田灌溉用水水质基本控制项目标准值

序号	项目类别	作物种类		
		水作	旱作	蔬菜
1	五日生化需氧量/（毫克/升） ≤	60	100	40a，15b
2	化学需氧量/（毫克/升） ≤	150	200	100a，60b
3	悬浮物（毫克/升） ≤	80	100	60a，15b
4	阴离子表面活性剂/（毫克/升） ≤	5	8	5
5	水温/摄氏度 ≤	25		
6	pH	5.5~8.5		
7	全盐量/（毫克/升） ≤	1000c（非盐碱土地区），2000c（盐碱土地区）		
8	氯化物/（毫克/升） ≤	350		
9	硫化物/（毫克/升） ≤	1		

续表

序号	项目类别	作物种类		
		水作	旱作	蔬菜
10	总汞/（毫克/升）　≤	0.001		
11	镉/（毫克/升）　≤	0.01		
12	总砷/（毫克/升）　≤	0.05	0.1	0.05
13	铬（六价）/（毫克/升）　≤	0.1		
14	铅/（毫克/升）　≤	0.2		
15	粪大肠菌群数/（个/100 毫升）≤	4 000	4 000	2 000a，1 000b
16	蛔虫卵数/（个/升）　≤	2		2a，1b

a：加工、烹调及去皮蔬菜。
b：生食类蔬菜、瓜类和草本水果。
c：具有一定的水利灌排设施，能保证一定的排水和地下水径流条件的地区，或有一定淡水资源能满足冲洗土体中盐分的地区，农田灌溉水质全盐量指标可以适当放宽。

表 3-8　农田灌溉用水水质选择性控制项目标准值

序号	项目类别	作物种类		
		水 作	旱 作	蔬 菜
1	铜/（毫克/升）　≤	0.5	1	
2	锌/（毫克/升）　≤	2		
3	硒/（毫克/升）　≤	0.02		
4	氟化物/（毫克/升）≤	2（一般地区），3（高氟区）		
5	氰化物/（毫克/升）　≤	0.5		
6	石油类/（毫克/升）≤	5	10	1
7	挥发酚/（毫克/升）≤	1		
8	苯/（毫克/升）　≤	2.5		
9	三氯乙醛/（毫克/升）≤	1	0.5	0.5
10	丙烯醛/（毫克/升）≤	0.5		
11	硼/（毫克/升）　≤	1a（对硼敏感作物），2b（对硼耐受性较强的作物），3c（对硼耐受性强的作物）		

续表

序号	项目类别	作物种类		
		水 作	旱 作	蔬 菜
a：对硼敏感作物，如黄瓜、豆类、马铃薯、笋瓜、韭菜、洋葱、柑橘等。 b：对硼耐受性较强的作物，如小麦、玉米、青椒、小白菜、葱等。 c：对硼耐受性强的作物，如水稻、萝卜、油菜、甘蓝等。				

表 3-9 渔业水质标准

毫克/升

项目序号	项目	标准值
1	色、臭、味	不得使鱼、虾、贝、藻类带有异色、异臭、异味
2	漂浮物质	水面不得出现明显油膜或浮沫
3	悬浮物质	人为增加的量不得超过 10，而且悬浮物质沉积于底部后，不得对鱼、虾、贝类产生有害的影响
4	pH 值	淡水 6.5—8.5，海水 7.0—8.5
5	溶解氧	连续 24 小时中，16 小时以上必须大于 5，其余任何时候不得低于 3，对于鲑科鱼类栖息水域冰封期其余任何时候不得低于 4
6	生化需氧量（五天、20 摄氏度）	不超过 5，冰封期不超过 3
7	总大肠菌群	不超过 5000 个/升（贝类养殖水质不超过 500 个/升）
8	汞	≤0.0005
9	镉	≤0.005
10	铅	≤0.05
11	铬	≤0.1
12	铜	≤0.01
13	锌	≤0.1
14	镍	≤0.05
15	砷	≤0.05
16	氰化物	≤0.005
17	硫化物	≤0.2

续表

项目序号	项目	标准值
18	氟化物（以 F-计）	≤1
19	非离子氨	≤0.02
20	凯氏氮	≤0.05
21	挥发性酚	≤0.005
22	黄磷	≤0.001
23	石油类	≤0.05
24	丙烯腈	≤0.5
25	丙烯醛	≤0.02
26	六六六（丙体）	≤0.002
27	滴滴涕	≤0.001
28	马拉硫磷	≤0.005
29	五氯酚钠	≤0.01
30	乐果	≤0.1
31	甲胺磷	≤1
32	甲基对硫磷	≤0.0005
33	呋喃丹	≤0.01

（五）景观娱乐用水区

指以满足景观、疗养、度假和娱乐需要为目的的江河湖库等水域。为保护和改善景观、娱乐用水水体的水质，恢复并保护其水体的自然生态系统，该二级功能区须执行《城市污水再生利用-景观环境用水水质》（GB—T18921-2002）并可参照《地表水环境质量标准》（GB3838—2002）Ⅲ~Ⅳ类标准；水质指标除参考景观环境用水水质标准 14 项（见表 3-10）还需考察地表水环境质量标准基本项目 24 项，重复的指标取严格极限值。

表 3-10 景观环境用水的再生水水质指标 单位：毫克/升

序号	项目	观赏性景观环境用水			娱乐性景观环境用水		
		河道类	湖泊类	水景类	河道类	湖泊类	水景类
1	基本要求	无漂浮物，无令人不愉快的嗅和味					
2	pH 值（无量纲）	6-9					
3	五日生化需氧量（BOD5）≤	10	6		6		
4	悬浮物（SS）≤	20	10		--a		
5	浊度（NTU）≤	--a			5.0		
6	溶解氧≥	1.5			2.0		
7	总磷（以 P 计）≤	1.0	0.5		1.0	0.5	
8	总氮≤	15					
9	氨氮（以 N 计）≤	5					
10	粪大肠菌群（个/升）≤	10000		2000	500		不得检出
11	余氯 b ≥	0.05					
12	色度（度）≤	30					
13	石油类≤	1.0					
14	阴离子表面活性剂	0.5					

注 1：对于需要通过管道输送再生水的非现场回用情况采用加氯消毒方式：而对于现场回用情况不限制消毒方式。
注 2：若使用未经过除磷脱氮的再生水作为景观环境用水，鼓励使用本标准的各方在回用地点积极探索通过人工培养具有观赏价值水生植物的方法，使景观水体的氮磷满足表 1 的要求，使再生水中的水生植物有经济合理的出路。

a：“—”表示对此项无要求。
b：氯接触时间不应低于 30 分钟的余氯。对于非加氯消毒方式无此项要求。

（六）过渡区

指为使水质要求有差异的相邻功能区顺利衔接而划定的区域。根据定义以及水域功能该区以满足出流断面所邻功能区水质要求选用相应的控制标准。水质指标也选择与出流断面所邻功能区相对应的指标。

（七）排污控制区

指接纳生活、生产污废水比较集中，接纳的污废水对水环境无重大不利影响的区域。区划条件为水域的稀释自净能力较强，其水文、生态特性适宜于作为排污区，且对其他用水不致造成危害。根据该区无特定的保护目标，仅作为排污控制区，但是又不能无止境排污造成污染物总量超过水域纳污能力，该区按出流断面水质达到相邻功能区的水质要求选择相应的水质控制标准。水质指标也选择与出流断面所邻功能区相对应的指标。

水功能区划分类指标、水质管理标准和水质指标见表 3-11。

表 3-11 水功能区水质管理标准分类表

水功能区级别	水功能区名称	水质目标	水质指标项目及类型	主要参考依据
一级	保护区	《地表水环境质量标准》（GB3838—2002）I、II类水质标准或维持现状水质	地表水环境质量标准基本项目 24 项，集中式生活饮用水地表水源地补充项目 5 项和特定项目 80 项	极高的保护目标和对自然资源保护具有重要意义，水质要求高
一级	保留区	按现状水质类别控制	根据水质标准选取相应水质指标	开发力度小，维持现状
一级	开发利用区	按二级区划水质标准控制	按现状水体功能选取相应水质指标	
一级	缓冲区	按实际需要执行相关水质标准或按现状控制	根据下游相邻功能区水质目标选取对应水质指标	跨界水域水体功能复杂，按实际情形制定相关标准
二级	饮用水源区	《地表水环境质量标准》（GB3838—2002）II、III 类水质标准	地表水环境质量标准基本项目 24 项，集中式生活饮用水地表水源地补充项目 5 项和特定项目 80 项	保护地表水水质，保障人体健康
二级	工业用水区	《地表水环境质量标准》（GB3838—2002）IV 类标准	地表水环境质量标准基本项目 24 项	工业用水水质标准

续表

水功能区级别	水功能区名称	水质目标	水质指标项目及类型	主要参考依据
二级	农业用水区	《地表水环境质量标准》（GB3838—2002）Ⅱ~Ⅲ类标准	地表水环境质量标准基本项目24项，农田灌溉用水水质基本控制项目16项和选择性控制项目11项，其中重复指标选较严格极限值	农业用水水质标准
二级	渔业用水区	《地表水环境质量标准》（GB3838—2002）Ⅲ~Ⅳ类标准	渔业水质标准31项 地表水环境质量标准基本项目24项	渔业用水水质标准
二级	景观娱乐用水区	《地表水环境质量标准》（GB3838—2002）Ⅲ~Ⅳ类标准	景观环境用水水质标准14项 地表水环境质量标准基本项目24项	景观环境用水水质标准
二级	过渡区	以满足出流断面所邻功能区水质要求选用相应的控制标准	与出流断面所邻功能区相对应的水质指标	根据定义，该区为使水质要求有差异的相邻功能区顺利衔接而划定的区域
二级	排污控制区	出流断面水质达到相邻功能区的水质要求选择相应的水质控制标准	与出流断面所邻功能区相对应的指标	下游相邻水功能区水质标准

五、限制排污量的确定

根据《中华人民共和国水法》和国务院明确的水利部“三定”方案职能规定，国务院水行政主管部门及县级以上各级人民政府水行政主管部门要按照水资源和环境保护的有关法律、法规及技术标准，拟定水资源保护规划，组织水功能区划分，监测江河湖库水质，审定水域纳污能力，提出限制排污总量的意见。水功能区水质目标的制订是为水环境治理提供了治标的依据，而制订水功能区限制排污总量是其治本的依据，即实现污染物总量控制。①

制订限制排污总量的技术路线如图 3-1。

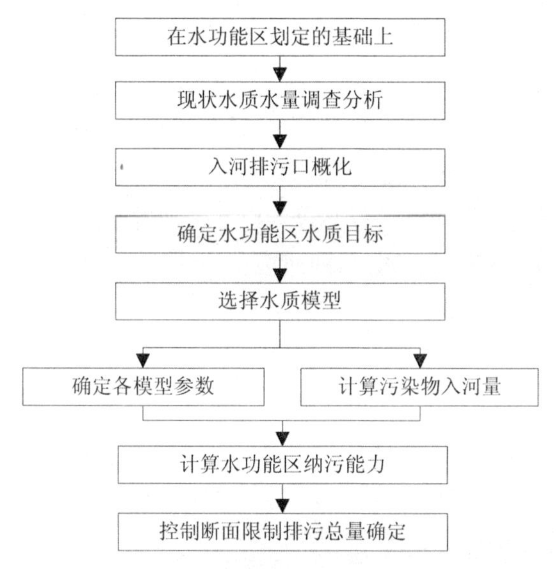

图 3-1　制定限制排污总量的技术路线

（一）现状水质水量调查分析

在水功能区划定且合理的基础上，进行水功能区现状水质水量调查分析，搜集河流纳污能力计算的基本资料，包括水文资料、水质资料、入河排污口资料、支流汇入资料及河道断面资料等。水文资料包括计算河段的流量、流速、比降、水位等；水质资料包括计算河段内各水功能区的水质现状、水质目标等；入河排污口资料包括计算河段内入河排污口分布、排放量、污染物浓度、排放方式、排放规律以及入河排污口所对应的污染源等。其搜集的基本资料应能满足纳污能力计算要求，当相关资料不能满足计算要求时，可通过扩大调查收集范围和现场监测获取。

（二）入河排污口概化

污染物一般是沿河岸分多处排放的，很难准确计算每一排污口所排放的污染物对河流水质的影响。为简化计算，需要将计算河段内的多个入河排污口概

---

① 孟伟. 流域水污染物总量控制技术与规范［M］. 北京：中国环境科学出版社，2008.
包存宽，张敏，尚金城. 流域水污染物排放总量控制研究——以吉林省松花江流域为例［J］. 地理科学，2000（1）：61-64.

化为一个集中排污口。

（三）水质水量模型选取

根据水功能区所在的位置（河流或湖库）及水文特性，选择相应的水质水量模型计算河道纳污能力。

（1）一般规定：采用数学模型计算水域纳污能力，应根据污染物扩散特性，结合我国河流湖库具体情况，选择相应模型。

按计算河段的多年平均流量 Q 划分为以下三种类型：

（Ⅰ）大型：$Q \geqslant 150$ 立方米/秒的河段；

（Ⅱ）中型：$15 < Q < 150$ 立方米/秒的河段；

（Ⅲ）小型：$Q \leqslant 15$ 立方米/秒的河段。

根据湖（库）特征，按不同情况将湖（库）区分为以下类型：

（Ⅰ）按平均水深和水面面积区分大型、中型、小型。

（Ⅱ）按水体营养状态指数区分富营养化型。

（Ⅲ）按水体交换系数 α 区分分层型。

（Ⅳ）按平面形态区分珍珠串型。

采用数学模型计算河流水域纳污能力，可按下列情况对河道特征和水力条件进行简化：

（Ⅰ）断面宽深比不小于 20 时，简化为矩形河段。

（Ⅱ）河段弯曲系数不大于 1.3 时，简化为顺直河段。

（Ⅲ）河道特征和水力条件有显著变化的河段，应在显著变化处分段。

（2）模型选取

河流零维模型：水网地区的河段，污染物在河段内均匀混合，可采用河流零维模型计算水域纳污能力。根据入河污染物的分布情况，应划分不同浓度的均匀混合段，分段计算水域纳污能力。河段的污染物浓度按式（3-1）计算：

$$C = (C_p Q_p + C_0 Q) / (Q_p + Q) \tag{3-1}$$

式中 C——污染物浓度，毫克/升；

C_p——排放的废污水污染物浓度，毫克/升；

C_0——初始断面的污染物浓度，毫克/升；

Q_p——废污水排放流量，立方米/秒；

Q——初始断面的入流流量，立方米/秒。

相应的水域纳污能力按式（3-2）计算：

$$M = (C_s - C_0)(Q + Q_p) \tag{3-2}$$

式中 M——水域纳污能力，千克/秒；

Cs——水质目标浓度值，毫克/升；

河流一维模型：污染物在河段横断面上均匀混合，可采用河流一维模型计算水域纳污能力。主要适用于 Q<150 立方米/秒的中小型河段。污染物浓度按式（3-3）计算：

$$C_x = C_0 \exp\left(-K\frac{x}{u}\right) \tag{3-3}$$

式中 C_x——流经 x 距离后的污染物浓度，毫克/升；

x——沿河段的纵向距离，米；

u——设计流量下河道断面的平均流速，米/秒；

K——污染物综合衰减系数，1/秒；

相应的水域纳污能力按式（3-4）计算：

$$M=（C_S-C_X）（Q+Q_P） \tag{3-4}$$

当入河排污口位于计算河段的中部时，水功能区下断面的污染物浓度及其相应的水域纳污能力分别按式（3-5）和式（3-6）计算：

$$C_{x=L} = C_0 \exp\left(-\frac{KL}{u}\right) + \frac{m}{Q}\exp（-KL/u） \tag{3-5}$$

$$M=（C_s-C_{x=L}）（Q+Q_p） \tag{3-6}$$

式中 m——污染物入河速率，克/秒；

$C_{x=L}$——水功能区下断面污染物浓度，毫克/升；

L——计算河段长（米）；

河流二维模型：污染物在河段横断面上非均匀混合，可采用河流二维模型计算水域纳污能力。主要适用于 $Q \geqslant 150$ 立方米/秒的大型河段。污染物连续恒定排放、横断面为矩形的河段，可用模型的解析法计算水域纳污能力。对于顺直河段，忽略横向流速及纵向离散作用，且污染物排放不随时间变化时，二维对流扩散方程为式（3-7）：

$$u\frac{\partial C}{\partial x} = \frac{\partial}{\partial y}\left(E_y\frac{\partial C}{\partial y}\right) - KC \tag{3-7}$$

式中 E_y——污染物的横向扩散系数，平方米/秒；

y——计算点到岸边的横向距离，米；

基本方程（3-7）的解析解：

河道断面为矩形，式（3-7）的解析解按式（3-8）计算：

$$C（x，y）=\left[C_0 + \frac{m}{h\sqrt{\pi E_y x v}} exp\left(-\frac{v}{4x}\cdot\frac{y^2}{E_y}\right)\right] exp\left(-K\frac{x}{y}\right) \tag{3-8}$$

式中 $C(x, y)$ ——计算水域代表点的污染物平均浓度，毫克/升；

以岸边污染物浓度作为下游控制断面的控制浓度时，即 $y=0$，岸边污染物浓度按式（3-9）计算：

$$C(x, 0)=\left(C_0+\frac{m}{h\sqrt{\pi E_y x v}}\right) exp\left(-K\frac{x}{v}\right) \tag{3-9}$$

式中 $C(x, 0)$ ——纵向距离为 x 的断面岸边（$y=0$）污染物浓度，毫克/升；

v——设计流量下计算水域的平均流速，米/秒；

h——设计流量下计算水域的平均水深，米；

相应的水域纳污能力按式（3-10）或式（3-11）计算：

$$M=\left[C_s-C(x, y)\right]Q \tag{3-10}$$

当 y=0，

$$M=\left[C_s-C(x, 0)\right]Q \tag{3-11}$$

基本方程式（3-7）也可用数值法求解。当污染物为非恒定排放，也可按差分法推求数值解。用数值法求得计算水域代表点的污染物平均浓度 C（x, y），按式（3-10）计算水域纳污能力。

河口一维模型：感潮河段，可采用河口一维模型计算水域纳污能力。模型的水力参数应取潮汐半周期的平均值，按稳定流条件计算水域纳污能力。

河口一维模型的基本方程为式（3-12）：

$$\frac{\partial C}{\partial t}+u_x\frac{\partial C}{\partial x}=\frac{\partial}{\partial x}\left(E_x\frac{\partial C}{\partial x}\right)-K\cdot C \tag{3-12}$$

式中 u_x——水流的纵向流速，米/秒；

E_x——纵向离散系数，平方米/秒；

潮汐河段的水力参数可按高潮平均和低潮平均两种情况，简化为稳态流进行计算。如果污染物排放不随时间变化，涨潮与落潮的污染物浓度分别按式（3-13）和式（3-14）计算。

涨潮（x<0，自 x=0 处排入）

$$C(x)_{上}=\frac{C_pQ_p}{(Q+Q_p)N}exp\left(\frac{u_x x}{2E_x}(1+N)\right)+C_0 \tag{3-13}$$

落潮（x>0）

$$C(x)_{下}=\frac{C_pQ_p}{(Q+Q_p)N}exp\left(\frac{u_x x}{2E_x}(1-N)\right)+C_0 \tag{3-14}$$

其中，N 为中间变量，按式（3-15）计算：

$$N=\sqrt{1+4KE_x/u_x^{\ 2}} \tag{3-15}$$

式中 $C(x)_{上}$和 $C(x)_{下}$———分别为涨、落潮的污染物浓度，毫克/升；

相应的水域纳污能力按式（4-16）计算：

$$M=\begin{cases}Q_{上}\left(C_s-C(x)_{上}\right), & x<0\\ Q_{下}\left(C_s-C(x)_{下}\right), & x>0\end{cases} \tag{3-16}$$

式中 Q 上、Q 下——分别为计算水域涨潮、落潮的平均流量，立方米/秒；

其余符号意义同前。

湖（库）均匀混合模型：污染物均匀混合的湖（库），应采用均匀混合模型计算水域纳污能力。主要适用于中小型湖（库）。污染物平均浓度按式（3-17）计算：

$$C(t)=\frac{m+m_0}{K_hV}+\left(C_h-\frac{m+m_0}{K_hV}\right)exp\left(-K_ht\right) \tag{3-17}$$

$$K_h=\frac{Q_L}{V}+K \tag{3-18}$$

其中

$$m_0=C_0Q_L \tag{3-19}$$

式中 K_h——中间变量；

C_h——湖（库）现状污染物浓度，毫克/升；

m_0——湖（库）入流污染物排放速率，克/秒；

V——设计水文条件下的湖（库）容积，立方米；

Q_L——湖（库）出流量，立方米/秒；

t——计算时段长，秒；

$C(t)$——计算时段 t 内的污染物浓度，毫克/升；

当流入和流出湖（库）的水量平衡时，小型湖（库）的水域纳污能力按式（3-20）计算：

$$M=\left(C_s-C_0\right)Q \tag{3-20}$$

湖（库）非均匀混合模型：污染物非均匀混合的湖（库），应采用非均匀混合模型计算水域纳污能力。主要适用于大中型湖（库）。根据入库（湖）排污口分布和污染物扩散特征，宜划分不同的计算水域，分区计算水域纳污能力。

当污染物入湖（库）后，污染仅出现在排污口附近水域时，按式（3-21）计算距排污口 r 处的污染物浓度。

$$M=\left(C_s-C_0\right)exp\left(\frac{K\Phi\, h_Lr^2}{2\,Q_p}\right)Q_p \tag{3-21}$$

式中 Φ——扩散角，由排放口附近地形决定。排放口在开阔的岸边垂直排放时，

$\Phi=\pi$；湖（库）中排放时，$\Phi=2\pi$；

h_L——扩散区湖（库）平均水深，米；

r——计算水域外边界到入河排污口的距离，米；

湖（库）富营养化模型：富营养化湖（库），宜采用狄龙模型计算氮、磷的水域纳污能力。水流交换能力较弱的湖（库）湾水域，宜采用合田健模型计算氮、磷的水域纳污能力。

狄龙模型按式（3-22）计算：

$$P=\frac{L_P(1-R_P)}{\beta h_p} \tag{3-22}$$

其中

$$R_p=1-\frac{W_{出}}{W_{入}} \tag{3-23}$$

$$\beta=Q_a/V \tag{3-24}$$

式中 P——湖（库）中氮、磷的平均浓度，克/立方米；

L_p——年湖（库）氮、磷单位面积负荷，克/平方米年；

β——水力冲刷系数，1/年；

Q_a——湖（库）年出流水量，立方米/年；

R_p——氮、磷在湖（库）中的滞留系数，1/年；

h_p——湖（裤）平均水深，m；

$W_{出}$——年出湖（库）的氮、磷量，吨/年；

$W_{入}$——年入湖（库）的氮、磷量，吨/年；

湖（库）中氮或磷的水域纳污能力按式（3-25）计算：

$$M_N=L_s\cdot A \tag{3-25}$$

其中

$$L_s=\frac{P_s h_p Q_a}{(1-R_p)V} \tag{3-26}$$

式中 M_N——氮或磷的水域纳污能力，吨/年；

L_s——单位湖（库）水面积，氮或磷的水域纳污能力，毫克/平方米年；

A——湖（库）水面积，平方米；

P_s——为湖（库）中磷（氮）的年平均控制浓度，克/立方米；

对于湖（库）湾的水域纳污能力计算可采用合田健模型，按式（3-27）计算：

$$M_N=2.7\times10^{-6}C_s\cdot h_p(Q_a/V+10/Z)\cdot S \tag{3-27}$$

式中 2.7×10^{-6}——换算系数；

Z——湖（库）计算水域的平均水深，米；

S——不同年型平均水位相应的计算水域面积，平方千米；

湖（库）分层模型：具有水温分层湖（库），可采用分层模型计算湖（库）水域纳污能力。分层型湖（库）应按分层期和非分层期分别计算水域纳污能力。分层期，按湖（库）分层模型计算水域纳污能力；非分层期，可按相应的湖（库）模型计算水域纳污能力。

污染物浓度按下列公式计算：

分层期（$0<t/86400<t_1$）

$$C_{E(l)}=\frac{C_{PE}Q_{PE}/V_E}{K_{hE}}-\frac{(C_{PE}Q_{PE}/V_E-K_{hE}C_{M(l-1)})}{K_{hE}}exp(-K_{hE}t) \tag{3-28}$$

$$C_{H(l)}=\frac{C_{PH}Q_{PH}/V_E}{K_{hE}}-\frac{(C_{PH}Q_{PH}/V_E-K_{hE}C_{M(l-1)})}{K_{hE}}exp(-K_{hH}t) \tag{3-29}$$

$$K_{hE}=\frac{Q_{PE}}{V_E}+K \tag{3-30}$$

$$K_{hH}=\frac{Q_{PH}}{V_H}+K \tag{3-31}$$

非分层期（$t_1<t/86400<t_2$）

$$C_{M(l)}=\frac{C_PQ_P/V}{K_P}-\frac{(C_PQ_P/V-K_PC_{T(l)})}{K_P}exp(-K_Pt) \tag{3-32}$$

式中

$$C_{M(0)}=C_h \tag{3-33}$$

$$K_p=\frac{Q_p}{V}+K \tag{3-34}$$

其中 C_E——分层湖（库）上层污染物的平均浓度，毫克/升；

C_{PE}——向分层湖（库）上层排放的污染物浓度，毫克/升；

Q_{PE}——排入分层湖（库）上层的废水量，立方米/秒；

V_E——分层湖（库）上层体积，立方米；

K_{hE}、K_{hH}——中间变量；

C_M——分层湖（库）非成层期污染物平均浓度，毫克/升；

t_1——分层期天数，d；

t_2——分层期起始时间到非分层期结束的天数，天；

C_H——分层湖（库）下层污染物的平均浓度，毫克/升；

C_{PH}——向分层湖（库）下层排放的污染物浓度，毫克/升；

Q_{PH}——排入分层湖（库）下层的废水量，立方米/秒；

V_H——分层湖（库）下层体积，立方米；

K_p——中间变量，1/秒；

C_T——分层湖（库）上、下层混合后污染物的平均浓度，毫克/升；

C_h——湖（库）中污染物现状浓度，毫克/升；

下标（l）——时间序列号；

相应的水域纳污能力按式（3-35）计算。

$$M=\begin{cases}(C_{E(l)}+C_{H(l)})\cdot V，分层期\\ C_{M(l)}\cdot V，非分层期\end{cases} \tag{3-35}$$

（四）模型参数确定

水功能区水质目标浓度值 C_s，根据水功能区的水质目标、水质状况、排污状况和当地技术经济等条件确定。

初始断面污染物浓度值 C_0，根据上一个水功能区的水质目标浓度值 C_s 确定。

1. 综合衰减系数 K，可采用下列方法确定：

（1）分析借用，是将计算水域以往工作和研究中的有关资料，经过分析检验后采用。无计算水域的资料时，可借用水力特性、污染状况及地理、气象条件相似的邻近河流的资料。

（2）实测法，是选取一个顺直、水流稳定、无支流汇入、无入河排污口的河段，分别在其上游（A 点）和下游（B 点）布设采样点，监测污染物浓度值和水流流速，按式（3-36）计算 K 值：

$$K=\frac{u}{\Delta X}\ln\frac{C_A}{C_B} \tag{3-36}$$

式中 ΔX——上下断面之间距离，米；

C_A——上断面污染物浓度，毫克/升；

C_B——下断面污染物浓度，毫克/升；

（Ⅰ）对于湖（库），选取一个入河排污口，在距入河排污口一定距离处分别布设 2 个采样点（近距离处：A 点，远距离处：B 点），监测污水排放流量和污染物浓度值。按式（3-37）计算 K 值：

$$K=\frac{2Q_p}{\Phi h_p(r_B^2-r_A^2)}\ln\frac{C_A}{C_B} \tag{3-37}$$

式中 r_A、r_B——分别为远近两测点距排放点的距离，米；

（Ⅱ）用实测法测定综合衰减系数，应监测多组数据取其平均值。

（3）经验公式法，可采用怀特经验公式，按式（3-38）或（3-39）计算：

$$K=10.3\,Q^{-0.49} \tag{3-38}$$

或

$$K=39.6P-0.34 \tag{3-39}$$

式中 P——河床湿周，米；

（4）各地还可根据本地实际情况采用其他方法拟定综合衰减系数。

2. 横向扩散系数 E_y 估值，可采用下列方法：

（1）现场示踪实验估值法，应按以下步骤进行：

（Ⅰ）示踪物质的选择。常用罗丹明-B 或氯化物。

（Ⅱ）示踪物质的投放。可用瞬时投放或连续投放。

（Ⅲ）示踪物质的浓度测定。至少在投放点下游设二个以上断面，在时间和空间上同步监测。

（Ⅳ）计算扩散系数。可采用拟合曲线法。

（2）验公式估算法，可按下列公式进行：

（Ⅰ）费休公式，按式（3-40）或（3-41）计算：

顺直河段：

$$E_y=(0.1\sim0.2)\,H\sqrt{gHJ} \tag{3-40}$$

弯曲河段：

$$E_y=(0.4\sim0.8)\,H\sqrt{gHJ} \tag{3-41}$$

式中 H——河道断面平均水深，米；

g——重力加速度，米/二次方秒；

J——河流水力比降。

（Ⅱ）宽深比 $B/H\leqslant100$ 的河流适用于泰勒公式，按式（3-42）计算：

$$E_y=(0.058H+0.0065B)\sqrt{gHJ} \tag{3-42}$$

式中：B——河流平均宽度，米；

3. 纵向离散系数 E_x，应采用下列方法估算：

（1）水力因素法。通过实测断面流速分布，按式（3-43）计算纵向离散系数。

$$E_x=-\frac{1}{A}\sum_0^B q_i\Delta Z\left[\sum_0^Z \frac{\Delta Z}{E_z\,h_i}\left(\sum_0^Z q_i\Delta Z\right)\right] \tag{3-43}$$

式中 ΔZ——分带宽度，可分成等宽，米；

h_i——分带 i 平均水深，米；

q_i——分带 i 偏差流量，$q_i=h_i\cdot\Delta Z\cdot u_i$，立方米/秒；

u_i——分带 i 偏差流速，$u_i = \overline{u_i} - u$，米/秒；

$\overline{u_i}$——分带 i 的平均流速，米/秒；

（2）经验公式估值法，可按下列公式进行：

（Ⅰ）爱尔德公式（适用河流）

$$E_x = 5.93H\sqrt{gHJ} \tag{3-44}$$

（Ⅱ）费休公式（适用河流）

$$E_x = 0.011\,u^2B^2/\left(H\sqrt{gHJ}\right) \tag{3-45}$$

（Ⅲ）鲍登公式（适用河口）

$$E_x = 0.295uH \tag{3-46}$$

（Ⅳ）迪奇逊公式（适用河口）

$$E_x = 1.23\,U_{max}^2 \tag{3-47}$$

式中 U_{max}——河口最大潮速，米/秒；

（五）污染物控制指标选择

在纳污能力计算时，根据其水污染的特点，确定污染物限排总量控制指标。例如，对于有机污染为主的水域，一般确定化学需氧量和氨氮等为污染物控制指标；对于富营养化为主的水域，还需增加叶绿素 a、TP、TN 等指标。

（六）设计水文条件

水功能区纳污能力计算的设计水文条件，一般用计算断面的设计水量或水位表示。河流采用设计水量或流量，湖泊、水库采用设计水位或相应设计蓄水量。对于有水文站的功能区，选择水文站数据直接计算，没有水文站的水功能区可以结合上下游的水文站点降雨与中间汇流单元面积以及径流模数关系确定设计流量。

对于河流：

一般应采用 90%保证率最枯月平均流量或近 10 年最枯月平均流量作为设计流量。具体根据河流的实际情况选择。

1. 季节性河流、冰封河流，宜选取不为零的最小月平均流量作为样本。

2. 流向不定的水网地区和潮汐河段，宜采用 90%保证率流速为零时的低水位相应水量作为设计水量。

3. 有水利工程控制的河段，可采用最小下泄流量或河道内生态基流作为设计流量。

4. 以岸边划分水功能区的河段，计算纳污能力时，应计算岸边水域的设计流量。

5. 设计水文条件的计算可参照《水利水电工程水文计算规范》（SL278—2002）的规定执行。

对于湖（库）：

一般采用近10年最低月平均水位或90%保证率最枯月平均水位相应的蓄水量作为设计水量。也可采用死库容相应的蓄水量作为设计水量。

1. 计算湖（库）部分水域纳污能力时，应采用相应水域的设计水量。

2. 设计水文条件的计算可参照SL278—2002的规定执行。

限制排污量确定：

根据纳污能力计算原则，保护区是不参加水域纳污能力计算的，且保护区和水源区已规定实施“零排放”，限制排污总量为零。缓冲区是为缓解用水矛盾的区域，水质和水量是保障其功能的两个重要的方面，为了达到下游出口断面水质目标，避免省之间用水冲突，缓冲区的限制排污总量为零。

对于保留区，水质目标原则上维持现状水质，采用纳污能力和现状污染物（包括点源、面源）入河量中较小值作为限制排污总量。

对于其他各类地表水功能区其纳污能力根据各二级功能区的设计水文条件和水质目标等参数，选择适合（根据水文特征情况）的水质水量模型进行计算。采用纳污能力作为限制排污总量。

第四节　水生态目标确定方法

一、水生态系统重要性与工作进展

水生态系统是在一定水域空间中共同栖息的所有生物与其环境之间不断进行物质循环和能量流动而形成的（生物群落与周围环境构成的）统一整体。其健康水平是水域环境质量、水量和物理栖息地的综合反映。目前，我国水生态系统普遍恶化，各种污染物的大量排入、取水量的不断增加和河湖物理环境的破坏，导致各种水生态环境灾害越来越严重。随着我国人口的快速增长和经济社会的高速发展，生态系统尤其是水生态系统承受越来越大的压力，出现了水源枯竭、水体污染和富营养化等问题，河道断流、湿地萎缩消亡、地下水超采、绿洲退化等现象也在很多地方发生。因此，如何准确地评价水生态系统健康成为水功能区管理的重要问题之一，水生态管理目标是对水功能区进行有效管理的基础。

健康的水生态系统具有以下基本特点：

（1）有足够的水量和良好的水质，水量供给能够维持淡水生态系统的结构和活力，水质能满足水生生物繁育的需要。

（2）保持良好的连通性和完整性，河流上中下游、干支流、河湖的连通性良好，河势稳定，湖泊与湿地等景观完整。

（3）水生生物丰富、多样，珍稀和特有水生动物能够生存繁衍，以鱼类为标志的生物多样性得到有效保护，经济鱼类的种群数量得到明显恢复。

（4）能提供维持健全的供水、灌溉、发电、航运、水产养殖、游泳等多种服务，满足人们的基本需要。

国外早在20世纪中期开始研究水生态系统的健康，并已提出了不少成熟的评价、管理方法。美国环保署（EPA）于1989年发展了快速生物评价协议（Rapid Bioassessment Protcols，简称RBPs），经过10年的发展与完善，于1999年推出新版RBPs。快速生物评价通过分析生境、水质及生物学参数来客观评价水生态系统状况。采用的生物学参数有着生藻类、大型底栖动物及鱼类。①

澳大利亚政府于1992年开展了国家河流健康计划（National River Health Program，简称NRHP），其目的是监测和评价澳大利亚河流的生态状况。对河流生态状态的评价包括了水文地貌（特别是栖息地结构、水流状态、连续性）、物理化学参数、无脊椎动物和鱼类、水质、生态毒理学等内容。②

英国在20世纪90年代建立了河流保护评价系统（SERCON）和以RIVPACS

---

① BARBOUR M T，GERRITSEN J，SNYDER B D，et al. Rapid Bioassessment Protocols for Use in Streams and Wadeable Rivers：Periphyton，Benthic Macroinvertebrates，and Fish Second Edition［M］. Washing DC：US Environmental Protection Agency，office of water：1999.

② LADSON A R，WHITE L J，DOOLAN J A，et al. Development and Testing of an Index of Stream Condition for Waterway Management in Australia［J］. Freshwater Biology，1999，41（2）：453-468.

为基础的河流生物监测系统，目标是用于评价河流的生物和栖息地属性。①

南非的水事务及森林部（Department of Water Affair Sand Forestry，DWAF）于 1994 年发起了“河流健康计划（River Health Program，RHP）”，选用河流无脊椎动物、鱼类、河岸植被带及河流生境状况作为河流生态系统健康的评价指标，并用栖息地完整性指数（IHI）用于评价栖息地主要干扰因素的影响，包括饮水、水流调节、河床与河道的改变、本地岸边植被的去除和外来植被的侵入等内容。Copper（1994）针对河口地区提出了南非的河口健康指数（Estuarine Health Index，EHI），即用生物健康指数、水质指数以及美学健康指数来综合评估河口健康状况。此外，南非的快速生物监测计划也发展了生境综合评价系统（Integrated Habitat assessment System，IHAS），系统中涵盖了与生境相关的大型无脊椎动物、底泥、植被以及河流物理条件。②

联合国教科文组织（UNESCO）从定量的角度分析水生无脊椎动物群，鱼类（不同等级、种群），沿岸缓冲带的植物、灌木，以及河流生境栖息地所涉及的水塘、急流区、沙丘区、沿河自然护坡等数量。③

欧盟水框架指令中河流的生态状况分级的质量要素包括了浮游植物的组成与数量、底栖无脊椎动物的组成与数量和鱼类的构成、数量与年龄结构。该指令在以河流的生物质量要素为水生态管理目标外还提出了影响生物质量要素的水文形态质量要素和化学与物理化学质量要素。④

---

① BOON P J，WILKINSON J，MARTIN J. The application of SERCON（System for Evaluating Rivers for Conservation）to a selection of rivers in Britain ［J］. Aquatic Conservation：Marine and Freshwater Ecosystems，1998，8（4）：597-616.
丰华丽，王超，李剑超. 生态学观点在流域可持续管理中的应用［J］. 水利水电快报，2001，(14)：21-23.
WRIGHT J F，SUTCLIFFE D W，FURSE M T. Assessing the biological quality of fresh waters：RIVPACS and other techniques ［M］. Ambleside：The Freshwater Biological Association，2000：1-24.
PARSONS M，THOMS M，NORRIS R. Australian River Assessment System：Review of Physical River Assessment Methods——A Biological Perspective ［M］. Canberra：Co mm onwealth of Australia and University of Canberra，2002：1-24.

② KLEYNHANS C J. A qualitative procedure for the assessment of the ha bitat integrity status of the Luvuvhu River（Limpopo system，South Africa）［J］. Journal of Aquatic Ecosystem Health，1996，5（1）：41-54.
吴阿娜. 河流健康评价：理论、方法与实践［D］. 上海：华东师范大学，2008.

③ 孙雪岚，胡春宏. 关于河流健康内涵与评价方法的综合评述［J］. 泥沙研究，2007，(5)：74-81.

④ 吴阿娜. 河流健康评价：理论、方法与实践［D］. 上海：华东师范大学，2008.

从以上几种生态系统的评价方法可以发现需要采用多种类型的指标进行综合评价，不仅仅包括生物指标，还包括反映栖息地环境的物理、化学指标以及生物、水文形态。

目前，我国对于水生态保护和修复工作已经非常重视，并已开展了许多工作，但尚未提出针对水生态管理的方法和管理目标，相比国外，工作有待完善、巩固。水法第四、三十、四十条等都明确提出了保护水资源与水生态系统的要求，为贯彻落实这一要求水利部开展了水生态系统保护与修复工作。于2004年颁布了《关于水生态系统保护与修复的若干意见》，对各流域机构，各省、自治区、直辖市水利（水务）厅（局），各计划单列市水利（水务）局，新疆生产建设兵团水利局提出了对水生态系统保护与修复工作的若干意见。为良好生态系统建设提供支撑的要求，提出和实施水生态系统保护和修复工作的综合措施。2006年又相继发布了《关于开展水生态系统保护和修复试点工作的指导意见》（讨论稿）和《水生态系统保护与修复试点工作评估指标体系》（讨论稿）将2004年颁布的若干意见，选择部分试点开展工作，并同时开展技术研究、交流和总结工作。报告对比了国内外生态修复及保护工作，同时为满足水资源合理开发和有效保护的需求，提出了《水功能区划分技术规范》，划分了水功能区。

水利部2010年全面开展了全国重点河湖健康评估（试点）工作，淮河流域、长江流域等流域机构积极开展相关工作，2011年5月举办了“全国重要湖泊健康评估试点工作培训暨研讨班”。培训主要针对全国重点湖泊健康评估试点工作大纲，湖泊健康评估指标、标准与方法等为重点内容开展，并具体介绍了现阶段太湖健康评估的实践经验。本次研讨班为落实水利部工作部署，推动河湖健康评估试点工作开展奠定了坚实的技术和人员基础。

二、水生态指标选取

在国内，长期以来，对于各类水体的监测，强调物理和化学监测的较多，但在实际环境中，由于许多种化合物同时存在的各种复杂作用（如协同、拮抗作用等），它们所产生的有害生物效应浓度往往是现有分析手段无法测出的，而生物监测却能在这方面显示优势。水文形态和栖息地状况反映人类活动影响导致的水生态环境的变化，同样化学和物理指标表征影响生态系统健康的外在压力，而生物指标则表征生态系统对外在压力的反应，它是根据河流的自然属性来评价生态系统健康状况。

水生态管理目标是针对水生态系统而言，所以本报告主要以生态流量指标、生物指标和栖息地指标来评价其水生态状况。

生物指标从水生态系统中的生产者、分解者、消费者角度考虑，采用浮游植物、底栖无脊椎动物及鱼类等最为典型最常用的生物指标；栖息地指标采用河岸带状况、河床形态和河道形态等指标。水文、生物和其生活的生境—栖息地共同构成了一个完整的水生态系统。

（一）生态流量

目前全球约有 200 多种计算河流生态流量的方法，可分为水文指标方法、水力学方法、栖息地法以及整体分析法四大类。湖库生态水位计算方法有天然水位资料法、湖泊形态分析法和生物最小空间需求法等三类。

1. 水文指标法

该法又称作标准设定法或快速评价法，是根据简单的水文指标对河流流量进行设定，例如平均流量的百分率或者天然流量频率曲线上的保证率，代表方法有蒙大拿法（Tennant 方法）、7Q10 法、最小月径流法、逐月最小生态径流计算法、逐月频率计算法、流量历时曲线法、基本流量法（Basic Flow）、可变范围法（RVA 法）、得克萨斯法（Texas 法）等。①

（1）蒙大拿法（Tennant 方法）

Tennant 法是非现场确定河道生态流量的典型方法，是以河流水生态环境健康情况下的多年平均流量观测值为基准。Tennant 法将全年分为两个计算时段，根据多年平均流量百分比和河道内生态环境状况的对应关系，直接计算维持河道一定功能的生态需水量。Tennant 法中，河道内不同流量百分比和与之相对应

① TENNANT D L. Instream flow regimes for fish, wildlife, recreation, and related environmental resources [J]. Fishers, 1976, 1 (4): 6-10.
AMES D P. Estimating 7Q10 Confidence Limits from Data: A Bootstrap Approach [J]. Journal of water resources planning and management, 2006, 132 (3): 204-208.
张强，崔瑛，陈永勤. 基于水文学方法的珠江流域生态流量研究 [J]. 生态环境学报，2010，19 (8)：1828-1837.
于龙娟，夏自强，杜晓舜. 最小生态径流的内涵及计算方法研究 [J]. 河海大学学报（自然科学版），2004 (1)：18-22.
门宝辉，林春坤，李智飞，等. 永定河官厅山峡河道内最小生态需水量的历时曲线法 [J]. 南水北调与水利科技，2012，10 (2)：52-56，92.
钟华平，刘恒，耿雷华，等. 河道内生态需水估算方法及其评述 [J]. 水科学进展，2006 (3)：430-434.
RICHTER B D, BAUMGARTNER J V, BRAUN D P, et al. A spatial assessment of hydrologic alteration within a river network [J]. Regulated Rivers: Research and Management, 1998, 14 (4): 329-340.
MATTHEWS R C, BAO Y. The texas method of preliminary instream flow determination [J]. Rivers, 1991, 2 (4): 295-310.

的生态环境状况见表 3-12。

该法根据对生物物种和生境的有利程度，给出河流生态用水的流量级别，不需要现场测量，有水文站点的河流，年平均流量的估算可以从历史资料获得；没有水文站点的河流，年平均流量可以通过其他的水文技术间接获得。在美国，该法通常作为优先度不高的河段研究河流流量推荐值使用，或者作为其他方法的检验。目前有至少 25 个国家使用此方法。

表 3-12 河道内不同流量百分比和与之相对应的生态环境状况

不同流量百分比对应河道内生态环境状况	平均流量百分比%（枯水期）	平均流量百分比%（丰水期）
最大或冲刷	200	200
最佳范围	60~100	60~100
极好	40	60
非常好	30	50
好	20	40
中	10	30
差或最小	10	10
极差	0~10	0~10

（2）7Q10 法

7Q10 法标准要求比较高，鉴于我国经济发展水平比较落后，南北方水资源情况差别较大的情况，一般河流采用近 10 年最枯月平均流量或 90%保证率最枯月平均流量。根据长江流域水资源综合规划的要求，长江流域生态流量一般采用 90%或 95%保证率最枯月平均流量。该方法主要用于计算污染物允许排放量，在许多大型水利工程建设的环境影响评价中得到应用。

（3）最小月径流法

该法把各年河流月平均实测径流量最小值的多年平均值作为河流生态流量。其计算公式为：

$$W_{生态} = \frac{1}{n}\sum_{i=1}^{n} \min_{j=1}^{12} W_{ij}$$

其中 W 生态为生态流量，W_{ij}为第 i 年第 j 月的径流量，n 为统计年数。

（4）逐月最小生态径流计算法

该方法认为最小生态径流过程同河道水流年内变化特征一样，是连续变化的，应该逐月计算。在尽可能长的天然月径流系列中取最小值作为该月的最小生态流量，各个月径流系列的最小值组成年最小生态径流过程。

（5）逐月径流频率法

该法首先根据历史流量资料，将一年划分为丰、平、枯 3 个时期，对各个时期拟定不同的保证率，最后分别计算各个时期在不同保证率下的径流量，这样得到的即为该年的适宜生态径流过程。目前对于逐月频率的选取各学者根据自己研究的河流特点、河流功能的要求采取了不同的标准主要有：①冬季取 80%、春秋两季取 75%、夏季取 50%；②枯水期取 90%、平水期取 70%、丰水期取 50%；③各月径流均取 50%；④平水期取 50%，枯水期取 80%，丰水期取多年平均流量。

1. 最小月平均流量法：即以河流最小月平均实测径流量的多年平均值来计算，公式为

$$W_b = \frac{T}{n}\sum_{1}^{n} min\ (Q_{ij}) \times 10^{-8}$$

式中 W_b 为河流基本生态需水量，Q_{ij} 表示第 i 年 j 月的月平均流量，$T = 3.1536 \times 10^7$，n 为统计年份。

2. 月（年）保证率设定法。主要根据系列水文统计资料。在不同的月年保证率前提下，以不同的天然平均年径流量百分比作为河道环境需水的等级，分别计算不同保证率、不同等级下的月年河道基本环境需水量，其计算方法大多是选取年（实测）平均径流量的一个百分比来确定，如刘凌等采用河流上游断面 50%保证率的年平均流量的 30%来确定，丰华丽等参照美国第二次水资源评价中的标准，取河道内多年平均径流评价值的 30%来计算。

（6）流量历时曲线法

该法利用历史流量资料构建各月流量历时曲线，使用某个频率来确定生态流量。这种方法利用至少 20 年的日均流量资料，计算每个月的生态流量。采用的枯季生态流量相应的频率有 90%，也有采用频率为 84%的情况；汛期生态流量相应频率也有采用 50%的情况。流量历时曲线法不仅保留了采用流量资料计算生态流量的简单性，同时也考虑了各个月份流量的差异。

（7）基本流量法（Basic Flow）

该法由美国鱼类和野生动物保护部门在研究了 48 条流域面积在 129.5 平方千米以上，且有 25 年以上观测资料，没有修建对环境影响较大的大坝或调水工程的河流后创立的方法。它设定某一特定时段月平均流量最小值的月份，其流量满足鱼类生存条件。该方法一年分 3 个时段考虑，夏季主要考虑满足最低流

量，设定流量为一年中3个时段最低的，以8月份的月平均流量表示；秋季和冬季时段，要考虑水生物的产卵和孵化，设定的流量为中等流量，以2月份的月平均流量表示；春季也主要考虑水生物的产卵和孵化，所需流量在3个时段中为最大，以4月份或5月份的月平均流量表示。这种方法的优点是考虑了流量的季节变化，对小河流比较适合。其缺点是对于较大河流，由于受人为影响因素大，要获得还原后的径流量，需要有长期的河流取水统计资料；另外，对某些月份，河流的径流量达不到设定流量的要求。此法不适合于季节性河流。

（8）可变范围法（Range of Variability Approach，RVA）

RVA法是最常用的水文指标法，其目的是提供河流系统与流量相关的生态综合统计特征，识别水文变化在维护生态系统中的重要作用。RVA法主要用于确定保护天然生态系统和生物多样性的河道天然流量的目标流量。RVA描述的流量过程线的可变范围是指天然生态系统可以承受的变化范围，并可提供影响环境变化的流量分级指标。RVA法可以反映取水和其他人为改变径流量的影响情况，表征维持湿地、漫滩和其他生态系统价值和作用的水文系统。在RVA流量过程线中，当其流量为最大与最小流量差值的1/4时，该数值为所求的生态流量。RVA法至少需要有20年的流量数据资料。如果数据不足，就要延长观测，或利用水文模拟模型模拟。RVA法的应用在河流管理与现代水生生态理论之间构筑了一条通道。

（9）得克萨斯法（Texas）

得克萨斯法采用某一保证率的月平均流量表述所需的生态流量，月流量保证率的设定考虑了区域内典型动物群（鱼类总量和已知的水生物）的生存状态对水量的需求。得克萨斯法首次考虑了不同的生物特性（如产卵期或孵化期）和区域水文特征（月流量变化大）条件下的月需水量，比其他一些同类规划方法前进了一步。

2. 水力学法

水力学方法是根据河道水力参数（如宽度、深度、流速和湿周等）确定河流所需流量。所需水力参数可以实测获得，也可以采用曼宁公式计算获得，代表方法有湿周法、R2Cross法。①

---

① GIPPEL C J，STEWARDSON M J. Use of wetted perimeter in defining minimum environmental flows [J]. Regulated Rivers Research & Management，1998，14（1）：53-67.

MATTHEWS R C，BAO Y. The texas method of preliminary instream flow determination [J]. Rivers，1991，2（4）：295-310.

（1）湿周法

此方法依据以下假设：即保护好临界区域的水生物栖息地的湿周，也将对非临界区域的栖息地提供足够的保护，利用湿周作为河道栖息地的质量指标来估算河流内流量值，通过在临界的栖息地区域现场搜集河道断面的几何尺寸和流量数据，并以临界的河道栖息地作为河流其余部分的栖息地指标，由于河道的形状会影响分析结果，该方法一般适用于比较宽浅的河滩和抛物线形河道。

（2）R2CROSS 法

R2CROSS 法计算的流量为浅滩临界河流栖息地所需推荐流量。该方法假设浅滩是最临界的河流栖息地，保护了浅滩也将保护其他河道栖息地，依据水力学知识，根据河道水深、河宽、平均流速等实测资料，按照曼宁公式来确定河道目标流量。该法比传统流量法相对复杂，而且容易产生误差。另外要对河流和断面进行实地调查，才能确定有关的参数，因此该方法较难以应用。

对于一般的浅滩式河流栖息地，将河流平均深度、平均流速和湿周率作为反映生物栖息地质量的水力学指标，所有河流的平均流速推荐采用常数 0.3 米/秒。该法的河流流量推荐值见表 3-13。

表 3-13 采用 R2CROSS 单断面法确定最小流量的标准

河流顶宽/米	平均水深/米	湿周率/%	平均流速/（米/秒）
0.30~6.10	0.06	50	0.3
6.40~12.19	0.06~0.12	50	0.3
12.50~18.29	0.12~0.18	50~60	0.3
18.59~30.48	0.18~0.30	≥70	0.3

3. 栖息地法

栖息地法包括河道内流量增加法（IFIM 法）、有效宽度法、生物空间最小需求法及 CASIMIR 法等。①

（1）河道内流量增加法

该方法是 20 世纪 80 年代由美国渔业和野生动物保护组织开发研制用于河流规划、保护和管理等的决策支持系统。它把大量的水文水化学实测数据与特定的水生生物物种在不同生长阶段的生物学信息相结合，进行流量增加对栖息地影响的评价。考虑的主要指标有河流流速、最小水深、河床底质、水温、溶解氧、总碱度、浊度、透光度等。IFIM 根据这些指标，采用 PHABSIM 模型模拟流速变化与生物栖息地类型的关系，通过水力数据和生物学信息的结合，确定适合于一定流量的主要水生生物及其栖息地类型。IFIM 法的优点是针对性强，常常用于河流某一生物物种保护上，可以有效地评估水资源开发对下游水生物栖息地的影响，但对基础资料要求高，通常需要收集大量的生物和水流数据，建立某种生物和水文要素（如水流、水深、水质）间的适配曲线。

该法目前在北美广泛使用，也应用于葡萄牙、日本、英国等 20 个国家。

（2）有效宽度法（UW-Usable Areas）

该方法建立河道流量和某个物种有效水面宽度的关系，以有效宽度占总宽度的某个百分数相应的流量作为最小可接受流量。有效宽度是指满足某个物种需要的水深、流速等参数的水面宽度。不满足要求的部分即为无效宽度。

（3）生物空间最小需求法

该方法的基本思想是以鱼类为河道内生态系统的指示生物，从鱼类对生存空间的最小需求来确定最小生态需水。由于缺乏鱼类对生存空间的需求资料，该方法采用的鱼类最小需求空间参数粗糙，导致方法的精度有限。

（4）CASIMIR 法

CASIMIR 法基于现场数据—流量在空间和时间上的变化，采用 FST 建立水力学模型、流量变化、被选定的生物类型之间的关系，估算主要水生生物的数量、规模，并可模拟水电站的经济损失。该法目前在 6 个国家使用。

---

① ARUNACHALAM M. Assemblage structure of stream fishes in the Western Ghats（India）[J]. Hydrobiologia，2000，430（1-3）：1-31.
李丽华，水艳，喻光晔. 生态需水概念及国内外生态需水计算方法研究 [J]. 治淮，2015（1）：31-32.
徐志侠，王浩，陈敏建，等. 基于生态系统分析的河道最小生态需水计算方法研究（Ⅱ）[J]. 水利水电技术，2005（1）：31-34.
ARTHINGTON A H，RALL J L，KENNARD M J，et al. Environmental flow requirements of fish in Lesotho rivers using the DRIFT methodology [J]. River Research & Applications，2003，19（5-6）：641-666.

4. 整体法

该方法有以下优点：一是其关键思想是将水生生态系统作为一个整体来维护，而不是选择一部分来确定河道生态需水；二是它为说明河流水量的天然变异性提供了详尽的准备；三是当获得了生态组成成分的更多环境用水信息时，它很容易与这些信息结合起来重新进行调整计算。这种方法更符合当前河流综合管理的要求，具有很大的发展潜力。

整体法包括建模块法（BBM）、专家组评价分析法和桌面模型法等。①

（1）BBM 法

BBM 是由 King 最早提出的，可以用来计算河道内需水量。BBM 将河道内需水量分为最低流量（枯水流量）、保持河道与栖息地的最大流量和产卵迁徙需水量等三个子块来计算，为河道内需水量提供了定量化信息，能够用于水资源开发的规划设计阶段，也可以描述受危害较小的水生环境，或者在区域规划时评估区域内可供开发利用的水量。该方法的有效性得到了南非河流科学家们的赞同以及该国立法的认可。BBM 法的优点：对大、小生态流量均考虑了月流量的变化。主要缺点：由于该方法是针对南部非洲的环境开发的，针对性强且计算过程比较烦琐，其他地方采用此方法应根据当地实际情况对方法进行适当改造。

（2）专家组评价分析法

主要是根据专家组的工作来鉴定集水区域内的栖息地类型和确定每种栖息地对流量的生态要求，通过提出旁路流量策略来满足这些要求，同时建立一定的控制或检验方法来验证旁路流量策略的有效性。

（3）桌面模型法

桌面模型建立的原则和概念与 BBM 基本相同，可以用来估算河道内生态需水量，应用此模型时，一是由每月天然流量的水文特征估计构建模块（干旱流量、低流量和高流量 3 个模块）每年的总流量，二是由天然流量的季节分布来估计每年总流量的季节分配，三是将连续的保证率或频率曲线与低流量和干旱流量需求结合起来，通过一定原则评估河道内生态需水量。

---

① KING J, LOUW D. Stream flow assessments for regulated rivers in South Africa using the Building Block Methodology [J]. Aquatic Ecosystem Health & Management, 1998, 1 (2): 109-124.

COTTINGHAM P, THOMS M C, QUINN G P. Scientific panels and their use in environmental flow assessment in Australia [J]. Australian Journal of Water Resources, 2002, 5 (1): 103-111.

陈星，崔广柏，刘凌，等. 计算河道内生态需水量的 DESKTOP RESERVE 模型及其应用 [J]. 水资源保护，2007 (1): 39-42.

5. 河流生态水量计算方法的比较

从目前国内外的应用来看，水文学方法具有其他方法不可替代的优点，是河道生态环境需水研究的一个基本手段。水力学法是向生境模拟法的过渡方法，目前更多是作为理论方法进行讨论，应用较少，其价值更多体现在为其他方法提供水力学依据。栖息地法对资料以及人力物力投入的要求较高，在我国生态环境研究中开展不多。

Tennant 法是以预先确定的年平均流量百分数作为河流推荐流量，应用较为普及。该法具有简单快速的特点，较适合于确定大河流的流量。

7Q10 法作为满足污水稀释功能的河流所需流量，目的是维持河流水质标准，但其常常低估河流流量需求，造成河流生态功能要求不能得到满足。

最小月平均流量法计算的河流基本生态环境需水量主要用以维持水生生物的正常生长以及满足部分排盐、入渗补给、污染自净等方面的要求。实际上它也是对 7Q10 法的一种改进，虽然克服了 7Q10 法要求较高的缺点，但它仍是以水质对指示物的影响为主要依据的，侧重于分析水生生物所需要的水质。

逐月最小生态径流计算法，考虑了径流年内的连续变化，认为生态需水在年内也是变化的，在尽可能长的天然月径流系列中取最小值作为该月的最小生态径流量，各个月径流系列的最小值组成年最小生态径流过程。因为在天然情况下水生生物已经安全经历过这样的最小径流过程，并且生态系统没有遭到不可恢复的破坏，所以水生生物及其种群结构在这个流量条件下所受到的损害是可以恢复的。逐月最小生态径流法考虑了年内生态需水的变化，体现出了生态系统在不同季节对于生态需水的不同要求，比在年内采用同样的月径流更为合理。但是其对于出现断流的河流是否合适值得商榷。

逐月频率径流频率法和逐月最小生态径流法一样考虑了径流的年内变化，同时考虑了不同时期（丰、平、枯）河流对于水量的不同需求而设定不同的保证率，其计算结果通常是作为河流最适生态需水。其缺点在于不同河流径流特点不同，同时不同河流所处的特定环境不同，其不同时候对于生态需水的要求也不同，因此不同河流、不同时期的保证率很难确定。

R2CROSS 法保护好临界区域的水生物栖息地的湿周，也将对非临界区域的栖息地提供足够的保护。通过在临界的栖息地区域（通常大部分是浅滩）现场搜集河道的几何尺寸和流量数据，并以临界的栖息地类型作为河流其余部分的栖息地指标。该方法使用于宽浅型河流，且该法需要河道形状的详细资料。

由以上不同生态需水计算方法的特点可知，7Q10 法、最小月平均径流法、逐月生态径流法、R2CROSS 法计算值均从满足河流最小需水出发，其计算结果为河道最小生态需水；逐月径流频率法根据不同月份的需水要求设定不同的保证率，其计算结果为适宜生态需水量；而 Tennant 法则通过预先设定不同的标准，确定河流生态需水，其不同的标准对应不同的生态需水量。

栖息地法主要考虑水生物对水深、流速水温度、溶解氧、总碱度、浊度、透光度等水力要素的需求，认为天然生态系统有可能得到改善。该方法是定量的而且是基于生态原理的，适用于有明确管理目标的地区。然而，生态环境法往往很复杂，要求相当多的时间、金钱和专门技术，并且要求输入的生态信息是缺乏的。传统的生态环境法将其重点放在一些河流生物物种的保护上，而没有考虑诸如河流规划以及包括河流两岸在内的整个河流生态系统，由此计算出的生态流量结果，并不符合整个河流的管理要求。

整体分析法建立在尽量维持河流水生态系统天然功能的原则之上，整个生态系统的需水，包括发源地、河道、河岸地带、洪积平原、地下水、湿地和河口都需要评价。以上采用的不同计算生态需水的方法都具有自身的特点和不足，每个地区应采取适合当地的方法计算生态流量。

6. 天然水位资料法

湖泊最低生态水位定义为维持湖泊生态系统不发生严重退化的最低水位。

在天然情况下湖泊水位发生着年际和年内的变化，对生态系统产生剧烈的扰动。但长期的生态演变使湖泊生态系统已适应扰动。天然情况下的低水位对生态系统的干扰在生态系统的弹性范围内。因此，将天然情况下湖泊多年最低水位作为最低生态水位。最低生态水位的设立可防止在人为活动影响下由于湖泊水位过低造成的天然生态系统的严重退化的问题，同时允许湖泊水位一定程度的降低，以满足社会经济用水。此方法需要确定统计的水位资料系列长度和最低水位的种类。最低水位可是瞬时最低水位、日均最低水位、月均最低水位等。湖泊最低生态水位表达式如下①：

$$H_{min} = MIN\ (H_{min1},\ H_{min2},\ \cdots,\ H_{mini},\ H_{minn})$$

式中，H_{min} 为湖泊最低生态水位，H_{mini} 为第 i 年最小月均水位，n 为统计的水位资料年数。

7. 湖泊形态分析法

随着湖泊水位的降低，湖泊面积随之减少。湖泊水位和面积之间为非线性

① 徐志侠，陈敏建，董增川. 湖泊最低生态水位计算方法［J］. 生态学报，2004（10）：2324-2328.

的关系，当水位不同时，每减少一个单位湖泊水位，湖面面积的减少量不同。采用实测湖泊水位和湖泊面积资料，建立湖泊水位和湖泊面积的减少量的关系线。在此关系线中找出湖面面积变化率最大值，湖面面积变化率为湖泊面积与水位关系函数的一阶导数。在此最大值向下，水位每降低一个单位，湖泊功能的减少量将显著增加。若此最大值相应的水位在湖泊天然最低水位附近，则表明，此最大值以下，湖泊水文和地形子系统功能将出现严重退化。因此此最大值相应水位为最低生态水位。湖泊最低生态水位用下式表达①：

$$M=f\ (H),\ \frac{d^2M}{dH^2}=0$$

式中，M 为湖面面积（平方米），H 为湖泊水位（米）。求解可得出湖泊最低生态水位。

8. 生物空间最小需求法

此法用湖泊各类生物对生存空间的需求来确定最低生态水位。湖泊植物、鱼类等为维持各自群落不严重衰退均需要一个最低生态水位。取这些最低生态水位的最大值，即为湖泊最低生态水位，表示为②：

$$H_{emin}=MAX\ (H_{emin1},\ H_{emin2},\ \cdots,\ H_{emini},\ H_{eminn})$$

式中，H_{min}为湖泊最低生态水位（米）；H_{emini}为第 i 种生物所需的湖泊最低生态水位（米）；n 为湖泊生物种类。

湖泊生物主要包括藻类、浮游植物、浮游动物、水生植物、底栖动物和鱼类等。要将每类生物最低生态水位全部确定，在现阶段无法实现。因此，选用湖泊指示生物。认为指示生物的生存空间得到满足，其他生物的最小生态空间也得到满足。

（二）生物指标

生物是水生态系统的重要部分。化学、物理或生物胁迫因子都会影响到水生生态系统的生物学特征。比如化学胁迫因子可导致生态系统功能受损或者敏感性物种减少，进而使群落结构发生变化。生态系统内所有胁迫因子的数量和强度，最终将通过生物群落的状态和功能来体现。化学、物理和生物胁迫因子之间的交互作用及其累积效应，强调了将直接检测和评价生物区作为水资源实

---

① 徐志侠，陈敏建，董增川. 湖泊最低生态水位计算方法［J］. 生态学报，2004（10）：2324-2328.

② 徐志侠，陈敏建，董增川. 湖泊最低生态水位计算方法［J］. 生态学报，2004（10）：2324-2328.

际损伤指标的需求性。

采用生物指标的优点如下：

1）生物群落能够反映整体的生态完整性。

2）生物群落整合了不同胁迫因子的效应。

3）生物群落整合了一段时间内的胁迫因子影响，可对波动的环境进行生态测量。

4）生物群落的状态作为无污染环境的度量标准，对于公众具有直接利益。

生物指标采用浮游植物、底栖无脊椎动物和鱼类。

（1）浮游植物

浮游植物是水生态系统的生产者，是水体生态系统食物链中最基础且最重要的一个环节，其种类和数量的变化直接或间接地影响着其他水生生物的分布和丰度，甚至会影响整个生态系统的稳定。此外，浮游植物与水质的关系密切，不同类群对水环境变化的敏感性和适应能力各异。因此，利用浮游植物群落结构的多样性来监测评价水体生态环境是一种有效的方法。

对于浮游植物群落分析，虽然也有生物完整性来评价，但常用联合国教科文组织《浮游植物手册》中推荐的 S 公顷 nnon 指数（H）、Simpson 指数（D）和 Brillouin 指数（HB），其中的 S 公顷 nnon 指数是使用最多的。此外，Margalef 指数（dMa）和 Pielou 均匀度指数（J）也是浮游植物群落研究中较常使用的多样性指数。① 目前我国学者分析浮游植物多样性常采用 S 公顷 nnon 指数（H’），Pielou 均匀度指数，Margale（dMa）丰富度指数和优势度指数（D_2）和单纯度指数。这些指数分别不同程度地反映群落的属性以及与环境的相关性。

丰富度是表示群落（或样品）中种类丰富程度的指数；优势度表示一个种类在群落中的地位和作用；均匀度指数表示群落或生境中全部物种个体数目的分配状况，反映各物种个体数目的分配均匀程度；单纯度（P）表示反映种类数和优势种量占总量的比例。②

基于国内学者采用 S 公顷 nnon-wiener 指数、均匀度（J）和单纯度（P）分析了黄河口浮游植物群落多样性，表明浮游植物多样度与均度呈显著的正相关，与单纯度呈显著的负相关，本研究采用 S 公顷 nnon-wiener 多样性指数和丰富度指数指标。

---

① MARGALEF R. Diversity [C] //SOURNIA A. Phytoplankton Manual: Monographs on Oceanographic Methodology 6. Pairs: UNESCO, 1978: 251-260.

② 孙军，刘东艳. 多样性指数在海洋浮游植物研究中的应用 [J] . 海洋学报，2004，26 (1)：62-75.

S 公顷 nnon-wiener 多样性指数：

$$H' = \sum_{i=1} P_i \ln(P_i);$$

$$P_i = N_i / N$$

式中 N_i 为种 i 的个体数，N 为所在群落的所有物种的个体数之和。

丰富度指数：

$$d_{Ma} = (S-1) / \ln N$$

式中 S 为群落的物种数。

（2）底栖无脊椎动物

陆地生态系统中对物质分解起重要作用的是微生物。在水域生态系统中，对物质分解起重要作用的是底栖无脊椎动物。

底栖无脊椎动物是水生态系统的一个重要组成部分。一般将不能通过 0.5 毫米（40 目）孔径筛网的个体称为底栖无脊椎动物，主要由环节动物（水栖寡毛类、蛭类）、软体动物（螺类、蚌类）、线形动物（线虫）、扁形动物（涡虫）、节肢动物（甲壳纲、昆虫纲等）组成。底栖动物是多种鱼类的天然饵料，对渔业生产有重要作用。

目前在国际上，底栖无脊椎动物是水质生物评价中应用最为广泛的生物之一。这类动物的特点是：种类多，生活周期长；活动场所比较固定，易于采集；不同种类对水质的敏感性差异大，受外界干扰后群落结构的变化趋势经常可以预测，而且它们在水生态系统的物质循环和能量流动中起着重要作用。①

A. 对藻类数量的调节作用

以藻类为食的牧食者起着调节着生藻类数量的作用。当溪流中缺乏牧食者时，溪流着生藻类的数量将大幅度的增加；当溪流两岸的植被全部清除以后，随着光照时间的增多，着生藻类的数量会明显增多，牧食者也会随之增多，从而起着调节着生藻类的作用；牧食者取食行为可以减少藻垫内的死细胞数、降低藻垫厚度，有利于阳光透射及营养物质的流动，从而更好地促进藻类的生产力。

B. 对凋落叶的降解作用

撕食者主要发生在森林覆盖率较高的溪流中，这些溪流能量的输入绝大部分来自落叶。撕食者对恺木叶片和柳树叶片的分解率较真菌和细菌相比，明显高得多。在北美洲的南 Appalachian 山脉的源头水体（1 级支流）中，通过对杀

---

① 王备新. 大型底栖无脊椎动物水质生物评价研究［D］. 南京：南京农业大学，2003.

虫剂处理的溪流与对照溪流之间的比较研究表明，当处理溪流内 90%以上的水生昆虫被杀死以后，该溪流的次级生产量会大幅度地降低，叶片的降解速度和 FPOM 的输出也会急剧下降。底栖无脊椎动物在每年凋落物降解过程中的贡献率为 25%—28%，对 FPOM 输出的贡献率为 56%。

C. 其他

底栖无脊椎动物次级生产力的大小对渔业生产也有比较重要的影响。有研究表明由于底栖动物的数量比原来提高了许多，估计单位面积的渔业天然产量将比蓄水前提高 2—4 倍。

底栖无脊椎动物采用生物完整性指数 B-IBI 指数来评价。

生物完整性指数 IBI（Index of biotic integrity）又称为多度量生物指数，即运用与目标生物群落的结构和功能有关的，与周围环境关系密切的，受干扰后反应敏感的多个生物指数对生态系统进行生物完整性健康评价。它是 Karr 在 1981 年提出的，最初是以鱼类为研究对象建立的，随后逐渐被应用于底栖无脊椎动物、藻类、浮游生物，湿地、溪流和河口地区的高等维管束植物。IBI 就像一个衡量经济和人体健康的多面指数，综合了多个指数对河流及整个流域的生态健康进行测量及信息的表达。①

一般建立 B-IBI 指数的基本步骤包括：①提出候选生物参数；②通过对生物参数值的分布范围、判别能力和相关关系分析，选择能代表正常区域（参考点）和退化区域（干扰点）的生物参数数据集，建立评价指标体系；③确定每种生物参数值以及 IBI 指数的计算方法；④建立底栖生物完整性的评分标准；⑤通过独立数据的比较，确定 IBI 指数方法的有效性。②

（3）鱼类

一般情况下，鱼类是水生生态系统中的顶级群落，受环境因子的影响较大，

---

① KARR J R. Assessment of biotic integrity using fish communities [J]. Fisheries, 1981, 6 (6): 21-27.
KARR J R, CHU E W. Sustaining living rivers [J]. Hydrobiologia, 2000, 422: 1-14.
KARR J R, ROSSANO E M. Applying public health lessons to protect river health [J]. Ecology and Civil Engineering, 2001, 4: 3-18.
KERANS B L, KARR J R. A benthic index of biotic integrity (B-IBI) for rivers of the Tennessee Valley [J]. Ecological Applications, 1994, 4: 768-785.
JUNGWIRTH M, MUHAR S, SCHMUTZ S. Assessing the ecological integrity of running waters, proceedings of the international conference [J]. Hydrobiologia, 2000, 422/423: 245-256.

② 王备新. 大型底栖无脊椎动物水质生物评价研究 [D]. 南京：南京农业大学，2003.

可以产生各种变化以适应不利环境。同时，作为顶级群落，鱼类对其他物种的存在和丰度有着重要作用，这即是所谓的鱼类在水生生态系统中的下行（top-down）效应。任何一个系统对外界干扰的抵抗都有一定的限度—阈值，生态系统存在稳定性阈值，当外界的干扰超过生态系统的自我调节能力，不能恢复到原初状态的为生态失调，即稳定性破坏。顶级群落同其他任何一个生物群落一样存在稳定性，群落稳定性指群落在一段时间过程中维持物种互相结合及各种物种数量关系的能力，以及在受到扰动的情况下恢复到原来平衡状态的能力。生态系统失调突破稳定阈值首先从顶级群落的衰落开始，顶级群落稳定性的阈值接近系统稳定的闭值状态。鱼类群落退化过程的骤变，能够反映河流水生生态系统的退化状况。生态系统的食物链以顶级动物结束，要维持顶级动物群落就需要相应底层的植被、浮游植物或浮游动物，这些底层的生物一方面作为食物，同时也创造了应有的栖息环境。此外，在河流水生生态系统中，河流的流速、流量、水温、水深、水质等都是影响鱼类群落的重要生境因子。在一定的条件下，这些都可以成为鱼类生存的限制性因子。因此，鱼类可以作为河流水生生态系统稳定的关键物种，受相应的径流调节和控制的影响，并能反映河流水生生态系统的健康状况。

鱼类也采用生物完整性指数 F-IBI 指数。步骤为：①提出候选指标；②候选指标对干扰的反应；③生物参数判别能力分析；④相关性分析；⑤生物学指数分值计算；⑥确定 IBI 指标体系的评价标准进行评价。①

针对保护区，另外采用珍稀水生动物，主要包括国家重点保护的、珍稀濒危的、土著的、特有的、重要经济价值的水生物种。

（三）栖息地指标

栖息地是生物和生物群落生存的空间，是生物赖以生存、繁衍的空间和环境，关系着生物的食物链及能量流。栖息地的健康是河流中的鱼类，微生物以及藻类等生物健康生存的条件，为维持河流生态系统结构的稳定与平衡有着重大的意义。维持河流生物完整性也以良好的栖息地条件为基础。栖息地主要从河岸、河道状况和河流形态等方面进行评价（湖泊栖息地指标可参照河流栖息地指标结合具体情况而定）。

1. 河岸状况

河岸带是处于水陆交界处的生态脆弱带，是异质性最强、最复杂的生态系

---

① 张赛赛，高伟峰，孙诗萌，等. 基于鱼类生物完整性指数的浑河流域水生态健康评价［J］. 环境科学研究. 2015，28（10）：1570-1577.

统之一，在维持区域生物多样性、促进物质与能量交换、抵抗水流侵蚀与渗透、营养物过滤及吸收等方面发挥着重要作用，表现为廊道、缓冲与护岸等三个方面的生态功能。河岸状况由河岸稳定性、植被带、人类干扰程度等几方面评估。①

①河岸稳定性用于表征河岸侵蚀和退化的程度，是河岸生态系统自然功能发挥的关键因子之一。河岸侵蚀现状是河岸稳定性的最直观表征。河岸易于侵蚀可表现为河岸缺乏植被覆盖、树根暴露、土壤暴露等。值得指出的是，出于防洪、安全、航运、输水等问题的考虑，城市河流的河岸固化程度往往相当高，导致河岸不易侵蚀，稳定性很强，河床河岸固化的同时也使河流生境丧失了其他的重要生态功能。

②植被带是指河流护岸之外的植被带。植被带对于河流廊道功能的发挥至关重要，因此植被带的宽度对廊道功能发挥也有着重要影响。太窄的河岸廊道会对敏感物种不利，同时降低廊道过滤污染物的功能。此外，廊道宽度还会在很大程度上影响产生边缘效应的地区，进而影响廊道中物种的分布和迁移。植被覆盖率，绿地的生态效应是多方面的，它不但可以改善河流小气候，减少水土流失，提高生态环境质量，还可以为净化河流水体，降解废弃物等提供条件。它是以河岸植被与河流所在的流域或区域适宜草木生长总面积之比来表示的。

③人工干扰程度主要指渠化工程，是人类活动对河流形态结构影响较大的工程措施之一，尤其是城市河流。渠化工程将河流断面形态变得规则化，改变了天然河道浅滩、深槽交错的格局，使多样化的地貌形态变得单一化，引起了河流水文条件的改变，从而影响河流的生态环境状态，造成生物数量和物种结构的改变。河道渠化程度指标为一个定性指标，可从河流形态结构的自然性和断面形状的多样性方面反映河流生态环境功能的健康状态，渠化程度越大，意味着河流形态结构越单一。

---

① JUNGWIRTH M, MUHAR S, SCHMUTZ S. Re-establishing and assessing ecological integrity in riverine landscapes [J]. Freshwater Biology, 2002, 47: 867-887.
NAIMAN R J, ECAMPS H D. The ecology of interfaces: riparian zones [J]. Annu Rev Ecol Syst, 1997, 28: 621-658.
MCKONE P D. Streams and their corridors——functions and values [J]. Journal of Management in Engineering, 2000, 5: 28-29.
邓红兵，王青春，王庆礼，等. 河岸植被缓冲带与河岸带管理 [J]. 应用生态学报，2003，23 (1): 53-56.
张建春. 河岸带功能及其管理 [J]. 水土保持学报，2001，15 (6): 143-146.

2. 河床状况

河床状况从河床底质、连通性两方面考虑。

①河床底质。鱼类的产卵习性可分为产卵于水层、水草、水底、贝内和石块上。比如有些鱼类选择粗糙砂砾、岩石基底产卵，有些选择砂质基底产卵，有些选择基底植物上产卵。因此当河床底质发生变化时，一些鱼类将无法产卵或卵无法成活。①

②连通性

连通性是指河流与周围湖泊、湿地、公园、绿地等自然生态系统的连通性。该指标以具有连通性的水面个数占统计的水面总数之比表示，能反映洪水、涝水的宣泄外排，也能反映补水条件和水环境容量、水生生物生存环境等状况。②

3. 河道状况

河道状况从蜿蜒度、连续性方面考虑。

①蜿蜒度，指的是河流中线两点间实际长度与其直线距离的比值。蜿蜒性是自然河流的发展趋势。河流的蜿蜒性使得河流形成主流、支流、河湾、沼泽、急流和浅滩等丰富多样的生境条件，从而维持河流生物群落的多样性。蜿蜒度指标可用于反映河流结构在纵向的多样性水平，人类活动对河流蜿蜒性的改变程度越大，意味着对河流形态结构的自然性和多样性的破坏用越大，河流生态受到的影响越大。③

②连续性，指在河流系统内生态元素在空间结构上的纵向联系，可从水坝等障碍物的数量及类型、鱼类等生物物种迁徙顺利程度、能量及营养物质的传递等方面反映人类活动对河流纵向连续性的影响程度。④

三、水生态管理目标

根据不同功能区制定了不同的水生态目标，所要求的指标也不同（浮游植物、底栖无脊椎动物和鱼类指标，或仅其中一个或两个指标，根据功能区要求决定）。生态目标分为极好、良好和中等级别，其判别标准见表 3-13。

---

① 朱瑶. 大坝对鱼类栖息地的影响及评价方法述评［J］. 中国水利水电科学研究院学报，2005（2）：100-103.

② 茹彤，韦安磊，杨小刚，等. 基于河流连通性的河流健康评价［J］. 中国人口·资源与环境，2014，24（S2）：298-300.

③ 董哲仁. 水利工程对生态系统的胁迫［J］. 水利水电技术，2003（7）：1-5.

④ 张萍，高丽娜，孙翀，等. 中国主要河湖水生态综合评价［J］. 水利学报，2016，47（1）：94-100.

表 3-13 水生态质量判别标准

指标	要素	极好	良好	中等
生物指标	浮游植物	类别构成完全或几乎完全与未受干扰状况下的一致，平均资源量与特定水体完全一致，不会较大改变特定水体透明情况；以一定频率和强度繁衍	类别构成与数量与特定生物群落相比发生轻微的变化。繁衍频率和强度发生微小增加	类别构成与数量与特定生物群落相比发生中等程度的变化；生物量受到了中等程度的干扰；繁衍频率和强度发生中等程度增加
	底栖无脊椎动物	类别构成完全或几乎完全与未受干扰状况下的一致。干扰敏感种类与干扰不敏感种类的比率符合其未受干扰状况下的指标。多样性程度符合其未受干扰状态指标	类别构成与数量与特定生物群落相比发生轻微的变化。干扰敏感种类与干扰不敏感种类的比率与未受干扰状况下的比率相比，发生了轻微的变化。多样性程度发生了轻微的变化	类别构成与数量与特定生物群落相比发生中等程度的变化。特定生物群落的主要物种群缺失。干扰敏感种类与干扰不敏感种类的比率与未受干扰状况下的比率相比，明显偏低
	鱼类	类别构成完全或几乎完全与未受干扰状况下的一致。所有特定类别的敏感性物种都存在。鱼类群体年龄结构受人类活动的干扰较小，而且任何物种的繁殖或发育能顺利进行	鱼类的构成和数量与特定的生物群落相比，发生了轻微的变化。鱼类群体的年龄结构受到干扰，而且个别物种的繁殖或发育出现失败，甚至某些鱼类的年龄段缺失	鱼类的构成和数量与特定的生物群落相比，发生了中等程度的变化。鱼类群体的年龄结构受到干扰迹象明显，甚至个别物种有中等程度缺失或数量极低
栖息地指标	河道状况	河流连续性、蜿蜒度未受到人类活动的干扰，同时水生有机物的迁移和泥沙输送能不受干扰的进行	与实现上述生物质量要素值的状况一致	与实现上述生物质量要素值的状况一致
	河岸及河床状况	河岸稳定性、植被带宽度和完整性、植被覆盖率、河床底质与参考情况完全或几乎完全与不受干扰状况一致	与实现上述生物质量要素值的状况一致	与实现上述生物质量要素值的状况一致

* 浮游植物、底栖无脊椎动物和鱼类可直接用生物完整性指数来评价

（一）保护区

保护区是指对水资源保护、自然生态系统及珍稀濒危物种的保护有重要意义的水域。包括国家级和省级自然保护区范围内的水域或具有典型生态保护意义的自然生境内的水域；跨流域、跨省及省内的大型调水工程水源地，主要指已建和拟建（规划水平年内建设）调水工程的水源区；源头水保护区，指以保护水资源为目的，在重要河流的源头河段划出专门涵养保护水源的区域。

保护区对于水生态环境要求高，水生态管理目标设为生态状况极好，要求浮游植物、底栖无脊椎动物、鱼类状况、栖息地状况均达到极好状态，满足生态流量、保证水生植物生存、珍稀濒危物种生存需要。

（二）保留区

指目前开发利用程度不高，为今后开发利用预留的水域。该区内应维持现状不受破坏。

保留区受人类活动影响较少，水资源开发利用程度较低，是为今后的发展预留的水资源区，水域管理目标设为生态状况极好，要求浮游植物、底栖无脊椎动物、鱼类指标、栖息地指标均达到极好状态，满足生态流量。

（三）缓冲区

缓冲区是指为协调省际以及水污染矛盾突出的地区间用水关系，为满足功能区水质要求而划定的水域。包括跨省、自治区、直辖市行政区域河流、湖泊的边界水域；用水矛盾突出的地区之间水域。

因缓冲区为省界断面水域，矛盾突出的水域管理目标设为生态状况中等。因缓冲区的生态功能要求不高采用底栖无脊椎动物指标，要求栖息地状况满足当地水生态功能要求，满足生态流量。

（四）开发利用区

主要指具有满足工农业生产、城镇生活、渔业和游乐等多种需水要求的水域。

开发利用区下分有二级区，水生态管理目标二级区划分分类分别制定。

（1）饮用水源区

饮用水源区是城镇生活用水取水口分布较集中的水域；或在规划水平年内城镇发展设置供水水源区，管理目标设为生态状况良好，要求浮游植物、底栖无脊椎动物指标、栖息地指标达到良好状态，满足生态流量。

（2）工业用水区

工业用水区指为满足城镇工业用水需要的水域。是工矿企业生产用水的取水点集中地，管理目标为生态状况中等，要求仅底栖无脊椎动物、栖息地指标达到良好状态即可，满足生态流量。

（3）农业用水区

农业用水区指为满足农业灌溉用水需要的水域。

是灌溉取水点集中地，管理目标为生态状况中等，要求浮游植物、底栖无脊椎动物指标、栖息地指标达到中等状态，对于鱼类不与要求，满足生态流量。

（4）渔业用水区

指具有鱼、虾、蟹、贝类产卵场、索饵场、越冬场及洄游通道功能的水域，养殖鱼、虾、蟹、贝、藻类等水生动植物的水域。

制定管理目标为生态状况良好，要求浮游植物、底栖无脊椎动物、鱼类指标、栖息地指标等均达到良好状态，满足生态流量。

（5）景观娱乐用水区

指以满足景观、疗养、度假和娱乐需要为目的的江河湖库等水域。

景观娱乐用水区包括：休闲、度假、娱乐、运动场所涉及的水域；水上运动场；风景名胜区所涉及的水域等区域，制定管理目标为生态状况良好，要求底栖无脊椎动物、鱼类指标、栖息地指标达到中等状态，满足生态流量。

（6）过渡区

指为使水质要求有差异的相邻功能区顺利衔接而划定的区域。

制定管理目标为生态状况中等，要求底栖无脊椎动物、栖息地指标达到中等状态，满足生态流量。

（7）排污控制区

指生活、生产污废水排污口比较集中的水域，所接纳的污废水应对水环境无重大不利影响。

制定管理目标为生态状况中等，要求底栖无脊椎动物指标、栖息地指标均到中等状态，满足生态流量。

表 3-14 水功能区水生态管理目标

功能区级别	功能区	目标	指标
一级功能区	保护区	满足生态流量、保证水生植物生存、珍稀濒危物种生存需要；生态状况极好	生物指标，栖息地指标
	缓冲区	满足生态流量；生态状况中等	生物指标，栖息地指标
	开发利用区	按二级区划分类分别执行相应的标准	生物指标，栖息地指标
	保留区	满足生态流量；生态状况极好	生物指标，栖息地指标
二级功能区	饮用水源区	满足生态流量；生态状况良好	生物指标，栖息地指标
	工业用水区	满足生态流量；生态状况中等	生物指标，栖息地指标
	农业用水区	满足生态流量；生态状况中等	生物指标，栖息地指标
	渔业用水区	满足生态流量；生态状况良好	生物指标，栖息地指标
	景观娱乐用区	满足生态流量；生态状况良好	生物指标，栖息地指标
	过渡区	满足生态流量；生态状况中等	生物指标，栖息地指标
	排污控制区	满足生态流量；生态状况中等	生物指标，栖息地指标

*依据：参考《欧盟水框架》和《美国快速生物评价协议》，各流域及地方可根据河湖健康评估指相协调，湖库满足生态水位。

第四章　淮河流域重要水功能区管理目标制定

第一节　流域概况

一、地理位置

淮河流域位于我国东部，介于长江和黄河之间，流域面积27万平方千米。跨湖北、河南、安徽、江苏、山东五省40个地级市。淮河流域分淮河水系和沂沭泗两大水系，废黄河以南为淮河水系，以北为沂沭泗水系。

淮河水系西起伏牛山、桐柏山，东临黄海，南以大别山、江淮丘陵、通扬运河及如泰运河南堤与长江流域分界，北至废黄河，集水面积约19万平方千米，约占流域总面积的71%。①

淮河干流发源于河南省南部桐柏山，自西向东流经河南、安徽至江苏的三江营入长江，全长约1000千米。从河源到洪河口为上游，流域面积3万多平方千米，河长364千米；从洪河口至洪泽湖出口为中游，面积约13万平方千米，河长490千米；洪泽湖以下为下游，面积约3万平方千米，河长150千米。②

二、水文气象

淮河水系地处我国南北气候过渡带。淮河以北属暖温带半湿润季风气候区，以南属亚热带湿润季风气候区。多年平均年降水量约为911毫米（1956~2000年系列，下同）。降水量地区分布状况大致是由南向北递减，山区多于平原，沿

① 韦翠珍，李洪亮，付小峰，等. 淮河流域新时期突出水生态问题探讨［J］. 安徽农业科学，2021，49（15）：55-57.

② 田立鑫，韩美，徐泽华，等. 近50年淮河流域气温时空变化及其与PDO的关系［J］. 水土保持研究，2019，26（6）：240-248.

海大于内陆。降水量的年内分配不均匀，有七成年份汛期 6~9 月降水量超过全年的 60%；降水量年际变化较大，多数雨量站年降水量最大值为最小年值的 2~4 倍。①

淮河水系多年平均径流深 238 毫米。年径流的地区分布类似于降水，呈现南部大于北部，同纬度山区大于平原的规律。南部大别山区径流深最大，淠河上游径流深高达1000 毫米以上；豫东平原北部沿黄河一带径流深最低，为 50 毫米~100 毫米。径流年内分配与降水年内分配相似，汛期 6~9 月径流量约占全年的 55%~82%。径流年际变化较降水更加剧烈，大多数地区年径流深最大值与最小值之比在 5~25 之间，北部大，南部小。②

三、河流水系

淮河上中游支流众多。南岸支流都发源于大别山区及江淮丘陵区，源短流急，主要有浉河、白露河、史河、淠河、东淝河、池河等。北岸支流主要有洪汝河、沙颍河、涡河、怀洪新河、新汴河、奎濉河等，其中除洪汝河、沙颍河上游有部分山丘区以外，其余都是平原排水河道。支流中流域面积以沙颍河最大，近 3.7 万平方千米，涡河次之为 1.5 万平方千米，其他支流多在 3000 平方千米~12000 平方千米之间。③

根据淮河流域及山东半岛水资源综合规划成果，淮河水系主要河流水资源量及特征水量见表 4-1。

表 4-1　淮河水系主要河流水资源量一览

河流	区间	面积（平方千米）	地表水资源量（亿立方米）	河道内生态环境需水量		汛期时段下泻洪水量		地表水可利用量（亿立方米）	地表水可利用率（%）
				水量/亿立方米	比例/%	水量/亿立方米	比例/%		
洪河		12380	30.2	3.93	13	16.6	54.8	9.73	32.2
颍河		36728	55.0	6.60	12	22.9	41.6	25.5	46.4
涡河		15905	14.0	1.40	10	6.03	43.0	6.59	47.0

① 王怀军，潘莹萍，陈忠升. 1960~2014 年淮河流域极端气温和降水时空变化特征［J］. 地理科学，2017，37（12）：1900-1908.

② 梁友. 淮河水系河湖生态需水量研究［D］. 北京：清华大学，2008.

③ 梁友. 淮河水系河湖生态需水量研究［D］. 北京：清华大学，2008.

续表

河流	区间	面积（平方千米）	地表水资源量（亿立方米）	河道内生态环境需水量		汛期时段下泻洪水量		地表水可利用量（亿立方米）	地表水可利用率（%）
				水量/亿立方米	比例/%	水量/亿立方米	比例/%		
史河		6889	36.1	6.13	17	8.85	24.6	21.1	58.4
淠河		6000	39.5	7.89	20	8.51	21.6	23.1	58.5
淮河干流	王家坝以上	30630	102	16.3	16	52.1	51.1	33.5	32.9
	蚌埠以上	121330	305	45.7	15	131	42.9	128	42.1
	中渡以上	158106	367	55.1	15	134	36.4	178	48.6
	淮河水系	190032	452	67.8	15	166	36.8	218	48.2

四、水资源开发利用

淮河水系中渡以上已建成大中小型水库3647座，总库容近200亿立方米。其中18座大型水库总库容为142亿立方米，兴利库容47亿立方米。淮河、颍河、涡河、新汴河等主要河道上的大中型拦河闸也都蓄水，据初步统计，蚌埠闸等19座拦河闸的兴利库容约9亿立方米。但与黄河、海河相比，淮河水利工程的水资源控制能力仅为0.4，汛期调蓄能力明显不足。

目前，淮河水系水资源供需矛盾日益加剧，供水不足已经制约了社会经济的持续、协调发展。水资源过度利用，超出了其合理承载能力，对生态构成了一定的危害。界首、沈丘、邢老家、亳州、临涣集、永城等断面以上人均水资源占有量与人均用水量比较接近，水资源利用率都在70%左右，一定程度上挤占了河道生态用水。此外，淮河水系还存在严重的水质污染问题，严重威胁了供水水质安全和水生态系统安全。①

第二节 重要水功能区概况

报国务院批准的淮河片的重要河流湖泊水功能区有394个，其中淮河流域

① 梁友. 淮河水系河湖生态需水量研究［D］. 北京：清华大学，2008.

376个，山东半岛18个。淮河流域重要河流湖泊水功能区一级区116个，二级区260个,① 具体见表4-2。

表4-2 淮河流域重要水功能区划数量

一级功能区	二级功能区	个数
保护区		63
保留区		14
缓冲区		39
开发利用区	饮用水源区	33
开发利用区	工业用水区	15
开发利用区	农业用水区	112
开发利用区	景观娱乐用水区	16
开发利用区	渔业用水区	12
开发利用区	排污控制区	44
开发利用区	过渡区	28

根据淮河流域重点水功能区划及水文站点分布，从中选择有水文站点控制的水功能区，再根据水文站点的数据时间序列进行筛选，挑选出43个水功能区。各水功能区及水文站点见表4-3。

表4-3 用于计算的重要水功能区及水文站点

编号	一级功能区	二级功能区	重点功能区名称	水文站点
1	保护区		入江水道高邮湖调水保护区（淮安—扬州）	大汕子洞
2	保护区		运河徐州调水保护区	二级湖闸
3	保护区		洪泽湖调水水源保护区（淮安—宿迁）	高良涧闸
4	保护区		梅山水库金寨河流源头自然保护区	梅山水库坝上

① 郁丹英，赖晓珍，贾利. 淮河流域重要河流湖泊水功能区达标分析［J］. 治淮，2013（1）：110-111.

续表

编号	一级功能区	二级功能区	重点功能区名称	水文站点
5	保护区		佛子岭磨子潭水库霍山河流源头自然保护区	磨子潭水库坝上
6	保护区		浉河信阳水源地保护区	南湾水库
7	保护区		沭河源头水保护区	青峰岭水库
8	保护区		宝应湖金湖调水保护区	阮桥闸
9	保护区		宝应湖宝应调水保护区	阮桥闸闸下
10	保护区		入江水道淮安调水保护区	三河闸（中渡）
11	保留区		淮河河南信阳湖北随州保留区	长台关
12	缓冲区		沂河鲁苏缓冲区	港上
13	缓冲区		浍河豫皖缓冲区	黄口集闸
14	缓冲区		汾泉河豫皖缓冲区	沈丘（闸下）
15	缓冲区		新汴河皖苏缓冲区	团结闸
16	缓冲区		淮河豫皖缓冲区	王家坝
17	缓冲区		淮河皖苏缓冲区	小柳巷
18	缓冲区		沱河豫皖缓冲区	永城闸
19	开发利用区	饮用水源区	淠河灌区总干渠六安合肥饮用水源、农业用水区	横排头（坝上）
20	开发利用区	饮用水源区	沂河沂水饮用水源区	跋山水库
21	开发利用区	饮用水源区	新沭河连云港饮用水源区	石梁河水库
22	开发利用区	工业用水区	沂河沂源工业用水区	东里店
23	开发利用区	工业用水区	沂河沂南工业用水区	斜午
24	开发利用区	工业用水区	新洋港盐城射阳工业、农业用水区	新洋港闸
25	开发利用区	农业用水区	老沭河郯城农业用水区	大官庄闸
26	开发利用区	农业用水区	淮河息县淮滨农业、渔业用水区	淮滨
27	开发利用区	农业用水区	史河固始下游农业、渔业用水区	蒋家集
28	开发利用区	农业用水区	颍河界首太和颍东农业、渔业用水区	界首
29	开发利用区	农业用水区	洙赵新河嘉祥农业用水区	梁山闸
30	开发利用区	农业用水区	浍河濉溪固镇农业、渔业用水区	临涣集
31	开发利用区	农业用水区	淮河阜阳六安农业用水区	鲁台子

续表

编号	一级功能区	二级功能区	重点功能区名称	水文站点
32	开发利用区	农业用水区	涡河谯城怀远农业用水区	蒙城闸
33	开发利用区	农业用水区	泗河曲阜兖州段农业用水区	书院
34	开发利用区	渔业用水区	东鱼河济宁渔业用水区	鱼城
35	开发利用区	景观娱乐用水区	淮河蚌埠景观娱乐、排污控制区	蚌埠（吴家渡）
36	开发利用区	景观娱乐用水区	老沭河新沂市景观娱乐用水区	新安
37	开发利用区	排污控制区	颍河阜阳排污控制区	阜阳闸
38	开发利用区	排污控制区	沭河莒县排污控制区	莒县
39	开发利用区	排污控制区	淮河息县排污控制区	息县
40	开发利用区	排污控制区	颍河周口排污控制区	周口（二）
41	开发利用区	过渡区	洪河新蔡过渡区	班台
42	开发利用区	过渡区	洸府河济宁过渡区	黄庄
43	开发利用区	过渡区	池河明光过渡区	明光

第三节　水量管理目标

一、保护区水量管理目标

保护区水量管理目标按照第四章中叙述的方法进行计算，其中河流源头保护区未找到相关规定，所以采用多年平均水位作为管理目标，水源地保护区为水库故选择水库的正常蓄水位作为管理目标，调水水源保护区选择调水水位作为管理目标。环境流量采用90%保证率最枯月平均流量。选择较大值作为管理目标。计算结果见表4-4。

二、保留区水量管理目标

保留区暂时还没有明确的社会功能定位，拟采用近10年平均流量作为功能流量，环境流量采用90%保证率最枯月平均流量。选择较大值作为管理目标。

计算结果见表 4-5。

表 4-4 淮河流域保护区水量管理目标

一级功能区	重点功能区名称	功能流量/水位	环境流量/（立方米/秒）
保护区	入江水道高邮湖调水保护区（淮安—扬州）	30.88 米	5.00
保护区	运河徐州调水保护区	32.8 米—31.3 米	2.00
保护区	洪泽湖调水水源保护区（淮安—宿迁）	12 米—12.5 米	1.14
保护区	梅山水库金寨河流源头自然保护区	110.46 米	0.580
保护区	佛子岭磨子潭水库霍山河流源头自然保护区	170.16 米	0.238
保护区	浉河信阳水源地保护区	103.5 米	
保护区	沭河源头水保护区	4.39 立方米/秒	
保护区	宝应湖金湖调水保护区	30.88 米	
保护区	宝应湖宝应调水保护区	30.88 米	
保护区	入江水道淮安调水保护区	39.96 米	

表 4-5 淮河流域保留区水量管理目标

一级功能区	重点功能区名称	功能流量/（立方米/秒）	环境流量/（立方米/秒）
保留区	淮河河南信阳湖北随州保留区	3.62	8

三、缓冲区水量管理目标

缓冲区水量管理目标采用淮河流域分水方案的目标值。环境流量采用 90% 保证率最枯月平均流量，选择较大值作为管理目标。具体见表 4-6。

表 4-6 淮河流域缓冲区管理目标计算

一级功能区	重点功能区名称	功能流量/（立方米/秒）	环境流量/（立方米/秒）
缓冲区	沂河鲁苏缓冲区	分水方案结果	
缓冲区	浍河豫皖缓冲区	分水方案结果	0.2775

续表

一级功能区	重点功能区名称	功能流量/（立方米/秒）	环境流量/（立方米/秒）
缓冲区	汾泉河豫皖缓冲区	分水方案结果	0.7475
缓冲区	新汴河皖苏缓冲区	分水方案结果	0.2425
缓冲区	淮河豫皖缓冲区	分水方案结果	22.7
缓冲区	淮河皖苏缓冲区	分水方案结果	102
缓冲区	沱河豫皖缓冲区	分水方案结果	0.66

四、开发利用区水量管理目标

开发利用区包含7个二级水功能区，其中饮用水源区采用95%供水保证率，工业用水区采用90%保证率，农业用水区在淮南地区采用90%保证率，淮北地区采用75%保证率，渔业用水区、景观娱乐用水区、排污控制区和过渡区均采用90%保证率，计算结果见表4-7。

表4-7 淮河流域开发利用区水量管理目标

二级功能区	重点功能区名称	功能流量/（立方米/秒）	环境流量/（立方米/秒）
饮用水源区	淠河灌区总干渠六安合肥饮用水源、农业用水区	21.66	0.400
饮用水源区	沂河沂水饮用水源区	0.33	1.74
饮用水源区	新沭河连云港饮用水源区	3.58	1.27
工业用水区	沂河沂源工业用水区	1.53	1.74
工业用水区	沂河沂南工业用水区	0.12	3.35
工业用水区	新洋港盐城射阳工业、农业用水区	5.78	14.17
农业用水区	老沭河郯城农业用水区	1.92	0.69
农业用水区	淮河息县淮滨农业、渔业用水区	32.09	25.150
农业用水区	史河固始下游农业、渔业用水区	12.65	7.210
农业用水区	颍河界首太和颍东农业、渔业用水区	21.57	3.290
农业用水区	洙赵新河嘉祥农业用水区	2.23	2.47
农业用水区	浍河濉溪固镇农业、渔业用水区	2.01	0.822

续表

二级功能区	重点功能区名称	功能流量/（立方米/秒）	环境流量/（立方米/秒）
农业用水区	淮河阜阳六安农业用水区	134	78
农业用水区	涡河谯城怀远农业用水区	1.97	1.1
农业用水区	泗河曲阜兖州段农业用水区	1.63	0.432
渔业用水区	东鱼河济宁渔业用水区	1.43	1.96
景观娱乐用水区	淮河蚌埠景观娱乐、排污控制区	19.79	77.800
景观娱乐用水区	老沭河新沂市景观娱乐用水区	2.73	1.27
排污控制区	颍河阜阳排污控制区	27.75	6.345
排污控制区	沭河莒县排污控制区	1.06	1.13
排污控制区	淮河息县排污控制区	23.75	16.4
排污控制区	颍河周口排污控制区	12.48	7.560
过渡区	洪河新蔡过渡区	17.88	1.74
过渡区	洸府河济宁过渡区	0.73	1.119
过渡区	池河明光过渡区	4.46	1.03

第四节　水质管理目标

一、保护区水质管理目标

由于该区极高的保护目标和对自然资源保护具有重要意义，其水质管理目标也相对其他功能区要高，保护区执行《地表水环境质量标准》(GB3838—2002) I、II 类水质标准或维持现状水质。对于没有水源地功能的水域仅选取地表水环境质量标准基本项目 24 项作为水质指标进行考核，调水保护区和水源地保护区水质指标除以上基本 24 项还需包含集中式生活饮用水地表水源地补充项目 5 项和特定项目 80 项（由县级以上人民政府环境保护行政主管部门从中选择确定的特定项目）。保护区是不参加水域纳污能力计算的，且已规定实施“零排放”，限制排污总量为零。淮河流域保护区水质管理目标见表 4-8。

表 4-8 淮河流域保护区水质管理目标

一级功能区	重点功能区名称	水质目标	限排量（吨/年）	
			COD	氨氮
保护区	洪泽湖调水水源保护区（淮安—宿迁）	Ⅲ	0	0
保护区	入江水道高邮湖调水保护区（淮安—扬州）	Ⅱ~Ⅲ	0	0
保护区	宝应湖金湖调水保护区	Ⅲ	0	0
保护区	宝应湖宝应调水保护区	Ⅲ	0	0
保护区	佛子岭磨子潭水库霍山河流源头自然保护区	Ⅰ~Ⅱ	0	0
保护区	梅山水库金寨河流源头自然保护区	Ⅰ~Ⅱ	0	0
保护区	沭河源头水保护区	Ⅱ	0	0
保护区	浉河信阳水源地保护区	Ⅱ	0	0
保护区	入江水道淮安调水保护区	Ⅲ	0	0
保护区	运河徐州调水保护区	Ⅲ	0	0

二、保留区水质管理目标

保留区水体现状年没有具体明确的社会功能，为维持现状不遭破坏，其水质管理标准应按现状水质类别控制。水质指标也按照现状选取其对应的指标进行考核和评价，采用纳污能力和现状污染物（包括点源、面源）入河量中较小值作为限制排污总量。淮河流域采用的是纳污能力计算结果作为该区的限制排污总量。淮河流域保留区水质管理目标见表 4-9。

表 4-9 淮河流域保留区水质管理目标

一级功能区	重点功能区名称	水质目标	限排量（吨/年）	
			COD	氨氮
保留区	淮河河南信阳湖北随州保留区	Ⅲ	836	26

三、缓冲区水质管理目标

根据缓冲区划定依据及范围，为协调省际、矛盾突出的地区间用水关系；

一级功能区之间关系而划定的水域。包括跨省、自治区、直辖市行政区域河流、省际边界河流、湖泊的边界附近水域和用水矛盾突出的地区之间水域。缓冲区划范围大且种类繁杂，功能区管理也须按实际需要执行相关水质标准或按现状控制。为了达到下游出口断面水质目标，避免用水冲突，缓冲区的限制排污总量为零。淮河流域缓冲区水质管理目标见表 4-10。

表 4-10　淮河流域缓冲区水质管理目标

一级功能区	重点功能区名称	水质目标	限排量（吨/年）	
			COD	氨氮
缓冲区	沱河豫皖缓冲区	Ⅲ	0	0
缓冲区	淮河豫皖缓冲区	Ⅲ	0	0
缓冲区	沂河鲁苏缓冲区	Ⅲ	0	0
缓冲区	浍河豫皖缓冲区	Ⅲ	0	0
缓冲区	新汴河皖苏缓冲区	Ⅲ	0	0
缓冲区	汾泉河豫皖缓冲区	Ⅲ	0	0
缓冲区	淮河皖苏缓冲区	Ⅲ	0	0

四、开发利用区水质管理目标

由于开发利用区具有满足工农业生产、城镇生活、渔业和游乐等多种需水要求，该区内的具体开发活动必须服从二级区划功能分区要求。故按二级区划分类分别执行相应的水质标准。限制排污总量即该区水域纳污能力。对于同时兼具两种或两种以上功能的水功能区，取较严格的水质目标和限排量。淮河流域开发利用区水质管理目标见表 4-11。

表 4-11　淮河流域开发利用区水质管理目标

一级功能区	二级功能区	功能区名称	水质目标	限排量（吨/年）	
				COD	氨氮
开发利用区	农业用水区	淮河阜阳六安农业用水区	Ⅱ~Ⅲ	16708	1739.6
开发利用区	排污控制区	淮河息县排污控制区	下一级功能区达标	5196	644.7
开发利用区	景观娱乐用水区	淮河蚌埠景观娱乐、排污控制区	Ⅲ	21385	1314.7

续表

一级功能区	二级功能区	功能区名称	水质目标	限排量（吨/年）	
				COD	氨氮
开发利用区	过渡区	洪河新蔡过渡区	Ⅲ	0	0
开发利用区	排污控制区	颍河周口排污控制区	下一级功能区达标	451	57.4
开发利用区	渔业用水区	东鱼河济宁渔业用水区	Ⅲ	0	0
开发利用区	工业用水区	沂河沂源工业用水区	Ⅳ	1935	102.4
开发利用区	饮用水源区	沂河沂水饮用水源区	Ⅲ	0	0
开发利用区	排污控制区	沭河莒县排污控制区	下一级功能区达标	1470	76.1
开发利用区	饮用水源区	新沭河连云港饮用水源区	Ⅲ	0	0
开发利用区	工业用水区	沂河沂南工业用水区	Ⅳ	374	18.8
开发利用区	景观娱乐用水区	老沭河新沂市景观娱乐用水区	Ⅲ	0	0
开发利用区	工业用水区	新洋港盐城射阳工业、农业用水区	Ⅲ	2909	262.3
开发利用区	农业用水区	老沭河郯城农业用水区	Ⅴ	449	21
开发利用区	过渡区	洸府河济宁过渡区	Ⅲ	777	47.3
开发利用区	过渡区	池河明光过渡区	Ⅲ	34	56.2
开发利用区	农业用水区	浍河濉溪固镇农业、渔业用水区	Ⅲ	634	59.4
开发利用区	农业用水区	泗河曲阜兖州段农业用水区	Ⅳ	439	35.4
开发利用区	农业用水区	涡河谯城怀远农业用水区	Ⅲ	1729	105.6
开发利用区	排污控制区	颍河阜阳排污控制区	下一级功能区达标	2390	119
开发利用区	农业用水区	洙赵新河嘉祥农业用水区	Ⅲ	653	29.4
开发利用区	饮用水源区	淠河灌区总干渠六安合肥饮用水源、农业用水区	Ⅱ	0	0
开发利用区	农业用水区	淮河息县淮滨农业、渔业用水区	Ⅲ	2119	394.7
开发利用区	农业用水区	史河固始下游农业、渔业用水区	Ⅲ	280	28.1

续表

一级功能区	二级功能区	功能区名称	水质目标	限排量（吨/年）	
				COD	氨氮
开发利用区	农业用水区	颍河界首太和颍东农业、渔业用水区	Ⅲ~Ⅳ	3051	73.1
开发利用区	农业用水区	浍河濉溪固镇农业、渔业用水区	Ⅲ	634	59.4

第五节　水生态管理目标

一、生态流量确定

（一）河流生态流量

根据对淮河生态问题及生态需水的特点分析，本次研究在总结的国内外相关成果基础上，依据前章研究成果，提出了以水文学方法为主，考虑生态系统分析的生态水量综合计算。

7Q10 法作为满足污水稀释功能的河流所需流量，低估河流流量需求，造成河流生态功能要求不能得到满足。① 最小月平均流量法计算的河流基本生态环境需水量主要以水质对指示物的影响为主要依据，侧重于分析水生生物所需要的水质，求出的流量往往偏大。② 栖息地法和整体法需要较详细地对河流的物理结

① 倪晋仁，崔树彬，李天宏，等. 论河流生态环境需水［J］. 水利学报，2002（9）：14-19，26.
CAISSIE D，ELJABI N. Comparison and regionalization of hydrologically based instream flow techniques in atlantic canada［J］. Canadian Journal of Civil Engineering，1995，22（2）：235-246.

② 李丽娟，郑红星. 海滦河流域河流系统生态环境需水量计算［J］. 地理学报，2000（4）：495-500.

构及栖息地状况调查资料，在流域范围内目前难以收集。① 本研究采用 Tenant 方法、最小月平均法和 7Q10 法对淮河干流生态流量进行了计算对比（表 4-12）。可以看出，不同方法计算得出的河流生态流量差别很大，因此，针对不同的河流宜选用合适的生态流量计算方法。

表 4-12　淮河干流典型断面三种计算方法对比

断面	Tenant 法	最小月平均法	7Q10 法
王家坝	10.9	30.43	0.72
息县	5.1	16.81	6.78
班台	3.8	7.45	1.29
周口	4.86	11.62	0.11
港上	3.86	0.14	0.04

鉴于研究区域内河道径流受到一定程度的人工控制，水资源开发利用程度很高，水资源严重缺乏、淮北支流经常断流或干涸的现状，拟根据蒙大拿法给出的标准，采用河道内多月平均年径流量的 10%作为保持大多数水生生物短时间生存的最小生态流量，同时考虑鱼类的最小需水空间，用以校正最小生态流量。采用河道内多年平均月径流量的 20%作为保持大多数水生生物适宜生存的适宜生态流量，同时考虑鱼类繁殖需水量，用以校正适宜生态水量。②

1. 最小生态流量

参考蒙大拿法在国内的应用情况，结合淮河实际，计算以多年非汛期平均径流的 10%作为最小生态流量，可基本维持底栖动物和浮游动植物生长的最小空间。③ 计算结果见表 4-13。

---

① 钟华平，刘恒，耿雷华，等. 河道内生态需水估算方法及其评述［J］. 水科学进展，2006（3）：430-434.
董哲仁，张晶，赵进勇. 环境流理论进展述评［J］. 水利学报，2017，48（6）：670-677.
肖卫，周刚炎. 三种生态流量计算方法适应性分析及选择［J］. 水利水电快报，2020，41（12）：59-62.

② ORTH D J，LEONARDP M. Comparison of discharge methods andhabitat optimization for recommending instream flows to protect fishhabitat［J］. Regulated River，1988，5：129-138.

③ 徐志侠，董增川，周健康，等. 生态需水计算的蒙大拿法及其应用［J］. 水利水电技术，2003（11）：15-17.

表 4-13 淮河流域最小生态流量

功能区	河名	断面	最小生态流量（立方米/秒）			生态流量（立方米/秒）
			10—3月	4—5月	6—9月	
保护区	沂河	临沂	2.33	3.13	19.81	2.33
	沭河	青峰岭水库	0.10	0.18	1.11	0.10
	淠河东源	佛子岭	2.07	7.34	7.65	2.07
	史河	梅山水库	1.36	6.54	7.20	1.36
	昭阳湖	二级湖闸	1.42	0.26	9.28	1.42
	入江水道	三河闸	18.0	25.6	134.7	18.0
	淠河	磨子潭水库	0.93	2.82	2.57	0.93
	浉河	南湾水库	0.56	2.30	2.51	0.56
	洪泽湖	高良涧闸	11.24	12.77	25.23	11.24
	宝应湖	阮桥闸	0.54	0.33	0.94	0.54
	高邮湖	大汕子闸	1.03	0.42	1.43	1.03
缓冲区	淮河	王家坝	10.9	18.5	35.0	10.9
	淮河	小柳巷	28.5	54.6	111	28.5
	涡河	亳县	2.3	2.4	6.9	2.3
	泉河	沈丘	1.4	1.4	1.4	1.4
	沱河	永城闸	0.5	0.5	0.5	0.5
	东沙河	黄口集闸	0.4	0.4	0.4	0.4
	惠济河	砖桥闸	0.7	0.7	0.7	0.7
	沂河	港上	2.36	3.16	20.02	2.36
	洪泽湖	团结闸	0.22	0.38	1.98	0.22
保留区	淮河	长台关	5.38	3.85	6.67	5.38
饮用水源区	沂河	跋山水库	0.45	0.56	3.43	0.45
	东汶河	岸堤水库	0.36	0.62	3.32	0.36
	新沭河	石梁河水库	0.14	0.76	1.87	0.14
工业用水区	沂河	斜午	0.05	0.28	0.39	0.05
	新洋港	新洋港闸	4.40	3.41	11.46	4.40
	沂河	东里店	0.33	0.27	1.67	0.33

续表

功能区	河名	断面	最小生态流量（立方米/秒）			生态流量（立方米/秒）
			10—3月	4—5月	6—9月	
农业用水区	淮河	淮滨	6.5	12.7	25.5	6.5
	淮河	鲁台子	22.8	33.8	82.1	22.8
	颍河	界首	5.5	5.8	16.7	5.5
	史河	蒋家集	4.3	9.3	15.8	4.3
	淠河	横排头	5.6	5.9	16.9	5.6
	涡河	蒙城	1.5	2.3	7.8	1.5
	涡河	鹿邑	0.4	0.4	0.4	0.4
	浍河	临涣集	0.7	0.7	0.7	0.7
	沭河	大官庄	1.14	1.76	10.52	1.14
	新沂河	沭阳	0.87	1.78	1.83	0.87
	泗河	书院	0.34	0.02	1.77	0.34
	洙赵新河	梁山闸	0.34	0.21	2.87	0.34
	涡河	涡阳闸	1.34	2.30	7.11	1.34
渔业用水区	东鱼河	鱼城	0.20	0.09	2.40	0.20
景观娱乐用水区	淮河	蚌埠	24.8	47.5	96.2	24.8
	沭河	新安	0.99	1.53	9.15	0.99
过渡区	池河	明光	0.8	3.7	5.1	0.8
	洪河	班台	3.8	5.3	16.9	3.8
排污控制区	淮河	息县	5.1	9.8	19.8	5.1
	颍河	阜阳	7.2	7.4	21.9	7.2
	沭河	莒县	0.29	0.54	2.09	0.29
	颍河	周口	4.86	5.67	18.5	4.86

2. 鱼类最小空间需水量

根据生态需水要求，需在蒙大拿法结果基础上校核其鱼类的最小生活空间。以最大水深 D_{max}>0.6 米作为鱼类最小生活空间需水要求的水力学指标。分析淮干及洪河、颍河、史河下游、淠河等一类河段控制断面的横断面图可知，各控制断面主河槽的最低点高程及由此得出各断面可为鱼类提供最小生存空间的控制水位分别如表 4-14 所示。可以看出，鱼类最小空间需水量小于蒙大拿法最小生态流量，因此可用该流量作为淮河水系最小生态流量。

表 4-14 鱼类最小空间需水量

断面	控制水深（米）	对应流量（立方米/秒）	标准流量（立方米/秒）
息县	0.6	3.6—3.9	5.1
淮滨	0.6	1—1.2	6.5
王家坝	0.6	10.5—14.2	10.9
鲁台子	0.6	10—11.2	22.8
蚌埠	0.6	闸门控制	-
界首	0.6	4.3—5.7	5.5
阜阳	0.6	闸门控制	-
蒋家集	0.6	<1	4.3

*来源于"淮河流域生态用水调度报告研究报告"

3. 鱼类繁殖需水量

在自然条件下，淮河流域的主要鱼种如青、草、鲢、鳙等鱼的性腺在静水环境中可以发育，但成熟产卵却需要江河水流环境和水位上涨等生态条件。根据分析可知，在产卵期使流速达到 V>0.3-0.4 米/秒能满足大部分鱼类产卵所需要的最低流速条件，可以基本维持其繁衍以保持水生态系统的稳定性。下面根据 R2CROSS 法进行计算。①

该法首先确定鱼类产卵洄游期的适宜流速，并根据曼宁公式由河道糙率 n 和河道的水力坡度 J 计算河道过水断面的生态水力半径 $R_{生态}=n^{3/2}\cdot v_{生态}^{-3/2}\cdot J^{-3/4}$。其次结合淮河流域重要断面资料，绘制过水断面面积 A 与水力半径 R 的关系曲线，查出生态水力半径 $R_{生态}$ 对应的过水断面面积，最后利用 $Q=\frac{1}{n}R_{生态}{}^{2/3}A\,J^{1/2}$ 计算出满足鱼类产卵繁殖要求且河道断面信息的生态流量，进而估算出整个产卵期该控制断面的生态需水量（$Q_{生态}$）。该方法有两点假设前提：一是假设天然河道的流态属于明渠均匀流；二是流速采用河道过水断面的平均流速，即消除过水断面不同流速分布对于河道湿周的影响。

① THARME R E. A global perspective on environmental flow assessment: Emerging trends in the development and application of environmental flow methodologies for rivers [J]. River Research and Applications, 2003, 19 (5-6): 397-441.

表 4-15　淮河水系主要河流平均坡降

河流名称	淮河	洪河	史河	淠河	颍河	涡河	沂河	沭河
平均坡降（‰）	0.2	0.9	2.11	1.46	0.13	0.1	0.57	0.40

下面以淠河横排头站为例，计算该断面的鱼类繁殖需水量（来源于《淮河流域生态用水调度报告研究报告》）。该站断面如图 4-2 所示。

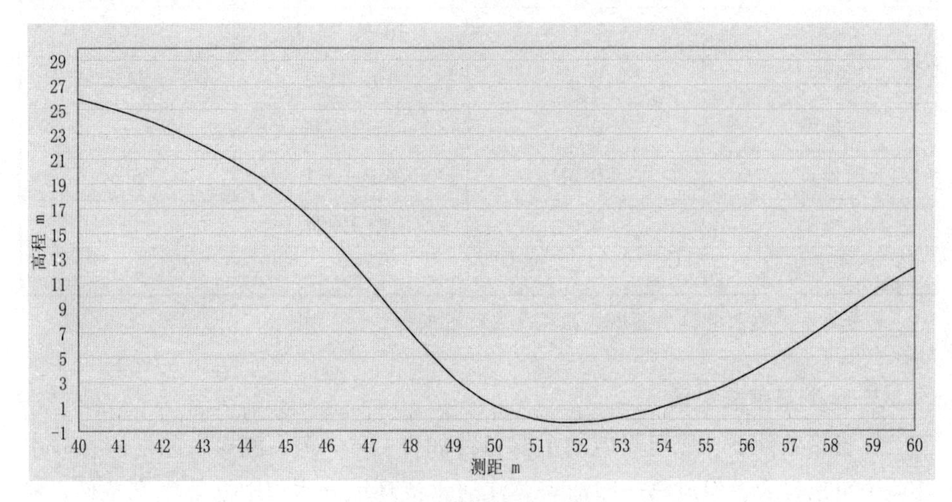

图 4-2　横排头站断面图

根据实测断面图计算并绘制过水面积 A 与水力半径 R 之间的关系曲线如下：

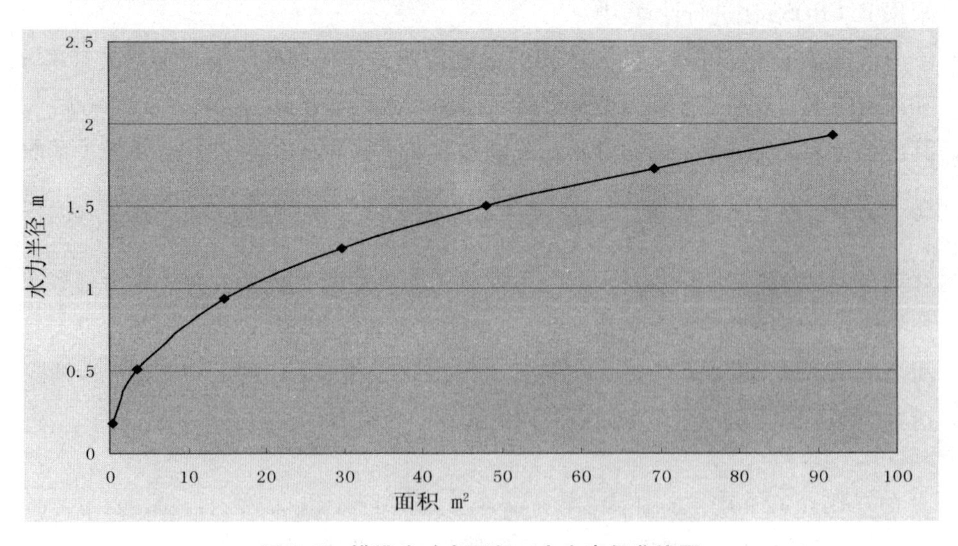

图 4-3　横排头过水面积—水力半径曲线图

取鱼类繁殖需水流速为0.4米/秒，计算出河道过水断面的生态水力半径为1.07米，查图得对应的过水面积为21.30平方米，从而计算出相应的生态流量为8.26立方米/秒，小于计算的适宜标准流量11.2立方米/秒，相比可知，蒙大拿法结果满足鱼类繁殖需水要求。

经过校核计算发现，临沂、新安等断面的蒙大拿法结果未能满足鱼类繁殖的最小流速要求，因此对临沂、新安断面需要进行调整。

表4-16　临沂、新安鱼类繁殖最小流量

断面	$v_{生态}$（米/秒）	$R_{生态}$（米）	过水面积A（平方米）	$Q_{生态}$（立方米/秒）
临沂	0.4	0.549	33.0	13.20
新安	0.4	0.716	120.8	48.30

*来源于《淮河流域沂沭泗水系生态用水调度报告》

4. 确定生态流量

根据第四章确定的功能区生态流量确定方法，保护区、保留区、饮用水源区、渔业用区、景观娱乐用水区采用适宜生态流量（蒙大拿方法的计算得出的20%），缓冲区、工业用水区、农业用水区、过渡区、排污控制区采用最小生态流量。针对临沂和新安无法满足鱼类繁殖流量进行调整，最后结果如表4-17。

表4-17　淮河流域生态流量管理目标

功能区	河名	断面	生态流量管理目标（立方米/秒）
保护区	沂河	临沂	13.2
	沭河	青峰岭水库	0.2
	淠河东源	佛子岭	4.14
	史河	梅山水库	2.72
	昭阳湖	二级湖闸	2.84
	入江水道	三河闸	36.0
	淠河	磨子潭水库	1.85
	浉河	南湾水库	1.12
	洪泽湖	高良涧闸	22.48
	宝应湖	阮桥闸	1.07
	高邮湖	大汕子闸	2.06

续表

功能区	河名	断面	生态流量管理目标（立方米/秒）
缓冲区	淮河	王家坝	10.9
	淮河	小柳巷	28.5
	涡河	亳县	2.3
	泉河	沈丘	1.4
	沱河	永城闸	0.5
	东沙河	黄口集闸	0.4
	惠济河	砖桥闸	0.7
	沂河	港上	2.36
	洪泽湖	团结闸	0.22
保留区	淮河	长台关	10.76
饮用水源区	沂河	跋山水库	0.9
	东汶河	岸堤水库	0.72
	新沭河	石梁河水库	0.28
工业用水区	沂河	斜午	0.05
	新洋港	新洋港闸	4.40
	沂河	东里店	0.33
农业用水区	淮河	淮滨	6.5
	淮河	鲁台子	22.8
	颍河	界首	5.5
	史河	蒋家集	4.3
	淠河	横排头	5.6
	涡河	蒙城	1.5

续表

功能区	河名	断面	生态流量管理目标（立方米/秒）
农业用水区	涡河	鹿邑	0.4
	浍河	临涣集	0.7
	沭河	大官庄	1.14
	新沂河	沭阳	0.87
	泗河	书院	0.34
	洙赵新河	梁山闸	0.34
	涡河	涡阳闸	1.34
渔业用水区	东鱼河	鱼城	0.4
景观娱乐用水区	淮河	蚌埠	49.6
	沭河	新安	48.3
过渡区	池河	明光	0.8
	洪河	班台	3.8
排污控制区	淮河	息县	5.1
	颍河	阜阳	7.2
	沭河	莒县	0.29
	颍河	周口	4.86

（二）湖泊生态水位

最小生态水位主要考虑防止生态系统进一步衰退的水位，保护湖泊核心区的水位，保护湿地的水文要求以及保护水生生物的最小水位，分别采用天然水位资料统计法、湖泊形态分析法和生物空间最小需求法进行计算，并综合这几个方面的因素选取水位的最大值作为最小生态水位。以洪泽湖生态水位计算为例。①

（1）防止生态系统进一步衰退的标准水位

为维持现状生态要求，防止生态系统继续衰退，选取1956~2000年洪泽湖月最低水位的水文序列作为研究对象。参照水文保证率设定法，一般将90%的保证率下的水位作为最小生态水位，得出洪泽湖90%保证率条件下的最低水位

① 郁丹英，贾利. 关于洪泽湖生态水位的探讨［J］. 水利规划与设计，2005（2）：56-60.

为10.83米。

（2）保护洪泽湖核心区水位计算

核心区水位计算首先建立湖泊水位和湖泊面积的减少量的关系线，找出湖面面积变化率最大值对应的水位即核心区水位。湖面面积变化率为湖泊面积与水位关系函数的一阶导数。

采用实测湖泊水位和湖泊面积资料，得出洪泽湖水位和面积减小量的关系线，见图4-4。

通过分析洪泽湖的水位、面积增加率关系曲线，在11米水位附近（误差为±0.25米）出现湖面面积随水位增加率的最大值，在该水位湖面面积和湖容的关系发生突变。则该水位以下就是湖泊的核心区。

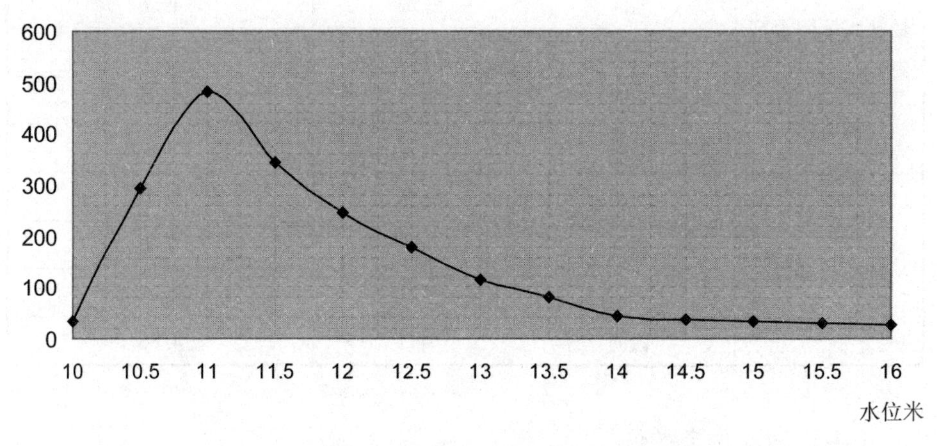

图4-4 洪泽湖湖泊水位、面积增加率关系曲线

（3）保护水生生物水位的计算

现阶段要调查湖泊所有生物的需水要求将耗费大量人力物力，因此并不现实。根据生物对水域的要求，选用鱼类的最小需水作为计算最小生态水位的主要衡量指标。

研究表明，湖区的野生鱼类生存和繁殖需求通常需要1米的水深以获得足够的活动空间。目前洪泽湖湖底平均高程为10.5米，最低为10米，由此推出鱼类的最小需水水位应为11.5米。

在保障鱼类种群生存空间方面，11.5米水位基本满足要求；鱼类种群生长繁殖需要浮游动物、水藻以及一定面积的浮叶植物和沉水植物，而在该水位时浮叶植物和沉水植物并不能得到很好的保证。

此外，由于在该水位挺水植物和浮叶植物的生长环境不能很好维持，而芦苇等挺水植物是大多数鸟类的主要栖息地，因此鸟类的栖息环境将得不到较好的保护。

（4）最小生态水位确定

根据上述分析，防止生态系统继续衰退的水位是 10.83 米，保护洪泽湖核心水体水位为 11.0 米，保护水生生物的水位是 11.50 米。取以上三个水位的最大值，则洪泽湖最小生态水位为 11.50 米。

综合以上分析，取湖区的最小生态水位 11.50 米，相应的水面面积约为 1150 平方千米，容积约为 8.9 亿立方米。

（5）保护鸟类的适宜水位计算

洪泽湖适宜生态水位主要在最小生态水位的基础上，为生态系统的高级生物特别是鸟类提供最低保障水位，以维持其种群的稳定和发展。洪泽湖现有鸟类 194 种，其中属Ⅰ类重点保护的有大鸨、白鹳、黑鹳和丹顶鹤，Ⅱ类重点保护的有白额雁等 26 种。挺水植物（如芦苇等）是鸟类栖息的主要环境，因此考虑鸟类的保护水位一般以保护鱼类种群生存繁殖的最低要求和挺水植物的生长要求来计算。

洪泽湖挺水植物主要分布在 12 米—13 米高程处的湿地上。为保障挺水植物的生长，为鸟类提供良好的栖息空间，可取挺水植物最低分布水位（即 12.0 米）为该条件下的生态适宜水位。对于浮叶植物和沉水植物，其分布的最高水位为 12.0 米，因此在 12.0 米适宜生态水位下足够满足这两类植物生存的需要，从而为鱼类提供足够的活动空间及食物来源以维持稳定的种群数量并有所发展。

参照洪泽湖生态水位的计算方法，计算其他湖泊最小生态水位。首先选取 1976~2005 年的各湖年最低水位水文序列作为研究对象，将 90%的保证率下的最低水位作为最小生态基准水位，同时兼顾底栖动物（虾、蟹、蚌等），鱼类（四大家鱼、银鱼等），浮游动物等生态保护目标，需保证湖区常年有一定面积有 1 米或以上的水深，两者取大者作为湖泊的最小生态水位；此外，考虑核心区保护及为鱼类提供最小生存空间的需水水位，可得到淮河各湖最小生态水位。

表 4-18　淮河流域最小生态流量

湖	生态水位（米）
上级湖	32.95
下级湖	31.30

续表

湖	生态水位（米）
城东湖	18.51
瓦埠湖	17.39
宿鸭湖	50.91

*来源于《淮河流域生态用水调度报告研究报告》及《淮河流域沂沭泗水系生态用水调度报告》。

二、栖息地指标

栖息地指标参考《淮河流域重要河湖健康评估淮河干流实施方案》及《洪泽湖实施方案》。

（一）栖息地指标

采用河岸带状况，河流连通阻隔状况和天然湿地保留率，河床底质等栖息地指标。短期采用河湖底质指标，其他指标作为远期规划采用。

表 4-19 淮河流域栖息地指标

指标	权重	调查监测内容	
河岸带状况	0.25	河岸稳定性	河岸斜坡倾角、河岸斜坡高度、河岸基质类别、河岸冲刷状况
		河岸植被覆盖度	河岸乔木、灌木、草本植被覆盖度
		河岸人工干扰程度	河岸带人工活动情况
河流连通阻隔状况	0.25	鱼道的设置、实测闸坝下泄流量、生态基流量、断流情况	
天然湿地保留率	0.25	评估年天然湿地面积、1980 年以前湿地面积、与评估河段有水力联系的湿地个数	
河床底质	0.25	河床底质状况	

1. 河岸带状况

根据湿地调查，摄取影像资料，采用直接评价法或专家评价法对岸坡稳定性，河岸植被覆盖率，河岸人工干扰程度个项分指标的调查参数进行判断，获取河岸状况的综合评估数据。汛期、非汛期各一次。

河岸带状况包括河岸稳定性、河岸带植被覆盖率、河岸带人工干扰程度三方面。①

（1）河岸稳定性

河岸稳定性指标根据河岸侵蚀状况评估。河岸易于侵蚀可表现为河岸缺乏植被覆盖、树根暴露、土壤暴露、河岸水利冲刷、坍塌裂隙发育等。其指标包括河岸倾角、河岸高度、基质特征、岸坡植被覆盖度和坡脚冲刷强度。②

表 4-20　河岸稳定性指标标准

岸坡特征	稳定	基本稳定	次不稳定	不稳定
分值	90	75	25	0
斜坡倾角	15	30	45	60
植被覆盖率	75	50	25	0
基质	基岩	岩土	黏土	非黏土
河岸冲刷状况	无冲刷	轻度冲刷	中度冲刷	重度冲刷
总体特征	近期内河岸不会发生变形破坏，无水土流失	河岸结构有松动发育迹象，有水土流失迹象，但近期不会发生变形和破坏	河岸松动裂痕发育趋势明显，一定条件下可导致河岸变形和破坏，中度水土流失	河岸水土流失严重，随时可能发生大的变形和破坏，或已经发生破坏

（2）河岸植被覆盖度

植被覆盖度指植被在单位面积内垂直投影面积所占百分比。重点调查河岸带水边线以上范围内乔木（6 米以上）、灌木（6 米以下）和草本植物的覆盖度。③

表 4-21　河岸植被覆盖度指标标准

植被覆盖度	说明	赋分
0	无该类植被	0

① 朱少波. 太浦河河岸带物理结构健康评估——以金泽水库段河岸带为例［J］. 中国资源综合利用，2021，39（10）：56-59.

② 雷波，张琳琳，冯姣姣，等. 陕西省泾河河岸带状况评估［J］. 陕西水利，2021（10）：244-246.

③ 雷波，张琳琳，冯姣姣，等. 陕西省泾河河岸带状况评估［J］. 陕西水利，2021（10）：244-246.

续表

植被覆盖度	说明	赋分
0%—10%	植被稀疏	25
10%—40%	中度覆盖	50
40%—75%	重度覆盖	75
75%—100%	级重度覆盖	100

（3）河岸带人工干扰程度

对河岸带及其邻近陆域典型人类活动进行调查评估，并根据其与河岸带的远近关系区分其影响程度。

重点调查评估在河岸带及其邻近陆域进行的9类人类活动包括：河岸硬性砌护、采砂、沿岸建筑物（房屋）、公路（铁路）、垃圾填埋场或垃圾堆放、河滨公园、管道、农业耕种、畜牧养殖等。①

河岸带人类活动干扰程度可按照在河岸带及其邻近陆域的9类人类活动进行赋分。河岸带状况指标的综合赋分采取对3个分指标进行加权的方法，权重如表4-23。

表4-22 淮河岸带人工干扰程度指标标准

序号	人类活动类型	所在位置		
		河道内	河岸带	河岸带邻近陆域（淮干30米内）
1	河岸硬性砌护		-5	
2	彩砂	-30	-40	-5
3	沿岸建筑物（房屋）	-15	-10	-5
4	公路（铁路）		-10	
5	垃圾填埋场或垃圾堆放		-60	-40
6	河滨公园		-5	-2
7	管道	-5	-5	-2
8	农业耕种		-15	-5

① 雷波，张琳琳，冯姣姣，等. 陕西省泾河河岸带状况评估［J］. 陕西水利，2021（10）：244-246.

续表

序号	人类活动类型	所在位置		
		河道内	河岸带	河岸带邻近陆域（滩干 30 米内）
9	畜牧养殖		-10	-5

表 4-23 河岸带状况权重

指标	分指标	赋分范围	权重
河岸带状况	岸坡稳定性	0—100	0. 25
	河岸植被覆盖度	0—100	0. 5
	河岸带人工干扰程度	0—100	0. 25

2. 河岸连通阻隔状态

收集评估河段内的闸坝下泄流对闸坝的生态功能及下游河道的流量状况进行调查。调查每月进行一次。

河岸连通阻隔状态主要调查评估河流对鱼类等生物物种迁徙及水流与营养物质传递阻隔状况。重点调查监测断面以下至河口（干流、湖泊、海洋等）河段的闸坝阻隔特征，闸坝阻隔分为四类①：

（1）完全阻隔（断流）

（2）严重阻隔（无鱼道，下泄流量不满足生态基流要求）

（3）阻隔（无鱼道，下泄流量满足生态基流要求）

（4）轻度阻隔（有鱼道，下泄流量满足生态基流要求）

表 4-24 河岸连通阻隔状态指标标准

鱼类迁移阻隔特征	水量及物质流通阻隔特征	赋分
无阻隔	对径流没有调节作用	0
有鱼道，正常运行	对径流有调节作用，下泄流量满足生态基流	-25
无鱼道，对部分鱼类迁移有阻隔作用	对径流有调节作用，下泄流量不满足生态基流	-75
迁移通道完全阻隔	部分时间导致断流	-100

① 张泽聪. 大凌河河流健康物理结构完整性调查技术及计算方法研究［D］. 保定：河北农业大学，2013.

3. 天然湿地保留率

通过收集历史资料和湿地考察相结合的方法调查与评估河段有水力联系的湿地（列入国家或地方保护名录）个数，1980 年以前各天然湿地面积，2011 年天然面积。若无变化则调查一次。

天然湿地面积大小可用于发硬河流生态环境状态的优劣程度，湿地面积越大，意味着可为河流生物提供更多的生存空间，河流受干扰的程度越小，相应的自然化程度越高，河流的生态环境健康越好。①

天然湿地重点指国家、地方湿地名录及保护区名录内与评估河流有直接水力联系的湿地，其水力联系包括地表水和地下水的联系，既包括现状有水力联系，也包括历史有水力联系的湿地。

$$NWL = \frac{\sum_{n=1}^{Ns} AWn}{\sum_{n=1}^{Ns} AWRn}$$

式中：*NWL* 为天然湿地保留率，*AW* 为评估基准年天然湿地面积（平方千米），*AWR* 为历史（1980 以前）的湿地面积，*Ns* 为与评估河段有水力联系的湿地个数。

表 4-25　天然湿地保留率指标标准

天然湿地保留率	赋分	说明
93%	100	接近参考状况
86%	75	与参考状况有较小差异
72%	50	与参考状况有中度差异
44%	25	与参考状况有较大差异
16%	0	与参考状况有显著差异

4. 河床底质

鱼类的产卵习性可分为产卵于水层、水草、水底、贝内和石块上。比如有些鱼类选择粗糙砂砾、岩石基底产卵，有些选择砂质基底产卵，有些选择基底植物上产卵。

① 张泽聪. 大凌河河流健康物理结构完整性调查技术及计算方法研究［D］. 保定：河北农业大学，2013.

表 4-26 河床底质指标标准

指标	赋分	说明
河床底质	100	漂石（>256 毫米）为主
	75	鹅卵石（2 毫米~256 毫米）为主
	50	砂/沙（0.016 毫米~2 毫米）为主
	25	黏土、有机碎屑为主
	0	人造材料（如建筑材料、金属、塑料、玻璃等）为主

（二）湖泊栖息地指标

湖泊栖息地采用河湖连通状况，湖泊萎缩状况，湖滨带状况等指标。

表 4-27 栖息地指标权重

指标	权重	指标	监测内容
栖息地状况	0.4	河湖连通状况	湖泊水体与出入河湖流及周边湖泊、湿地等自然生态系统的连通性
	0.3	湖泊萎缩状况	湖泊面积萎缩比例
	0.3	湖滨带	湖岸稳定性、湖滨带植被覆盖率、湖滨带人工干扰程度

1. 河湖连通状况

河湖连通状况指湖泊水体与出入河湖流及周边湖泊、湿地等自然生态系统的连通性，反映湖泊与湖泊流域的水循环健康状况。① 除气候变化影响以外，影响我国湖泊流域河湖连通性的主要问题是筑堤建闸、湖泊取水和湖泊萎缩等。②

环湖河流连通状况重点评价主要环湖河流与湖泊水域之间的水流畅通程度。环湖河流连通状况评估对象包括主要入湖河流和出湖河流。环湖河流连通状况赋分计算公式如下。③

---

① 侯佳明，赵昀皓. 太湖流域水生态状况演变及评价［J］. 吉林水利，2016（5）：56-59.

② 赵军凯，蒋陈娟，祝明霞，等. 河湖关系与河湖水系连通研究［J］. 南水北调与水利科技，2015，13（6）：1212-1217.

③ 赵艳红，徐小松，罗煜宁，等. 南四湖健康评估及问题探讨［J］. 水利规划与设计，2019（12）：10-13，96.

$$RFC = \frac{\sum_{n=1}^{Ns} WnRn}{\sum_{n=1}^{Ns} Rn}$$

式中，Ns 为主要环湖河流数量，Rn 为评估年环湖河流地表水资源量（万方/年），出湖河流地表水资源量按照实测出湖水量计算，Wn 为环湖河流河湖连通性赋分，RFC 为环湖河流连通赋分。

表 4-28　河湖连通状况标准

顺畅状况	断流阻隔时间（月）	年入湖数量占入湖河流多年平均实测年径流量比例	评价年内入湖河流水质达标频率	赋分
完全阻隔	12	0%	0%	0
严重阻隔	4	10%	20%	20
阻隔	2	40%	40%	40
较顺畅	1	60%	80%	70
顺畅	0	70%	100%	100

表 4-29　河湖连通性赋分标准

等级	赋分范围	说明
1	80—100	连通性优
2	60—80	连通性良好
3	40—60	连通性一般
4	20—40	连通性差
5	0—20	连通性极差

2. 湖泊萎缩状况

在土地围垦、取用水等人类活动影响较大的区域，出现了湖泊水位持续下降、水面面积和蓄水量持续减小的现象，导致湖泊萎缩甚至干涸。①

计算：

$$ASR = 1 - \frac{A_c}{A_R}$$

式中，A_c为评估年湖泊水面面积，A_R为历史参考水面面积。

① 李雪松. 查干湖湖泊健康评估研究［D］. 长春：吉林大学，2018.

根据全国水资源综合规划调查对全国湖泊萎缩状况调查成果，确定湖泊萎缩状况赋分标准如表 4-30。

表 4-30　湖泊萎缩状况标准

湖泊面积萎缩比例	赋分	说明
5%	100	接近参考状况
10%	60	与参考状况有较小差异
20%	30	与参考状况有中度差异
30%	10	与参考状况有较大差异
40%	0	与参考状况有显著差异

3. 湖滨带状况

湖滨带状况包括湖岸稳定性、湖滨带植被覆盖率、湖滨带人工干扰程度等指标。①

A. 湖岸稳定性

湖岸稳定指标根据河岸侵蚀状况评估。湖岸易于侵蚀可表现为河岸缺乏植被覆盖、树根暴露、土壤暴露、湖岸水利冲刷、坍塌裂隙发育等。其指标包括湖岸倾角、河岸高度、基质特征、岸坡植被覆盖度和坡脚冲刷强度。

$$BKSr=\frac{SAr+SCr+SHr+SMr+STr}{5}$$

式中，BKSr 岸坡稳定性指标赋分，SAr 岸坡倾角分值；SCr 岸坡覆盖度分值；SHr 岸坡高度分值；SMr 湖岸基质分值（表 4-31）。

B. 湖岸植被覆盖度

植被覆盖度指植被在单位面积内垂直投影面积所占百分比。重点调查河岸带水边线以上范围内乔木（6 米以上）、灌木（6 米以下）和草本植物的覆盖度。

植被覆盖率是指植被在单位面积内植被的垂直投影面积所占百分比。分别调查乔木、灌木及草本植物覆盖度。采用直接评判法，分别对乔木、灌木及草本植物覆盖度进行赋分，并根据下式进行计算。赋分标准如表 4-32。

$$RVSr=\frac{TCr+SCr+HCr}{3}$$

① 安婷，朱庆平. 青海湖“健康”评价及保护对策［J］. 华北水利水电大学学报（自然科学版），2018，39（5）：66-72.

表 4-31 湖岸稳定性标准

岸坡特征	稳定	基本稳定	次不稳定	不稳定
分值	90	75	25	0
斜坡倾角	15	30	45	60
植被覆盖率	75%	50%	25%	0
斜坡高度	1	2	3	5
基质	基岩	岩土	黏土	非黏土
河岸冲刷状况	无冲刷	轻度冲刷	中度冲刷	重度冲刷
总体特征	近期内湖岸不会发生变形破坏，无水土流失	湖岸结构有松动发育迹象，有水土流失迹象，但近期不会发生变形和破坏	湖岸松动裂痕发育趋势明显，一定条件下可导致湖岸变形和破坏，中度水土流失	湖岸水土流失严重，随时可能发生大的变形和破坏，或已经发生破坏

表 4-32 湖岸植被覆盖度标准

植被覆盖度	说明	赋分
0	无该类植被	0
0%—10%	植被稀疏	25
10%—40%	中度覆盖	50
40%—75%	重度覆盖	75
75%—100%	极重度覆盖	100

对湖岸及其邻近陆域典型人类活动进行调查评估，并根据其与湖岸带的远近关系区分其影响程度。

重点调查评估在湖岸带及其邻近陆域进行的 9 类人类活动包括：湖岸硬性砌护、沿岸建筑物（房屋）、公路（铁路）、垃圾填埋场或垃圾堆放、湖滨公园、管道、农业耕种、畜牧养殖、渔业网箱养殖等。

湖岸带人类活动干扰程度的赋分按照在河岸带及其邻近陆域的 9 类人类活动进行赋分（表 4-33）。

表 4-33 河岸带人工干扰程度标准

序号	人类活动类型	所在位置		
		湖滨带近水区	湖岸带	湖岸带邻近陆域（50 米内区域）
1	湖岸硬性砌护		-5	
2	沿岸建筑物（房屋）	-15	-10	-5
3	公路（铁路）	-5	-10	-5
4	垃圾填埋场或垃圾堆放		-60	-40
5	河滨公园		-5	-2
6	管道	-5	-5	-2
7	农业耕种		-15	-5
8	畜牧养殖		-10	-5
9	渔业网箱养殖	-15		

湖岸状况指标的综合赋分采取对 3 个分指标进行加权的方法，权重如表 4-34。

表 4-34 湖岸带指标权重

指标	分指标	赋分范围	权重
湖岸带状况	岸坡稳定性	0%—100	0. 25
	湖岸植被覆盖度	0%—100	0. 5
	湖岸带人工干扰程度	0%—100	0. 25

三、生物指标

（一）河流生物指标

包括底栖无脊椎动物完整性指数和鱼类生物损失指数，水生生物多样性指数，珍稀水生动物存活指数等四项指标，珍稀水生动物存活指数以河段为单位评估，其他指标以监测断面为评估。监测每季度进行一次。短期以珍稀水生动物存活指数为管理目标，其他指标作为远期管理目标。

表 4-35　河流生物指标

指标	权重	调查监测内容
底栖无脊椎动物完整性指数	0.25	底栖动物种类及数量
鱼类生物损失指数	0.25	鱼类种类及数量
水生生物多样性指数	0.25	底栖、浮游、鱼类的种类及数量
珍惜水生动物存活指数	0.25	淮王鱼的数量及生存状态

1. 底栖无脊椎动物完整性指标（B-IBI）

底栖无脊椎动物目前已被广泛应用于生态监测评价中。指标计算公式如下

$$BIBI=(BIB/BIBE)\times 100$$

式中，BIBI 为评估河段底栖无脊椎动物完整性指标赋分，BIB 为评估河段底栖无脊椎动物完整性值，BIBE 为河流所在生态分区底栖无脊椎动物完整性指标最佳期望值。①

2. 鱼类生物损失指数（FOE）

鱼类生物损失指数值评估河段内鱼类种数现状与历史参考系鱼类种数的差异状况，调查鱼类种类不包括外来物种。该指数反映流域开发后，河流生态系统中顶级物种受损失状况。②

指标标准建立采用历史背景调查方法确定。

选用 1980 年为历史基点。计算公式如下

$$FOE=\frac{FO}{FE}$$

式中，FOE 为鱼类生物损失指数，FO 为评估河段调查获得的鱼类种类数量，FE 为 1980 年以前评估河段的鱼类种类数量。

鱼类生物损失指数标准见表 4-36。

表 4-36　鱼类生物损失指数标准

鱼类生物损失指数	1	0.85	0.75	0.6	0.5	0.25	0
赋分	100	80	60	40	30	10	0

① 游清徽，刘玲玲，方娜，等. 基于大型底栖无脊椎动物完整性指数的鄱阳湖湿地生态健康评价［J］. 生态学报，2019，39（18）：6631-6641.

② 陈禹衡. 浑太流域生物完整性健康评估［J］. 水利规划与设计，2022（1）：49-53.

3. 水生生物多样性指数

物种多样性是衡量一定地区生物资源丰富程度的一个客观指标，根据一定空间范围物种的遗传多样性可以表现在多个层次上数量和分布特征来衡量的。

以修正的 Simpson 指数综合反映水生生物群落中种的丰富程度和均匀程度。①

$$D = -\ln\left[\sum_{i=1}^{s}\left(\frac{N_i}{N}\right)^2\right]$$

式中，S 为物种数，N_i 为种个数，N 为观察到的个体总数。

表 4-37　水生生物多样性指数标准

水生生物多样性指数	1	0.85	0.75	0.6	0.5	0.25	0
赋分	100	80	60	40	30	10	0

4. 珍稀水生动物存活指数

以淮王鱼（长吻鮠）为指示生物，这是一种对生长要求极高的珍稀鱼类。

采用定性的专家判断法对淮王鱼的存活指数进行评估，定义指标取值 0.1—0.9 的 9 个数值，0.1 表示已接近灭绝状态，0.9 表示该物种种群数量大于最小可持续种群数量，在不加大干扰的情况下，该物种不会灭绝。

表 4-38　珍稀水生动物存活指数标准

珍稀水生动物存活指数	1	0.9	0.7	0.5	0.3	0.2	0.1
赋分	100	100	80	60	40	20	0

（二）湖泊生物指标

湖泊生物指标有浮游植物数量、浮游动物生物损失指数、大型水生植物、大型无脊椎动物生物完整性指数和鱼类生物损失指数。

表 4-39　湖泊生物指标

指标	权重	调查监测内容
浮游植物	0.15	浮游植物数量
浮游生物损失指数	0.15	浮游动物种类及数量

① 吴卫菊，王玲玲，张斌，等. 梁子湖水生生物多样性及水质评价研究［J］. 环境科学与技术，2014，37（10）：199-204.

续表

指标	权重	调查监测内容
大型水生植物	0.20	水生植物覆盖率
底栖型无脊椎动物生物完整性指数	0.25	底栖无脊椎动物生物种类
鱼类生物损失指数	0.25	鱼类种类及数量

1. 浮游植物数量

浮游植物数量及群落结构是反映湖泊状况的重要指标，相对于其他水生植物而言，浮游植物生长周期短，对环境变化敏感，其生物量及种群结构变化能很好地反映湖泊现状与变化。

采用藻类密度来评价湖泊浮游植物状况。藻类密度指单位体积内湖泊水体中的藻类个数。采用直接赋分法。结合《中国湖泊环境》调查数据和相关文献调查数据，制定浮游植物数量指标赋分标准。①

表 4-40　浮游植物数量标准

藻类密度（万个/升）	赋分
40	90
100	75
200	60
500	40
1000	30
2500	10
5000	0

2. 浮游动物

浮游动物是湖泊水生态系统食物链中将次级生产者藻类的能量传递到大型

① 陈家长，孟顺龙，尤洋，等. 太湖五里湖浮游植物群落结构特征分析［J］. 生态环境学报，2009，18（4）：1358-1367.
邓建明，蔡永久，陈宇炜，等. 洪湖浮游植物群落结构及其与环境因子的关系［J］. 湖泊科学，2010，22（1）：70-78.
JIA J，CHEN Q，REN H，et al. Phytoplankton Composition and Their Related Factors in Five Different Lakes in China：Implications for Lake Management［J］. International Journal of Environmental Research and Public Health，2022，19（5）：3135.

无脊椎动物及鱼类的重要环节，浮游动物种群结构对富营养化和鱼类养殖等环境胁迫有直接响应，因此，浮游动物群落结构组成、多样性、形体大小等方面的调查评价成果可以反映湖泊水生态系统所受到的胁迫响应特征。

浮游动物状况采用浮游动物完整性评估的生物损失指数进行评价，其公式如下。①

$$浮游动物生物损失指数=\frac{评估湖泊调查获得的浮游动物种类数量}{1980\text{ 年以前评估湖泊浮游动物种类数量}}$$

赋分表如表 4-41。

表 4-41 浮游动物损失指数标准

浮游动物生物损失指数	1	0.85	0.75	0.6	0.5	0.25	0
指标赋分	100	80	60	40	30	10	0

3. 大型水生植物

大型水生植物是湖滨带的重要组成部分，为鱼类及底栖生物提供适宜的物理栖息地，同时对湖泊污染物缓冲及水质净化有重要意义。受到湖滨带人类活动、湖泊水质恶化和水体富营养程度提高等的影响，湖泊由草型湖泊向藻型湖泊转变，湖泊大型水生植物种类数量、覆盖面积及最大生长水深等均不断减少。

大型水生植物状况重点评价湖滨带迎水水域内的浮水植物、挺水植物和沉水植物三类植物中非外来物种的覆盖度。②

采用直接评判赋分法，标准如表 4-42。

表 4-42 大型水生植物覆盖度标准

大型水生植物覆盖度	说明	赋分
0	无该类植被	0
0%—10%	植被稀疏	25
10%—40%	中度覆盖	50
40%—75%	重度覆盖	75

---

① 王乙震，罗阳，周绪申，等. 白洋淀浮游动物生物多样性及水生态评价［J］. 水资源与水工程学报，2015，26（06）：94-100.
中国水利水电科学研究院. 河湖健康评估技术导则［S］. 北京：水利水电出版社，2020.

② 赵美丽，史小红，赵胜男，等. 2019 年夏季内蒙古呼伦湖的水生动植物物种多样性和生态状况［J］. 湿地科学，2022，20（2）：139-148.

续表

大型水生植物覆盖度	说明	赋分
75%—100%	极重度覆盖	100

4. 底栖无脊椎动物完整性指标

采用底栖无脊椎动物完整性指标（B-IBI），计算公式见河流。

5. 鱼类生物损失指数（FOE）

湖泊鱼类生物损失指数同河流中鱼类损失指数。

四、水功能区水生态管理目标

表 4-43　淮河流域重点水功能区生态流量

一级功能区	二级功能区	功能区名称	断面	生态流量（立方米/秒）
保护区		佛子岭磨子潭水库霍山河流源头自然保护区	磨子潭水库	1.85
保护区		浉河信阳水源地保护区	南湾水库	1.12
保护区		洪泽湖调水水源保护区	高良涧闸	22.48
保护区		宝应湖金湖调水保护区	阮桥闸	1.07
保护区		入江水道高邮湖调水保护区	大汕子闸	2.06
保护区		沭河源头水保护区	青峰岭水库	0.2
保护区		梅山水库金寨河流源头自然保护区	梅山水库	2.72
保护区		运河徐州调水保护区	二级湖闸	2.84
保护区		入江水道淮安调水保护区	三河闸	36.0
缓冲区		淮河豫皖缓冲区	王家坝	10.9
缓冲区		淮河皖苏缓冲区	小柳巷	28.5
缓冲区		汾泉河豫皖缓冲区	沈丘	1.4
缓冲区		浍河豫皖缓冲区	黄口集闸	0.4
缓冲区		沂河鲁苏缓冲区	港上	2.36
缓冲区		新汴河皖苏缓冲区	团结闸	0.22
缓冲区		沱河豫皖缓冲区	永城闸	0.5

表 4-44　淮河流域重点水功能区水生态管理目标

功能区	管理目标	生态指标	近期指标	远期指标
保护区	生态状况极好；满足生态流量，珍稀水生动物存活需求	栖息地	珍稀水生动物存活指数；大型无脊椎动物生物完整性指数	底栖无脊椎动物完整性指数；鱼类生物损失指数；水生生物多样性指数；珍稀水生动物存活指数；浮游植物数量；浮游动物生物损失指数；大型水生植物
		生物指标	河湖底质	河岸带状况；连通性指标；天然湿地保留率 河湖连通状况；湖泊萎缩状况；湖滨带状况
缓冲区	生态状况中等；满足生态流量	栖息地	大型无脊椎动物生物完整性指数	底栖无脊椎动物完整性指数；水生生物多样性指数；大型水生植物
		生物指标	河湖底质	河岸带状况；连通性指标；天然湿地保留率 河湖连通状况；湖泊萎缩状况；湖滨带状况
保留区	生态状况极好；满足生态流量	栖息地	珍稀水生动物存活指数；大型无脊椎动物生物完整性指数	底栖无脊椎动物完整性指数；鱼类生物损失指数；水生生物多样性指数；珍稀水生动物存活指数；浮游植物数量；浮游动物生物损失指数；大型水生植物
		生物指标	河湖底质	河岸带状况；连通性指标；天然湿地保留率 河湖连通状况；湖泊萎缩状况；湖滨带状况

续表

功能区	管理目标	生态指标	近期指标	远期指标
饮用水源区	生态状况良好；满足生态流量	栖息地	珍稀水生动物存活指数；大型无脊椎动物生物完整性指数	底栖无脊椎动物完整性指数；鱼类生物损失指数；水生生物多样性指数；珍稀水生动物存活指数；浮游植物数量；浮游动物生物损失指数；大型水生植物
		生物指标	河湖底质	河岸带状况；连通性指标；天然湿地保留率 河湖连通状况；湖泊萎缩状况；湖滨带状况
工业用水区	生态状况中等；满足生态流量	栖息地	大型无脊椎动物生物完整性指数	底栖无脊椎动物完整性指数；水生生物多样性指数；大型水生植物
		生物指标	河湖底质	河岸带状况；连通性指标；天然湿地保留率 河湖连通状况；湖泊萎缩状况；湖滨带状况
农业用水区	生态状况中等；满足生态流量	栖息地	大型无脊椎动物生物完整性指数	底栖无脊椎动物完整性指数；水生生物多样性指数；浮游植物数量；浮游动物生物损失指数；大型水生植物
		生物指标	河湖底质	河岸带状况；连通性指标；天然湿地保留率 河湖连通状况；湖泊萎缩状况；湖滨带状况

续表

功能区	管理目标	生态指标	近期指标	远期指标
渔业用水区	生态状况良好；满足生态流量	栖息地	珍稀水生动物存活指数；大型无脊椎动物生物完整性指数	底栖无脊椎动物完整性指数；鱼类生物损失指数；水生生物多样性指数；珍稀水生动物存活指数；浮游植物数量；浮游动物生物损失指数；大型水生植物
		生物指标	河湖底质	河岸带状况；连通性指标；天然湿地保留率 河湖连通状况；湖泊萎缩状况；湖滨带状况
景观娱乐用水区	生态状况良好；满足生态流量	栖息地	珍稀水生动物存活指数；大型无脊椎动物生物完整性指数	底栖无脊椎动物完整性指数；鱼类生物损失指数；水生生物多样性指数；珍稀水生动物存活指数；浮游植物数量；浮游动物生物损失指数；大型水生植物
		生物指标	河湖底质	河岸带状况；连通性指标；天然湿地保留率 河湖连通状况；湖泊萎缩状况；湖滨带状况
过渡区	生态状况中等；满足生态流量	栖息地	大型无脊椎动物生物完整性指数	底栖无脊椎动物完整性指数；水生生物多样性指数；大型水生植物
		生物指标	河湖底质	河岸带状况；连通性指标；天然湿地保留率 河湖连通状况；湖泊萎缩状况；湖滨带状况

续表

功能区	管理目标	生态指标	近期指标	远期指标
排污控制区	生态状况中等；满足生态流量	栖息地	大型无脊椎动物生物完整性指数	底栖无脊椎动物完整性指数；水生生物多样性指数；大型水生植物
		生物指标	河湖底质	河岸带状况；连通性指标；天然湿地保留率 河湖连通状况；湖泊萎缩状况；湖滨带状况

中篇
水资源保护生态补偿机制研究

第五章　水资源开发利用损益关系分析

第一节　开展生态补偿的必要性

我国目前与水有关的生态环境问题面临巨大挑战，在这种形势下，建立与水有关的生态补偿机制很有必要。

一、建设生态文明的重要体制保障

生态保护补偿制度作为生态文明制度的重要组成部分，是落实生态保护权责、调动各方参与生态保护积极性、推进生态文明建设的重要手段。2021 年，为进一步深化生态保护补偿制度改革，加快生态文明制度体系建设，中共中央办公厅、国务院办公厅印发了《关于深化生态保护补偿制度改革的意见》。人水关系是人与自然关系的核心之一，和谐社会不可缺少人与水的和谐。建立健全与水有关的生态补偿机制，使生态环境的外部成本内部化，形成生态环境的受益者付费，生态环境建设者和保护者得到合理补偿的良性运行机制，有利于提高社会各界的生态环境保护意识，有利于调动各方面从事水生态环境保护的积极性，促进水生态环境的改善，缓解人与水的矛盾，达到人与人之间更高层次的和谐，最终实现整个社会的公平与和谐。建立与水有关的生态补偿机制为落实科学发展观、建设生态文明、促进人与自然和谐发展提供体制和政策保障。

二、推进形成主体功能区的内在要求

《全国主体功能区规划》根据资源环境承载能力、现有开发密度和发展潜力，统筹考虑未来人口分布、经济布局、国土利用和城镇化格局，按照开发方式，将国土空间划分为优化开发、重点开发、限制开发和禁止开发四类主体功能区。按照规划，凡涉及生态系统脆弱、生态系统重要、资源环境承载能力较

低，不具备大规模高强度工业化城镇化开发条件的地区，属限制开发的重点生态功能区，如重要江河水源涵养区、水土保持重点区域等；凡依法设立的各类自然保护区、世界文化自然遗产、国家级风景名胜区、国家森林公园、国家地质公园，属禁止开发区域。对限制开发的重点生态功能区和禁止开发区为保障国家生态安全做出的贡献，必须进行合理的补偿，这就要求加快建立健全生态补偿机制，体现限制开发区域和禁止开发区域的生态价值。生态补偿是推进国家主体功能区形成的关键环节，是实现国家主体功能区划的内在要求。

三、促进区域协调发展的重要举措

我国中西部地区是国家重要的生态安全屏障，保护生态环境的责任重大。我国重要的水源区和水源涵养区、水土保持和防沙治沙重点区、生物多样性保护区等，大多位于中西部地区。在我国经济社会发展过程中，由于地区间自然资源禀赋差异大、经济发展不平衡，中西部，特别是西部地区不仅经济落后，区域生态基础、资源基础也在损失，生态环境脆弱问题愈加突出。为确保中西部地区与全国同步实现全面建设小康社会的奋斗目标，一方面，中西部地区要有选择、有重点地加快特色优势产业开发，增强造血功能，另一方面，在国家层面上，要通过加快建立健全与水有关的生态补偿机制，特别是通过加大中央财政转移支付力度，促进中西部地区在保护好生态环境的同时，不断改善公共服务条件，不断提高城乡居民收入，逐步缩小与全国的发展差距，这是促进区域协调和平衡发展，以水资源的可持续利用保障社会经济的可持续发展的重要举措。

四、实现可持续发展水利，全面提高水生态系统各项功能的必然要求

可持续发展水利的主要内涵是，通过水的治理、开发、利用、配置、节约、保护，满足经济社会发展对水资源的需求，以水资源的可持续利用支持经济社会的可持续发展。经过长期努力，我国水利建设取得了巨大成就，但仍存在区域发展不平衡、水安全保障不足等问题，特别是流域上下游水资源开发利用的不平衡与水资源保护的外部性。一方面流域上游水资源过度开发可能造成下游水资源短缺或水污染加剧；另一方面流域上游开发利用程度较低，保持了良好的生态环境质量，下游分享到优质充足的水资源，但保护生态环境的任务却限制了上游发展。大多数河流的上游地区经济相对落后，面临着加快经济发展和加强环境保护的双重压力。由于这种区域之间水生态环境保护的利益关系没有理顺，往往导致水资源的过度利用和生态用水的长期挤占，与水有关生态环境问题凸显，水生态系统的支持、调节、文化以及供给等各种功能的衰退，严重

影响水资源的可持续利用。按照“谁开发谁保护、谁破坏谁恢复、谁受益谁补偿、谁排污谁付费”的原则，建立健全与水有关的生态补偿机制，特别是流域尺度的生态补偿机制，是保护生态与环境，践行可持续发展水利思路，促进区域协调可持续发展，实现“多赢”的迫切需要与现实选择。

第二节 生态损益及相关方法研究进展

随着环境与经济关系研究的不断深入，目前国内环境经济损益的研究开展较多，而生态损益的研究较少见。有关生态损益的研究最早见于王勇、刘昱利用模糊影像图对建设项目生态损益的评价；① 之后卜跃先利用污染损失率对洞庭湖氮污染的生态损益进行了分析；② 陈新凤采用经济分析方法，对太原市能源结构调整的大气生态损益进行了评价；③ 谭仲明对行业生态补偿能力的要素构成进行了分析，并在此基础上评价了行业生态经济禀赋，提出了行业生态经济系统组合代谢模型。④ 此外，熊惠波、周燕芳等对扎鲁特旗 1988—1997 年间土地利用变化的生态损益进行了研究。⑤

与此相关的其他内容，如环境—生态成本、环境收益、环境—生态效益、环境—生态资产、生态购买、环境—生态损失、环境—生态补偿等的研究一直是学术界研究的热点。环境效益的研究主要集中在新工艺技术的环境效益及技术间环境效益的比较、工程项目的环境效益、环保措施的环境效益、生态恢复工程和污染治理工程的环境效益等方面；生态效益的研究主要集中在对各种类型生态系统的研究上，如森林、草地、湖泊、城市绿地的生态效益，退耕还林

---

① 王勇，刘昱. 建设项目环境损益评估中模糊影响图的应用［J］. 重庆大学学报（社会科学版），1999（S1）：153-155.

② 卜跃先，柴铭. 洞庭湖水污染环境经济损害初步评价［J］. 人民长江，2001，32（4）：27-28.

③ 陈新凤. 太原市能源结构调整的大气环境损益评价［J］. 经济师，2005（2）：255-256.

④ 谭仲明. 行业生态损益能力评价及生态经济禀赋研究［J］. 统计研究，1996，6：44-50.

⑤ 熊惠波，周燕芳，江源，等. 扎鲁特旗土地利用变化中的生态损益估算［J］. 干旱区研究，2003，20（2）：98-103.

还草、水土保持的生态效益，水利开发工程的生态效益等。[①] 此外，国内也有环境收益相关的研究。

环境成本研究始于 20 世纪 80 年代，主要集中在企业环境成本、行业环境成本、产业生态成本以及环境成本内部化问题。20 世纪 90 年代生态资产研究逐渐展开，国内开展的生态资产的研究主要集中在生态资产评估的理论与方法研究，生态资产评估研究的区域从地区到流域乃至全国，但环境资产有关研究仍不多见，主要集中于环境资产意义、环境经济一体化核算体系中环境资产的分类、环境资产非市场价值计算的理论方法及资产化管理研究。国内生态损失研究集中于重点建设项目、资源开发的生态环境损失价值计算及其与其他问题之间的关系，并在此基础上开展了生态购买实施方法和途径等研究。[②]

总结环境—生态损益的相关研究，单方面地考虑环境要素及其整体通过自身运动、变化所产生的对人类生存与发展所带来的有益的或有害的影响及其自身的价值研究较多，而很少考虑两者的综合及其空间关系。随着环境—生态补偿研究的不断深入，合理、全面地度量发展过程中的环境—生态损益及其不同区域的空间影响，是实现不同层次区域之间人类与环境协调发展的一个重要课题。

生态环境损失分为污染破坏与生态破坏，前者指废弃物排放引起的环境污染，后者指自然资源的非持续开发利用导致的生态退化。科学合理地计量生态环境损失（包括经济损失、物种损失、健康损失和生态服务功能降低等）是进行经济建设、保护生态环境的重要组成部分。对生态环境损益的价值评估是指通过一定的手段，对环境资产（包括组成环境的要素、环境质量）所提供的物品或服务进行定量评估，并通常以货币的形式表现出来。徐嵩龄等对自然资源

---

① 曹凤中，周国梅. 对中国环境污染损失估算的评估与建议 [J]. 环境科学与技术，2001 (4).
郑文英，杨寿彭，孙海. 安徽省环境系统经济损失值及其分布特征 [J]. 环境监测管理与技术，2000 (3)：23-26.
李连华，丁庭选. 环境成本的确认和计量 [J]. 经济经纬，2000 (5)：78-80.
陈毓圭. 环境会计和报告的第一份国际指南——联合国国际会计和报告标准政府间专家工作组第 15 次会议记述 [J]. 会计研究，1998 (05)：2-9.
祝立宏. 略论可持续发展战略下的环境成本核算 [J]. 会计之友，2001 (11)：12-13.
王幼莉. 项目经济评价中环境成本问题探讨 [J]. 企业经济，2003 (4)：40-41.

② 李翀. 长江流域实现可持续发展生态环境管理综合决策模型 [D]. 北京：中国水利水电科学研究院，2001.
肖序，毛洪涛. 对环境成本应用的一些探讨 [J]. 会计研究，2000 (6)：55.
林万祥，肖序. 企业环境成本的确认与计量研究 [J]. 财会月刊，2002 (6)：14.
金友良，肖序，王伟达. 对企业环境成本控制的探讨 [J]. 上海会计，2001 (12)：21.

破坏的经济损失进行核算，认为其经历了一个由不计价到计价，由计价偏低到恰当地计价的过程，并把其经济损失分为三类：直接经济损失、间接经济损失和被破坏生态资源的恢复费用。曾贤刚认为环境资源的经济价值包括直接使用价值（Direct User Value）、间接使用价值（Indirect User Value）、选择价值（Option Value）和存在价值（Existence Value）之和。① 但是市场往往不能准确反映，甚至完全忽略了环境物品和服务的价值，导致环境物品或服务在市场上低价甚至是无价的状况。为了扭转这种状况，环境经济学家对此进行了大量有益的探讨，既有成功的地方，也有存在缺陷的地方。②

综合各种文献，③ 目前核算生态环境损益的方法主要分三类：直接市场评价法、揭示偏好价值评估法和陈述偏好法，此三类方法的比较见表 5-1。针对不同的影响需要采用不同的方法进行价值评估。

表 5-1 生态环境损益评估方法比较

评估方法	优点	缺点	适用范围
直接市场评价法（包括剂量—反应法、生产率变动法、疾病成本法、人力资源法、机会成本法、重置成本法）	采用市场价格评估生态环境价值容易被理解，直观、易计算、易于调整	难以评估生态环境损害的因果关系；难以区分主要影响因素；存在扭曲价格时不适用	适用于因果关系明确、损失易用货币计量的生态环境损益

① 曾贤刚. 环境与资源价值评估：理论与方法［M］. 北京：中国人民大学出版社，2002.

② 王冬朴，马中. 浅析环境影响评价体系在环境与发展综合决策中的功能［J］. 环境保护，2005（5）：52-55.

③ 徐中民，张志强，程国栋，等. 额济纳旗生态系统恢复的总经济价值评估［J］. 地理学报，2002（1）.

张志强，徐中民，程国栋，苏志勇. 黑河流域张掖地区生态系统服务恢复的条件价值评估［J］. 生态学报，2002（6）：885-893.

赵军. 生态系统服务的条件价值评估：理论、方法与应用［D］. 上海：华东师范大学，2005.

田雪娇. 黄河三峡风景名胜区旅游资源价值评估及客源市场研究［D］. 兰州：兰州大学，2007.

张锋. 森林游憩资源价值评估理论方法与实践［D］. 南京：南京农业大学，2007.

杨净. 鼓山风景名胜区旅游资源经济价值评估研究［D］. 福州：福建师范大学，2010.

尹小娟，钟方雷. 生态系统服务分类的研究进展［J］. 安徽农业科学，2011，(13).

吴岚. 水土保持生态服务功能及其价值研究［D］. 北京：北京林业大学，2007.

续表

评估方法	优点	缺点	适用范围
揭示偏好价值评估法（包括内涵资产定价法、工资差额法、旅行费用法、防护支出法）	采用替代产品的价格间接计算生态环境价值	市场产品不能完全替代生态环境价值，并且这种方法反映的是综合因素，环境因素只是其中之一	交通噪声污染；自然保护区、森林公园等舒适性资源；铁路、公路规划等
陈述偏好法（包括投标博弈法、比较博弈法和无费用选择法等）	可以完整的评价环境物品的使用价值	存在各种偏差；支付意愿与接受赔偿意愿的不一致性；抽样结果的汇总问题等	休闲娱乐、无市场价格自然资源的保护、生物多样性、生命健康影响等

第三节　水资源开发利用的损益分析

人类活动对与水有关的生态系统的影响可分为有利影响和不利影响。人类对水和矿产等资源的开发和利用会对水文循环产生不利影响，降低水生态系统的服务功能，从而对整个生态系统产生不利影响；另一方面，人类出于对自然资源的可持续利用和人类的可持续发展的考虑，对生态环境进行保护，对资源开发活动进行限制甚至禁止，从而保护水资源，改善生态环境，提高水资源使用价值及其所赋存的生态服务功能，对生态环境产生的主要是有利效果，降低其他利益相关者的生产成本，将这类生产活动引起的生态补偿称为受益补偿。

因此，不同的人类活动对生态环境产生的损益差别很大，从这个角度来说，在研究生态补偿时，必须对生态补偿的类型进行划分，在此基础上，分析人类活动对与水有关的生态系统所产生的损益关系，从而确定合理的补偿主体、补偿对象、补偿方式以及补偿范围等。

第六章　水资源开发利用生态补偿框架体系

第一节　水资源开发利用的生态补偿概念和内涵

一、生态补偿的概念

生态补偿作为一种使外部成本内部化的环境经济手段，已经在越来越多的国家得到应用。我国的生态补偿与国际上使用的生态服务付费（Payment for Ecosystem Services，PES）或生态效益付费（Payment for Ecological Benefit，PEB）等概念有相似之处。欧美等国近年来在这些领域都取得了较大成功。最初，生态补偿主要用以抑制负的环境外部性，依据污染者付费原则（Polluter Pays Principle，PPP）向行为主体征收税费。然而，在过去的十几年中，生态补偿逐渐由惩治负外部性（环境破坏）行为转向激励正外部性（生态保护）行为。到目前为止，生态补偿还没有统一的定义。

综合已有的生态补偿研究与实践，生态补偿概念经历了 4 个阶段演变：（1）从生态系统自身出发，把补偿看作是生态系统内部要素在受到外界干扰时的一种自我调节，以维持系统结构、功能和稳定性；（2）随着生态环境问题日益严重，一些学者从生态环境保护的角度出发，把生态补偿看作是有效保护和改善生态环境的一种措施；（3）随着经济社会的进一步发展以及生态环境问题的持续恶化，生态补偿被作为经济行为外部成本内部化的一种方式，解决由于市场机制失灵造成的生态效益的外部性并保持社会发展的公平性，达到保护生态与环境效益的目标；（4）生态补偿是以保护生态环境，促进人与自然和谐发展为目的，根据生态系统服务价值、生态保护成本、发展机会成本，运用政府和市场手段，调节生态保护利益相关者之间利益关系的公共制度。

已有的生态补偿概念综合了经济学、生态学等多学科理论，形成相对完整的生态补偿概念框架，涉及生态补偿的行为主体、作用对象、相互关系等。生态补偿是行为主体活动通过生态系统传导给利益相关者并在不同行为主体之间调整利益关系的一种方式。生态补偿包括三个要素：第一是对生态系统施加活动的行为主体；第二是行为主体经济活动影响和作用的对象，即生态系统；第三是由于生态系统服务功能改变而受到影响的利益相关者。生态补偿的内容包括两个方面：（1）行为主体的活动对生态系统产生正外部性，对利益相关者带来效益，接受利益相关者的补偿；（2）行为主体的活动对生态系统产生负外部性，对利益相关者带来损失，对利益相关者进行补偿。

一个科学、完整的生态补偿概念需包括以下几个基本部分：即补偿目的、补偿主体、补偿对象、补偿范围、补偿手段及补偿形式。生态补偿实质是通过调节生态保护利益相关者之间利益关系来实现生态环境可持续利用的一项公共制度。生态补偿的内容包括对生态系统保护本身的成本进行补偿，通过经济手段将经济效益的外部成本内部化，对个人或区域保护生态系统和环境的投放或放弃发展机会的损失的经济补偿，对具有重大生态价值的区域或对象进行保护性投入等四个方面。

二、与水有关的生态补偿概念

与水有关的生态补偿是生态补偿的一种类型。开展与水有关的生态补偿的目的是：完善资源环境保护制度，保护和改善生态环境，促进生态文明建设；协调区域利益关系，实现流域上下游共建共享，促进区域协调发展；加强政府对公共资源的管理，实现基本公共服务均等化；强化资源合理配置与高效利用，促进人口、资源和环境协调发展。

与水有关的生态补偿是行为主体的活动对水文循环（水的数量、质量、水位、流量等）过程和水生态系统服务功能产生影响，并通过水生态系统传导给利益相关者，从而在行为主体和利益相关者之间进行利益调整的一种方式。因此，与水有关的生态补偿产生的机理可以分解为以下三个方面：第一是行为主体对水生态系统产生影响，第二是这种影响改变了水生态系统服务功能并传导给利益相关者，第三是水生态系统服务功能改变对利益相关者产生影响。与水有关的生态补偿产生的机理框图见图 6-1。

与水有关的生态补偿是保持和维持水生态系统功能的一种手段，其本质是行为主体活动影响了水生态系统服务功能，增加或降低了利益相关者使用这种服务功能的成本，并通过“补偿”的方式来调整行为主体和利益相关者之间的利益关系，实现流域和区域生态系统服务功能公平共享。

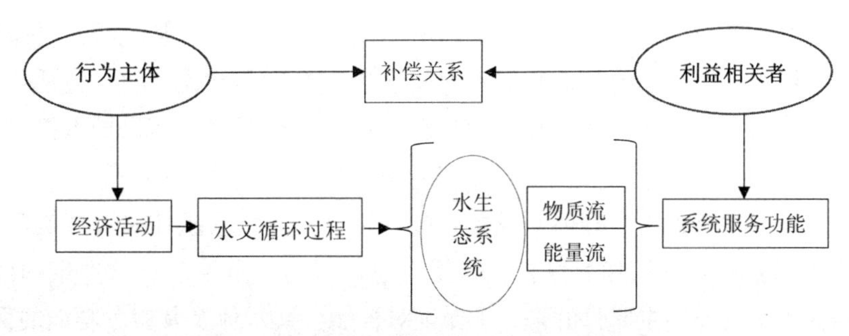

图 6-1　与水有关的生态补偿的机理分析框图

综合与水有关的生态补偿的目的与产生的机理分析，与水有关的生态补偿的概念可以总结为：是以保护水生态环境，促进人水和谐为目的，综合考虑水生态保护成本、发展机会成本、水生态系统的服务价值，运用政府和市场手段，调节水生态环境相关者之间利益关系的公共制度安排。

三、与水有关的生态补偿内涵

与水有关的生态补偿反映的内在关系包括两个过程：（1）生态影响与传导过程，即行为主体的经济活动对水文循环过程产生影响，由此引起水生态系统结构和功能的改变并传导给利益相关者，该过程主要是以物质流和能量流的传导为主；（2）补偿过程，该过程是利益相关者接收到水生态系统传导的信息后，与行为主体之间产生利益调整关系，该过程主要以价值流传导为主。

经济活动的多样性形成对水生态系统影响的性质不同，所属管理的法规政策的范畴不同。从政策层面易于操作的角度出发，与水有关的生态补偿是基于对水生态系统服务准公共物品共享的公平原则而产生的，因此与水有关的生态补偿范畴应满足两个条件：（1）行为主体活动必须是合法行为或正常操作，对于违法行为，如企业违规排放废污水等利益相关者造成的损失，按照有关法律法规承担民事赔偿责任；（2）行为主体对利益相关者的影响是通过水生态系统服务功能改变而产生的，对于行为主体对利益相关者造成的直接损失，如淹没居民土地、住房等，按照有关法律法规规定的情形执行，在与水有关的生态补偿中不予考虑。

与水有关的生态补偿包括 3 个环节：（1）行为主体活动对水生态系统的影响过程，指水资源的保护或生态修复活动对水资源系统产生的正面影响以及不同的资源开发或生产建设活动对水资源系统产生的负面影响；（2）水文循环传导过程，指行为主体活动对水资源特性和水资源所赋存的生态服务功能的改变通过水文循环传导给其他利益相关者，增加或降低其生产成本；（3）生态补偿过程，指行为主体和其他利益相关者之间的进行补偿和利益调整。包括与水有关的受益者或者是破坏者提供补偿和与水有关的受损者或者是保护者接受补偿两个方面。

生态补偿是调整不同群体利益关系的一种方式，行为主体对自然资源的开发、生产建设或生态系统的保护、修复与建设行为，是生态补偿发生的前提。与水有关的生态补偿主要目的是为了促进对自然公共水体及其服务功能的保护、治理和修复等。是以协商和自愿为特征的，受经济水平的影响，具有一定的弹性空间。

第二节　水资源开发利用的生态补偿总体框架

建立与水有关的生态补偿机制，需要从技术层面回答以下 5 个方面问题：（1）谁补谁？在明确不同利益相关者责权利的基础上，通过对行为主体活动产生的有利与不利影响辨识，确定生态补偿主体和补偿对象；（2）补什么？分析行为主体活动对水资源及其赋存的生态服务功能哪些方面有影响；（3）补多少？评估保护与修复行为的产出效益或开发与建设行为造成的损失及增加的成本，通过利益相关者协商，确定生态补偿标准；（4）怎么补？根据补偿主体和补偿对象的关系，提出具体的生态补偿方式；（5）如何实施？明确生态补偿的实施主体，建立实施过程中的协商、协作、监督、评估与考核机制。生态补偿的框架体系，包括以下 5 个方面的内容。

一、补偿主体与补偿对象

生态补偿主体是补偿者，补偿对象是受偿者，补偿主体与补偿对象构成补偿的基本利益关系，行为主体的经济活动方式决定了生态补偿主体与补偿对象。按照与水有关的生态补偿分类，确定补偿主体与补偿对象。

（1）保护类与修复类。这两大类有一定的相似性，前者以保护水资源及其生态服务功能为目标，保护区则牺牲了一定的发展机会，后者以改善水资源及其生态服务功能为目标，对其他相关的利益群体产生的是有利影响，相关受益者为补偿主体，由于水生态系统服务功能具有准公共物品特性，在受益者范围难以确定时，由政府承担相应的补偿，作为补偿主体；对水生态系统进行保护和修复的行为主体是补偿对象。

（2）开发及建设类。行为主体以获取资源利用效益或经济建设为目标，对水资源的数量、质量、水位水文循环及水土流失产生影响，降低了水资源及其生态服务功能，对其他相关的利益群体产生不利影响，应承担补偿责任，为补偿主体；而因此活动利益受损的利益群体，为补偿对象，影响范围难以确定时，政府作为补偿对象。

二、补偿范围与内容

分析行为主体活动对水资源及其赋存的生态服务功能在多大区域空间范围，哪些方面有影响，是评估生态效益、损失或成本的基础，是与水有关的生态补偿标准测算的重要依据。

（1）保护类。保护类产生的有利影响，应详细识别和确定活动对水体及其生态服务功能的影响范围与具体有益的内容，以及保护行为主体做出的牺牲或付出的代价。重要水生态保护类的区域内水资源与水生态系统保护活动，使得区域内一些资源开发或生产建设等经济活动受到限制，当地居民失去了一定的发展机会，同时承担着更多的生态保护责任，增加了相应的生态保护成本。因此，按照公平公正和协调发展的原则，受益区应当承担保护区的生态保护与失去发展机会的成本。

（2）修复类。重要水生态修复治理区域，修复治理活动，提高和改善了水生态系统服务功能，提高了利益相关者使用水生态服务功能的质量或降低了使用成本，按照谁受益谁补偿的原则界定补偿范围与补偿内容。

（3）开发和建设类。对开发与建设类产生的不利影响，应详细分析活动对水体及其生态服务功能的影响范围与具体受损的内容。1）矿产资源开发及项目建设行为对水生态环境产生的扰动明显，减弱了水生态系统服务功能，对其他利益相关者的水资源利用及水生态服务功能的享用带来影响，有明确的行为主体，应承担对影响范围内的利益相关者受到损害的补偿；2）水能资源开发利用活动，改变了自然水域的时空规律，主要由水能资源开发者和受益者对因水能资源开发而生态环境受损区域的利益相关者以及公共利益代表者进行补偿。水能资源开发涉及的生态补偿主要集中在已有的生态环境保护、恢复和弥补已有的对策措施没有覆盖的范围，包括由于水能资源开发对生态环境造成的直接的、间接的、长期的、潜在的影响和损害；3）水源开发利用对生态影响主要体现为两大类：一类是过度取用水量产生的影响，一类是污水排放产生的问题。这两类问题通常是共同产生水生态影响。水源开发利用活动生态补偿涉及的可能范围包括流域河道上下游之间，各类竞争用水的对象或部门之间。

三、补偿标准

补偿标准是与水有关的生态补偿的关键环节，能否达成补偿主体和补偿对象双方认可的补偿标准，是与水有关的生态补偿能否有效实施的前提。补偿标准确定包括三方面内容：首先要对生态服务功能影响进行评估，即行为主体对生态服务功能影响的货币化表示，作为确定生态补偿标准的价值依据；其次，对生态保护与治理修复的投入成本和机会成本进行测算，作为确定生态补偿的成本依据；再次，根据测算结果，利益相关者进行协商，达成双方认可的补偿标准。具体可按照以下 4 个步骤确定生态补偿标准：

（1）生态服务功能的增值与损失分析

根据界定的补偿范围与影响内容，分析和辨识不同类别的经济活动对水资源及其生态服务功能的影响，从人类获取的直接支持效用或因水生态系统服务功能减损人类付出的代价，即经济学中产出与投入两种途径，计算水生态系统服务功能价值的方法可划分为效用价值法与成本定价法两大类。

①效用价值法。以提供与支持人类生产生活活动的服务功能所反映的市场经济货币量值，正向表征水生态系统服务功能价值的方法，计算途径可分为两类：揭示偏好法与陈述偏好法。揭示偏好法，是以从市场信息中可观察到与此相关联的产品或服务的行为轨迹，通过类比评估和替代技术法进行分析，以“影子价格”和消费者剩余来表达生态服务功能的经济价值，评价手段多种多样，包括市场价值法、费用支出法、机会成本法、旅行费用法和享乐价格法等。陈述偏好法，通常通过调查问卷的方法咨询相关利益群体的支付意愿进行表征生态服务功能的经济价值，称模拟市场技术（又称假设市场技术），评价手段称为条件价值法。

②成本定价法。以因水生态系统破坏或衰退导致其服务功能下降或消减不能满足人类需求，导致人类付出的代价（如因水质或水量变化而受到影响的损失，采取的对策措施所付出的代价），逆向或间接表征水生态系统服务功能价值的经济货币量值的方法，计算途径可分为恢复（或维护）成本法、替代费用法与经济损失法。

运用经济学理论从直接和间接两种表征角度分析水生态服务功能价值的具体计算方法见表 6-1，计算不同类别的经济活动对水资源及其生态系统产生的服务功能增加或减少的价值，作为确定补偿标准可参考的上限。

表 6-1　水生态服务价值分析的经济学计算方法

大类	子类	典型技术	条件要求
效用价值法（直接表征方式）	揭示偏好法	残值法	具有较好的历史资料或可观察的市场信息
		效益费用分析法	
		影子价格法	
		生产力变动法	
		机会成本法	
		旅行费用法	
		生产函数法	
		内涵资产法	
		CGE 模型法	
		线性规划法	
		非线性规划法	
	陈述偏好法	支付意愿法	具备充分全面且良好代表性信息
		受偿意愿法	
成本定价法（间接表征方式）		恢复成本法	具有易获得替代途径的市场资料和信息
		替代费用法	
		经济损失法	

（2）计算保护、修复增加的经济投入或损失

对水资源保护、水生态保护与修复治理、水土保持等活动一方面进行的经济投入计算，另一方面需对保护区承受失去发展机会的损失进行计算，两者之和作为确定补偿标准可参考的底线；对开发建设类需要计算应对生态破坏而产生的修复或增加的社会生产成本，作为确定补偿标准可参考的底线。

（3）经济可承受能力分析

不同区域不同的补偿主体在不同的经济发展阶段，具有不同的经济承受能力，需要对补偿主体的支付能力进行调查研究，提出可能用于生态补偿的支持。

（4）补偿标准的协商界定

根据测算结果，结合给付补偿者的经济可承受能力与支付意愿，通过利益相关者之间的协商或上级部门仲裁，形成双方认可的补偿标准。

四、补偿方式

在行为主体和利益相关者确立生态补偿关系之后，需要根据补偿主体和补偿对象选取适宜的补偿方式。根据补偿主体与补偿对象的具体性质，补偿方式应遵循适用性和便于落实性的原则而采取不同的形式。主要根据补偿主体与补偿对象是否易于确定的原则，初步分析与水有关的生态补偿方式有三种，包括：政府主导的补偿方式、市场主导的补偿方式和政府市场相结合的补偿方式。

（一）政府主导的补偿方式

以国家或上级政府为实施补偿的主体，以区域、下级政府或生态保护与建设者为补偿对象。主要包括三种情况：①涉及国家资源与生态战略安全而进行的生态补偿；②行为主体经济活动对公共物品产生的效益，其受益区域或受益者范围无法确定；③对已遭到影响或破坏的水生态系统的治理与修复的补偿。水资源保护和修复类的与水有关的生态补偿宜采取政府主导的补偿方式。政府主导的生态补偿方式形式多样，包括财政转移支付、税收优惠、贴息贷款、直接补贴等。

财政转移支付是指以各级政府之间所存在的财政能力差异为基础，以实现各地公共服务的均等化为主旨，按照财权与事权相统一的原则，在合理划分财政收入级次和规模的基础上，上级政府对下级政府财政收入资金的纵向无偿划拨和各地财政之间的横向转移支付。根据我国的国情，生态补偿以纵向财政转移支付为主，目前实践中已使用的财政转移支付主要包括项目支持、产业支持和直接补贴。①项目支持：财政转移支付的资金，用于生态保护与修复治理的项目建设，主要补偿行为主体在生态环境保护中的成本支出。②产业支持：对于重要的禁止与限制开发区域，通过财政转移支付的方式，弥补生态环境保护的机会成本，引导和扶持产业结构调整，形成节能环保的绿色产业发展模式。③直接补贴：通过财政转移支付的方式，对水生态保护和建设者给予相应的补贴，作为对经济行为正外部性的补偿，补偿主体是各级政府，补偿对象是进行水生态保护与建设的个人或组织。

税收优惠与贴息贷款，主要针对由于保护水生态环境而使区域资源开发活动受到限制的区域，通过生态保护区域的税收优惠和贴息贷款等政策工具，对水生态保护和建设行为给予补偿。

直接补贴指政府利用其掌握的各种资源，可采用物质、劳动力和土地等方式的补偿，以解决受补偿者部分的生产要素和生活要素，改善受补偿者的生活状况。

（二）市场主导的补偿方式

政府补偿的有益补充，它是生态补偿机制创新的主要方向。补偿主体和补偿对象明确，宜采取市场主导的补偿方式，其补偿是通过利益相关方达成一定的交易而完成，因此要有产权清晰的交易物品。生态补偿市场方式主要包括政府之间的权益交易、企业（个人）权益交易、生态标记等形式。

政府间权益交易。生态补偿的主体和补偿对象是相关政府，其水生态系统服务功能相关的产权界定在政府层面，上下游政府之间通过市场交易、讨价还价来实现对水生态系统服务功能的改善。主要包括水资源使用权交易、排污权交易等方式。

企业（个人）权益交易。企业（个人）具有明确的产权，只有一个或少数潜在的买家（某城市市政供水企业、某水力发电站、某特殊用水企业如矿泉水企业、酿酒企业、某灌区等），同时只有一个或少数潜在的卖家（某一个中小流域）。交易的双方直接谈判，或者通过一个中介来帮助确定交易的条件与金额。

生态标记实际上是对生态环境服务的间接支付方式。对水生态环境保护做出贡献的生产者提供的生态友好型产品进行认证，加贴生态标记，消费者以较高的价格购买加贴生态标记的生态友好型商品，相应也支付了商品生产者对生态环境做出的贡献。

（三）政府和市场相结合的补偿方式

资源开发或经济建设活动，行为主体承担补偿责任，提供补偿资金，政府对补偿过程进行规范、约束和管理。由于行为主体对水文循环及水生态系统服务功能改变后，影响的利益相关者范围不易确定，一般情况下以政府作为补偿对象，接受补偿，并承担生态保护和建设行为。主要包括收费（税）补偿、绿色保证金补偿及生态标记等。

收费（税）补偿是通过对资源开发和项目建设的行为主体征收一定的生态补偿费（税），其理论依据是经济活动对水文循环过程和水生态系统服务功能造成负面影响，增加了边际社会成本，应通过征收生态补偿费（税）来进行生态保护与建设，以消除和减轻这种负面影响。矿产资源开发、水能资源开发、水源开发等经济活动，均对水文循环或水土流失造成影响或破坏，应通过收费（税）进行补偿。

绿色保证金是由行为主体通过相应措施消除和减轻对水生态系统影响，外部不经济性内部化的重要方式。通过征收保证金，约束行为主体对水生态系统服务功能的破坏。如果企业未按照要求完成相应的生态保护和治理修复任务，那么政府就将保证金作为对行为主体破坏水文循环和水生态系统服务功能的补偿，用于生态保护与治理修复。

五、实施机制

与水有关的生态补偿实施机制如下：（1）明确职责。明确与水有关的生态补偿中各级政府、相关部门、流域管理机构、企业团体和群众个人相应的责任义务和管理职责；（2）制定方案。制定与水有关的生态补偿实施方案，通过协商和仲裁机制，形成一致意见；（3）组织实施。以地方政府为与水有关的生态补偿实施主体，企业团体和个人广泛参与，推进与水有关的水资源保护和水生态环境的治理修复与建设；（4）监督评估。以流域机构为主体，会同有关部门，对与水有关的生态补偿的实施过程进行监督，对实施效果进行评估；（5）绩效考核。将与水有关的生态补偿纳入政府绩效考核体系，对实施效果进行考核。

六、结语

与水有关的生态补偿总体框架由以上五个方面组成，相互的内在关联关系详见图 6-2。

与水有关的生态补偿是由行为主体的经济活动引起，因此行为主体经济活动的性质与方式决定了整个生态补偿的模式。与水有关的生态补偿核心是不同利益相关者之间以水生态系统为传递介质的利益调整，是不同利益相关者之间的价值流动。

在建立补偿关系的基础上，需要对不同经济活动对水文循环及水生态系统服务功能的影响进行识别，对生态系统服务功能损失或效益进行评估，作为生态补偿标准确定的理论依据。在生态服务功能评估、生态成本分析基础上，根据支付意愿、支付能力等，确定生态补偿标准。

补偿模式与行为主体的经济活动有关，对于资源开发和项目建设行为引发的生态补偿，由行为主体进行补偿。

水生态保护与治理修复行为引发的生态补偿，其补偿对象是生态保护者和建设者，相应的补偿方式有财政转移支付、政策性补偿如贴息贷款、税收优惠以及其他的补偿方式。

由资源开发引发的生态补偿主要模式由资源开发者交纳一定的生态补偿费（税），对于影响范围明确的，由影响范围内的利益相关者作为补偿对象，对于影响范围不明确的，由政府或其委托机构作为补偿对象。

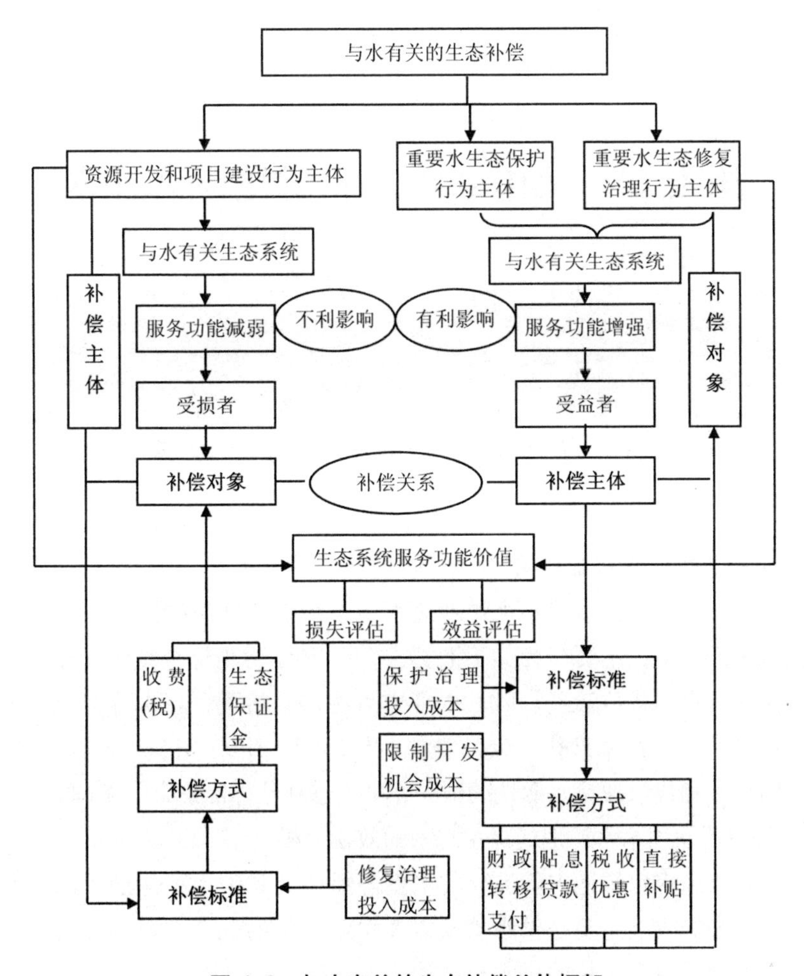

图 6-2 与水有关的生态补偿总体框架

水与矿产资源开发类生态补偿中由项目建设引发的生态补偿，由项目建设者负责相应的生态修复与治理，政府通过生态保证金进行约束。若矿产资源开发、水能资源开发及水源资源开发的有关行为及水生态保护与治理修复行为在较小范围内引发的生态补偿，水生态系统服务功能具有明确的可交易性，相应的利益相关者比较明确，可采用市场化补偿模式，由双方当事人协商进行补偿。

第七章　集中式饮用水源地生态补偿

第一节　集中式饮用水源地损益关系分析

1. 集中式饮用水水源地的保护行为的损失分析

总体而言，集中式饮用水水源地对水生态系统特殊保护措施与江河源头区和水源保护区类似，主要分为如下七类：（1）环境污染综合整治，即工业废水和城市生活污水的排放治理；（2）农业非点源污染治理；（3）节水农业；（4）坡耕地退耕；（5）严禁砍伐；（6）植树造林；（7）生态移民。为这些保护活动所进行的投入和代价便是水源地的损失，是生态补偿标准确定的基础。

2. 集中式饮用水水源地的保护行为的效益分析

集中式饮用水水源地内所进行的水生态保护主要是为了保证饮用水的供给功能，所带来的收益主要是供水效益以及由此产生的社会效益和经济效益。稳定的水量保障了城乡正常的供水，保障了人民生活的基本用水和国民经济的持续发展；均衡稳定的水量可避免和减轻缺水风险，减免为缓解缺水危机所需的大量投入。良好的水质保障了周边地区的饮用水安全，产生了巨大的社会效益；其次，保障了对水质要求较高的行业的发展，产生了巨大的经济效益。

第二节　集中式饮用水源地生态补偿框架

1. 补偿主体与补偿对象

（1）补偿主体。集中式饮用水水源地一般由地方政府作为补偿主体。

（2）补偿对象。补偿对象为集中式饮用水水源地内：①为水生态保护和建设做出贡献的企业、团体和个人；②丧失部分发展机会的企业、团体和个人；

③承担更多生态保护责任的所在地补偿区域的县级人民。

2. 补偿范围与内容

（1）补偿范围。饮用水水源地保护是保障供水安全的前提，同时对维护区域良好生态环境具有重要作用。为保障城乡居民饮水安全、改善民生、维护区域良好生态环境，必须严格保护饮用水水源地。在集中式饮用水水源地，一些高污染的经济活动，如矿产开发、畜禽养殖等受到严格限制，当地居民的生产开发活动受到制约，应给予补偿。水利部公布的《水源地名录》和各省（自治区、直辖市）划定的集中式供水水源地，纳入生态补偿范围。国家层面以大型区域或流域调水水源地和跨省级行政区集中式地表水水源地为重点，省级行政区内地表水水源地的生态补偿，由各省级政府负责组织实施。

（2）补偿内容。集中式饮用水水源地主要补偿内容包括：因生态保护与建设或者环境友好型的生产经营方式所产生的水土保持、水源涵养、气候调节、生物多样性保护、景观美化等增加的生态服务功能价值，或者重要水生态保护区域的生态保护与建设所需要支付的额外投入、费用及失去发展的机会成本。

补偿标准、补偿方式与江河源头区和水源补给区相似，参见上文相关内容。

第三节　集中式饮用水源地生态补偿案例解析

案例一：新安江流域生态补偿实践

1. 补偿背景。新安江发源于安徽省休宁县，由西向东在街口进入浙江省淳安县千岛湖（新安江水库），并于建德市梅城与兰江汇合成为富春江，下游称为钱塘江，最后注入杭州湾。新安江干流总长度358.5千米，流域总面积11674平方千米，约占钱塘江流域面积的五分之一。其中安徽境内流域面积约占全流域面积的55%，下游的浙江省境内的流域面积约占45%。新安江流域包括安徽省黄山市和宣城市绩溪县的部分地区，以及浙江省的淳安县和建德市的部分地区，总人口193万。千岛湖发源于安徽黄山山脉，属钱塘江水系正源，水域面积在淳安县境内占97%，建德市占0.3%，上游安徽省占2.7%，是杭州市及其下游县市的重要饮用水源地，从黄山流入水质为Ⅲ类水质，从千岛湖流出水质达到Ⅰ类。新安江多年平均地表水资源量118亿立方米。流域控制性水库——新安江水库为大型水库，控制集水面积10442平方千米，总库容220亿立方米，年均来水105亿立方米，其中新安江皖浙省界断面多年平均来水65亿立方米，占62%。

新安江、千岛湖的水资源保护非常重要，其水资源与环境状况直接影响下游钱塘江流域及长三角东南部地区的可持续发展，水污染和环境恶化将给新安江流域及其相关地区带来难以承受的损失，并需要付出巨大的代价进行修复。然而，新安江面临着水环境保护压力加大，水源涵养资金缺口较大，上下游协商与合作机制有待建立等问题，面临着地表水水质下降的风险。在新安江流域实施河湖生态补偿，有利于开创以预防保护为主的生态补偿新模式，增强上下游地区保护水资源的积极性和责任感，建立流域生态保护长效机制。

2. 补偿主体和补偿对象。目前千岛湖开展的生态补偿的补偿主体主要是国家、省、市各级政府；补偿对象主要是淳安县开展生态保护和建设相关活动的单位及个人，包括污水处理、垃圾打捞处理、生态公益林、封山育林、植树造林等活动的主体。

3. 补偿方式。千岛湖的生态补偿主要是对淳安县生态保护和建设的补偿，生态补偿资金来源于千岛湖旅游门票等收入以及国家、省、市用于污水处理、垃圾打捞处理、生态公益林、封山育林、植树造林等项目资金。金华市对金华江水源区磐安县采取异地开发的“造血型”补偿模式。金华市为了解决磐安县的贫困问题，并保护水源区环境，在金华市工业园区建立一块属于磐安县的金磐扶贫经济技术开发区，开发区所得税收返还给磐安，作为下游地区对水源区的保护和发展权限制的补偿，相应地要求磐安县拒绝审批污染企业，并保护上游水源区环境，使出境水质保持在Ⅲ类饮用水标准以上。

案例二：三峡库区生态补偿实践

1. 补偿背景。三峡库区是长江流域最重要的生态屏障，关系着中下游防洪与环境安全。三峡工程本质上是改善长江生态环境的一项工程，其主要受益区是长江中下游地区。水库的淹没使库区承受了巨大的损失。在面临经济发展水平低，移民就业和生计问题突出，生态环境脆弱的情况下，库区人民还要将三峡库区这样一个生态脆弱的地区造就成一个生态极，为长江流域和全国的生态环境改善和可持续发展发挥其应有的功能作用，进行生态保护、生态功能的恢复或建设需要付出巨大的经济成本，同时还不得不调整经济结构、耕作模式、消费方式等，通过限制某些产业发展和放慢发展速度来维护生态环境。在库区工业企业和工业园区推行清洁生产，采取关停、技改等措施，降低单位产值、产品的污染物排放量；推行生态农业，实施“沃土工程”，提高有机肥料资源利用率，降低化肥和农药使用量等是以降低产量为代价的，这更需要通过三峡库区生态补偿立法确保社会公平，保护三峡库区进行生态建设的积极性，促进整个社会和谐协调发展。

2. 补偿主体和补偿对象。考虑到三峡库区对我国长江流域生态环境保护中的重要地位和作用，三峡库区开展的生态补偿主体涉及国家、省、市等多个层面，其中，国家在补偿主体中占据重要地位；补偿对象主要是三峡库区内为生态保护做出贡献或牺牲了发展利益和机会的单位及个人，如库区移民、关停的企业等。

3. 补偿范围、内容和标准

水污染防治。按照《三峡库区及其上游水污染防治规划》（国务院 2001 年批准）及其修订本，三峡库区水环境保护范围包括 20 个区县，包括湖北省的秭归、兴山等 4 区县，重庆市的万州、开县等 15 区县及重庆主城区。在 2010 年之前，三峡库区及其上游完成城镇污水处理厂 151 个，总投资 216. 5 亿元；城镇生活垃圾处理厂 23 个，总投资 77. 5 亿元。对库区工业点源展开综合治理，总投资 24. 8 亿元，其中污染企业关闭补助资金 5 亿元；开展生态保护工程，计划共投资 44. 7 亿元；船舶污染治理 14. 7 亿元，清库投资 2 亿元。

大部分污水处理厂按规划虽已建成，但由于运行成本高，难以正常运行，为此，三建委第十五次全会采纳三建委办公室提出对污水处理厂进行运行补助的建议，提出污水处理“以补促提”政策。建立三峡库区污水处理“以补促提”运行机制，方案出台后，2006 年至 2010 年补助库区污水处理厂约 11. 3 亿元。

生态建设和环境保护政策。水土流失和小流域治理政策。对库区 12 条污染严重的次级河流进行集中综合整治，通过退耕还林还草、封山育林、护坡等工程措施，基本建立库区沿岸生态保护带，通过实施矿渣资源化利用、景观保护、土地复垦、植被恢复、边坡治理、污染控制等措施，改善库区生态环境，加强农业面源污染治理。基础能力建设投资 7 亿元。

库区生态建设和环境保护政策。一是从 2002 年至 2003 年，投入 40 亿元用于三峡库区地质灾害防治，投入 40 亿元用于生态环境建设与保护。此后，国家继续投资用于三峡库区三期地质灾害防治。二是实施“移土培肥”工程，投资 3 亿元的一期工程已经完成，二期工程即将启动。三是实施库区生态环境建设与保护“7+1”试点示范项目，开县移民生态家园建设，巫山小三峡原生态景观保护，奉节胡家坝消落区综合整治等项目已陆续启动。

支持库区移民搬迁安置。1992 年至今，国家对三峡工程移民搬迁出台一系列政策法规，库区也制定了相应的配套管理办法和相关政策措施。对库区稳定和发展有重大意义的政策主要可分为 3 类：①农村移民安置优惠政策。一是建立三峡库区水利专项资金。国家将三峡库区具备一定条件的受淹区县优先列为生态农业试点示范县予以扶持，优先安排基本农田及水利专项资金。从1996年开始，每年安排重庆市三峡库区水利专项资金7500万元。二是建立大江大河治理水利专项资金。“八五”期间，国家每年给三峡库区安排以工代赈资金1亿~2亿元，“九五”期间，每年安排1亿元。三是实施农村移民外迁补助政策。重庆库区累计外迁移民16.17万人，其中政府组织外迁移民每人享受5000元（静态）外迁补助。②淹没工矿企业迁建优惠政策。一是技改专项贷款。1993年至1998年，国家每年安排三峡库区淹没企业技改专贷规模7.5亿元。二是联营专贷。1997年至2001年，国家每年安排三峡库区淹没企业联营专贷15亿元。三是破产关闭参保企业补助。对破产关闭参保企业欠发的养老金由中央财政一次性全额补助277万元。四是银行核呆。对关破企业历年的银行债务，按年度纳入全国呆坏账核销总规模予以核销。五是财政转移支付。对因企业破产关闭而减少的地方财政收入，由中央财政采取转移支付的办法给予50%的补助。六是实行“4∶4∶2”政策。对国有破产关闭企业一次性安置补助存在的资金缺口，由中央财政、移民资金中央预备费和地方财政按4∶4∶2的比例分担解决。③移民安置规划和投资概算调整政策。国家通过调整三峡移民安置规划和投资概算，增加重庆市移民静态投资59.7亿元。

支持库区经济发展政策。①对口支援政策。一是中央部委和兄弟省市对口支援重庆库区资金206.9亿元。其中，中央部委支持项目资金38.1亿元，对口支援省市到位经济合作项目资金149亿元，社会公益类资金11.8亿元，其他资金8亿元。二是实行进口自用物资关税返还。1996年至2003年，国家对三峡库区内资企业的开发性移民建设项目，每年核定总额1亿美元进口自用物资额度（其中，重庆库区8433万美元），实行关税和进口环节先征后由中央财政全额返还。2004年8月，国家同意此项政策延长至2005年12月31日。三是对口支援兼并的搬迁负债企业享受免息。对口支援企业兼并1998年底前亏损的三峡库区国有、集体搬迁工矿企业，在落实还款计划的前提下，以搬迁企业1998年底贷款余额为限，经商债权银行同意，免除以前的全部欠息，并在今后3至5年的还款期内继续免收利息。②加强农村生产生活基础设施建设。国家将三峡库区有水电资源条件的受淹区县优先列为农村水电初级电气化试点县，予以扶持。国家加大生态家园富民工程的实施力度，重点建设以农户为基本单元的“一池三改”（沼气池与改厨、改厕、改圈相结合），并配套发展太阳灶、节能炉灶等能源措施。积极实施“沃土工程”。在库区全面推广配方施肥和化肥深施技术，提高化肥利用率。③税费减免政策。一是国家对为安置农村移民开发的土地和新办的企业，在税收方面给予减免优惠。二是国家取消对重庆三峡移民工程征收的41项费用，免收13项费用。④产业发展基金政策。中央从2004年至2009年，在三峡工程建设基金中每年安排5亿元建立三峡库区产业发展基金，支持库区产业发展，解决移民就业问题。从2006年起，每年增加到10亿元。

后期扶持政策。①移民后期扶持政策。一是从2006年7月开始，三峡库区农村移民纳入全国大中型水库移民后期扶持范围，每人每年补助600元，连续扶持20年。二是从三峡库区基金中每年安排部分资金用于解决移民遗留问题的处理。三是建立三峡库区移民后期扶持基金。从三峡电站投产发电时起，国家按每千瓦时4.5厘钱的标准计提，每台机组提取期限为10年，用于三峡移民后期扶持。四是建立三峡库区移民专项资金。国家从三峡电站上网售电收入中按每千瓦时0.5厘钱的标准提取专项资金，提取期限为10年，用于解决搬迁后的三峡库区移民生产生活困难问题。五是支持发展库区四大产业。国务院三峡办重点支持库区发展柑橘、畜牧、水产养殖和旅游等四大优势产业。②三峡库区基金政策。国家自2007年11月起，从三峡电站上网实际销售电量中，按每千瓦时8厘钱的标准征收三峡库区基金，所有机组满发后，每年约8亿元用于解决三峡移民的其他遗留问题（城镇困难移民扶助）、库区维护和管理、三峡库区及移民安置区基础设施建设和经济发展规划、支持库区防护工程和移民生产生活设施维护。③优惠电和三峡库区电力扶持资金政策。一是三峡电站自发电之日起，优先安排三峡库区用电，“十一五”期间，每年安排20亿千瓦时优惠电送重庆库区（5年共计100亿千瓦时），每度电优惠2厘钱。二是在“十一五”期间三峡总公司和国家电网公司每年从三峡发电和输变电收益中各拿出5000万元（其中2006年两家企业各按2500万元安排），共计4.5亿元，作为三峡库区电力扶持资金，按比例分配给湖北、重庆（分别为15.67%、84.33%），专项支持库区发展。

案例三：大伙房水库生态补偿实践

1. 补偿背景。大伙房水库输水工程即原辽宁省“东水西调”工程，规划阶段亦称“浑江调水”工程，是一项大型的跨流域调水工程。大伙房水库输水工程修建将为辽宁省中部浑河、太子河、辽河及大辽河地区的抚顺、沈阳、辽阳、鞍山、营口、盘锦等六城市提供工业和生活用水，解决该地区水资源短缺问题。为加快生态辽宁的建设步伐，推进全省经济社会全面协调可持续发展，2008年，辽宁省政府以“辽政发〔2007〕44号”下发了《关于对东部生态重点区域实施财政补偿政策的通知》。

2. 补偿主体和补偿对象。大伙房水库生态补偿的补偿主体为辽宁省；补偿对象为辽宁省东部的岫岩县、新宾县、清原县、抚顺县、桓仁县、本溪县、本溪市南芬区、凤城市、宽甸县、辽阳县、灯塔市、辽阳市弓长岭区、西丰县、开原市、铁岭县、铁岭市清河区共16个县（市、区）。

3. 补偿范围、内容、标准和方式。根据通知，辽宁省制定了《辽宁省东部重点区域生态补偿政策实施办法》，确定从2008年起，省财政每年拟安排1.5亿元对东部重点区域进行生态补偿，补偿方式为通过一般性转移支付补助将生态补偿资金直补到县级政府。生态补偿范围为辽宁省东部的岫岩县、新宾县、清原县、抚顺县、桓仁县、本溪县、本溪市南芬区、凤城市、宽甸县、辽阳县、灯塔市、辽阳市弓长岭区、西丰县、开原市、铁岭县、铁岭市清河区共16个县（市、区）。

设定水质污染和水土流失程度两项指标，作为核减补偿资金的依据。其中，水质污染以县域内各水环境功能区水质达标率为考核指标，水土流失程度以强度以上土壤侵蚀面积增加率为考核指标，这两项指标均以2007年为考核基准年，每年由省环保和水利部门负责对各县实行监测并提供考核评价结果，省财政以此为依据相应核减各县当年的补偿资金数额。如出现重大水质污染事件，将取消当年相应县的补偿资金，直至恢复达标。此通知及实施办法从建立省级政府财政转移支付制度，确定生态补偿范围，确定生态补偿机制主要标准和依据及明确权责匹配原则等四个方面，确立了辽宁省东部生态重点区域生态补偿机制的基本原则，为生态补偿的落实提供了实现的基础和可操作性。

2009年9月26日，辽宁省第十一届人民代表大会常务委员会第十一次会议审议通过《辽宁省大伙房水库输水工程保护条例》，并于11月1日起实施。条例第二十九条明确提出通过财政转移支付等方式，建立大伙房水库输水工程上游地区水环境生态补偿机制，但此保护条例并未制定具体补偿标准及办法。

2010年，研究区已经建立并实施了以上生态补偿政策，在一定程度保护了水源地饮用水安全，并调动了水源地生态建设与保护者的积极性，但现行的生态补偿政策法律保障不足，生态补偿缺乏科学的补偿标准，缺乏有效的资金保障制度，还需针对大伙房水库输水工程生态补偿标准、补偿方式、补偿融资体系构建以及生态补偿制度实施的途径及保障方面进行深入研究。

第八章　地下水超采区生态补偿

第一节　地下水超采区损益关系分析

处于区域地下水系统补给区的各级地方政府、企事业单位和个人主要体现为受损者。为了有效保护地下水系统，一方面在社会经济发展布局、发展模式和发展速度上受到限制，限制传统工业和高耗水农业的发展，丧失了一些发展机会；另一方面，为了使地下水系统发挥更大的效益，采取植树造林种草等涵养地下水系统的政策措施需要投入一定成本；同时治理、改善和修复功能受损的地下水系统也需要经济投入，虽然各级地方政府本身也是地下水系统保护与修复的受益者，但相比之下受益显得微不足道。企事业单位或个人在进行工农业生产生活时也会受到诸多限制，因而他们同样也是受损者。处于区域地下水系统的径流区和排泄区的各级地方政府、企事业单位和个人，可以从地下水开发利用活动中获得收益，是地下水系统保护与修复的受益者。

从成本角度，地下水系统保护与修复的投资成本主要体现为：经济损失、维护成本、生态重建成本及其他成本。其中经济损失包括农林牧业收益损失、地基破坏及建筑物损失等。维护成本包括护林护草防火费、退化植被培育改良费、动植物保护费、病虫害防治费等。生态重建成本包括土地整理费用、土壤培肥费、青苗费、用水电费用等。其他成本包括技术费用、人工费、运输费、设备维护费等。

从效益角度，地下水严重超采区的修复效益主要体现为：经济效益、生态效益和社会效益。其中经济效益包括地下水作为工农业生产用水的效益、居民生活用水效益，林木生产效益、林木果实效益、草地畜牧效益，湿地渔产品、水生、湿生植物产品，湿地成陆造地效益等。生态效益包括固氮制氧效益、净化大气效益、气候调节效益，水分调节效益、涵养水源效益，减少泥沙淤积的效益、保持土壤效益、增加土壤肥力效益，提供动植物栖息地效益、生态多样性效益，防风固沙效益，防洪效益以及改善水质效益等。社会效益包括生活能源效益、吸纳就业效益、旅游效益和科学考察效益等。地下水系统修复的功能主要体现为人们通过对受损的地下水系统进行水量补充或者水质治理、改善和恢复，从而使受损地下水系统的功能逐步恢复，使受损地下水系统的效益得到充分发挥。

第二节 地下水超采区生态补偿框架

一、补偿主体与补偿对象

由于地下水资源具有公共属性，政府是行使公共资源管理的主体，能够发挥调剂余缺，协调不同利益群体关系和稳定社会秩序的功能，因此国家及各级政府应是提供地下水生态补偿的责任主体。在全国范围内无法明确界定地下水修复效益的受益主体时，中央政府是其补偿主体；地下水修复的受益范围仅在本辖区范围内，或在本辖区范围内无法明确界定地下水系统保护与修复效益的受益主体时，地方政府是地下水系统保护与修复的补偿主体，通过各级地方公共财政体系对地下水系统进行治理和修复，或者对地下水修复主体的公益性成本给予相应的补偿。同时，任何开发利用地下水资源的企事业单位和个人从地下水修复活动中获得收益，也是地下水生态补偿的责任主体。所有开发利用地下水资源或者其开发活动造成地下水系统破坏的企事业单位和个人，由开发利用地下水资源的行为主体（地下水资源的开发利用者、地下水资源的消费者、向地下水系统排污的污染物排放者、相关的其他受益者）按照受益比例、损害程度承担地下水系统保护与修复的投资成本和相应的责任。

治理、改善和修复功能受损的地下水系统需要经济投入，同时部分地区的资源开发和生产建设受到一定的限制，对于这些群体（各级地方政府、企事业单位和个人），应该给予相应的补偿，作为补偿对象。

二、补偿范围与内容

地下水超采对连通地表水体水量水质的影响导致水生态各类服务功能的降低，引发地面沉降，土壤流失沙化，支持地表植被生长功能减弱，形成地下水漏斗引发咸淡水混流的水污染等生态影响。① 地下水系统修复的主要体现为人们通过对受损的地下水系统进行水量的补充或者水质的治理、改善和恢复，从而使受损地下水系统功能逐步恢复，效益得到充分发挥。地下水保护和修复生态补偿范围为：①对受破坏的地下水生态系统本身进行保护（恢复）的成本进行补偿。长距离调水工程、非传统水源利用工程（雨水利用、海水淡化等）、节水工程、污水处理与回用工程、地下水回灌工程等工程成本的补偿；②对区域发展限制的补偿，指对因保护地下水而丧失的发展机会的区域进行补偿；③为地下水资源保护和恢复进行的科研、宣传、教育费用的补偿。通过教育、媒体、意向等活动对公众进行地下水资源的不可替代地位，地下水资源短缺现状，恢复地下水资源的迫切性，节水必要性及节水措施等的宣传，能激发公众自觉保护水资源的意识。

全国现有地下水超采区面积 19 万平方千米，其中严重超采区超过 7 万平方千米，地下水水位持续下降，部分地下含水层疏干，引起地面沉降等不可逆的环境灾害。对由于农田灌溉而引起的地下水严重超采区，纳入重要水生态修复治理范围，主要分布在华北平原、关中盆地及西北内陆河。②

三、补偿标准

1. 成本费用核算

按生态补偿成本费用测算，地下水保护与修复生态补偿三大标准分别为：按照保护地下水系统测算的生态补偿标准；按照修复地下水系统测算的生态补偿标准；通过市场交易完成地下水系统生态补偿。

①保护地下水系统的生态成本费用测算

出于保护地下水系统为目的的生态成本，包括地下水生态保护方的直接投入的成本与机会成本的总和。

$$PE_A = \sum_{i=1}^{n} C_i + \sum_{j=1}^{n} C_j$$

式中：C_i为各种直接投入，即生态保护方为保护地下水生态系统而投入的人财物，包括工程性投入非工程性投入；C_j为各种机会成本，即生态保护方为保护地下水生态系统而牺牲的部分发展权，如工农业产值损失等。保护地下水系统最基本的生态补偿应为对该生态成本费用的补偿。直接投入（C_i）包括：水源

① 倪深海，郑天柱，徐春晓. 地下水超采引起的环境问题及对策［J］. 水资源保护，2003，19（4）：5-6.

② 毕守海. 全国地下水超采区现状与治理对策［J］. 地下水，2003，25（2）：72-74.

保护工程性投入（C_1），广泛的宣传投入（C_2），实施经济行政法律措施的管理投入（C_3）和其他投入（C_4）等，总直接投入为：

$$\sum_{i=1}^{n} C_i = C_1 + C_2 + C_3 + C_4 \cdots + C_n$$

机会成本（C_j）指生态保护方为保护地下水系统而导致工业产值损失（C_1），农业产值损失（C_2）和其他发展权损失（C_3）等，总的机会成本为：

$$\sum_{j=1}^{n} C_j = C_1 + C_2 + C_3 + \cdots + C_n$$

注：由于生态保护者保护地下水系统后，自身也可能受益，因此 C_j 应是在扣除受益后的净损失。

②修复地下水系统的生态成本费用测算

随着经济的大发展，城市居民、工农业用水急剧扩大，超采地下水严重，使地下水位下降，地表生态破坏，甚至出现沙化、地面沉降、海水入侵等生态灾害问题，降低了生活质量，给当地居民的生存带来不利影响。因此修复地下水系统的生态成本包括：恢复地下水水位的投入以及受损地表生态修复治理投入总和。

$$PE_B = \sum_{i=1}^{n} L_i + \sum_{j=1}^{n} L_j$$

其中：L_i为恢复地下水水位投入的人财物，包括工程性投入非工程性投入；L_j为受损地表生态修复治理投入的人财物。恢复地下水水位的工程投入与非工程投入（L_i），包括：地下水回灌工程投入（L_1）、节水工程投入（L_2）、污水资源化工程投入（L_3）、非传统水源工程投入（L_4）等，以及非工程投入中的广泛宣传投入（L_5），实施经济行政法律措施的管理投入（L_6）等。因此恢复地下水水位的总投入为：

$$\sum_{i=1}^{n} L_i = L_1 + L_2 + L_3 + L_4 + L_5 + L_6 + \cdots + L_n$$

受损地表的生态修复治理投入（L_i）包括，植树种草投入（L_1）、退化植被培育改良投入（L_2）、土地整理费用（L_3）、土壤培肥费（L_4）等。因此受损地表的生态修复治理总投入为：

$$\sum_{j=1}^{n} L_j = L_1 + L_2 + L_3 + L_4 + \cdots + L_n$$

③补偿主体的获利通过市场交易来完成生态补偿

地下水系统保护与修复补偿主体（即地下水受益方）为自身所享的地下水生态服务付费给其生态保护方，使补偿对象（地下水保护方）得到应有的回报。

如地下水上游地区生态治理和保护对下游带来明显的环境效益时，下游地区应当以其获利价值作为补偿依据。如果水资源交易市场健全，以市场机制为基础，通过市场交易价格来简单易行。当前国内外的（地下水）水权交易是应用了该类方式。如地下水限额交易：管理机构为地下水设定允许开采量，规定范围内的机构需遵守这些规定，并在限额规定下具有交易的权利。

$$PE_C = \sum_{i=1}^{n} P_i + P_j$$

其中：P_i为市场交易价格及税费补偿等；P_j为交易成本。P_i包括地下水收益方支付给保护方的地下水权交易价格（P_1），地下水受益方对保护方给予的其他税费补偿（P_2）等，其中：

$$\sum_{i=1}^{n} P_i = P_1 + P_2 + \cdots + P_n$$

交易成本 P_j指地下水保护方政府收取的地下水交易税或交易管理费等。

2. 受益方支付标准

使用地下水而受益的，除了地下水的所有权人——国家以外，主要包括三类：社会组织和公民（居民），使用地下水生产的工业企业以及使用地下水灌溉的农业。

①社会组织和公民使用地下水征收标准

全成本水价模型明确了水价的组成，对于加强水资源的管理，提高人们的节水意识具有很好的促进作用，全国大多数地区基本用此模型计算水价：全成本水价（现行水价）= 资源水价+工程水价+环境水价。① 然而，全成本水价模型应该反映水的全部机会成本，除了包括目前已有的资源成本、工程成本和环境成本，还应包括生态成本（含地下水生态补偿费）。四者构成才是真正完整意义上的水价。即全成本水价=资源水价+工程水价+环境水价+生态水价（含地下水生态补偿费）。资源成本是指用水户需要支付的天然水的价格，包括水资源使用权的购买价格（表现为天然水资源的价格）和水源涵养和保护费用的补偿；工程成本是指通过具体的或抽象的物化劳动把资源水变成产品水，进入市场成为商品水所花费的代价，指的是生产成本和工程产权收益；环境成本是指水资源开发利用活动造成生态环境功能降低的经济补偿价格，即为达到某种水质标准而付出水环境防治费的经济补偿（如当前的污水处理费）；生态成本是指与水有关的修复与保护的生态经济补偿（指地表水或地下水等的生态补偿费）。

---

① 徐得潜，张乐英，席鹏鸽. 制定合理水价的方法研究［J］. 中国农村水利水电，2006（4）：83-84.

②工业用地下水生态补偿费征收标准

按我国目前经济状况，企业可承受水价指数一般为1%~1.5%，而世界银行和一些国际金融机构的研究成果，企业可承受水价指数（工业用水×当年水价/当年工业生产总值）最高可达2%~3%。一般工业可承受水价=水费支出能力指数/万元产值用水量。生态水价（含地下水生态补偿费）=工业可承受水价-现行水价。水费支出能力指数，即工业用水成本占工业产值的比例。

③农业用地下水补偿费征收标准

亚洲一些国家农业灌溉水费占灌溉增产效益的比例为8%~17%。根据补偿费征收地区一般的每亩灌溉定额及农业灌溉单位面积的效益，可以计算出地下水灌溉田单位面积应交地下水补偿费。

四、补偿方式

政府作为生态资源管理者，可根据当地生态资源状况、居民生活状况、生产活动方式、管理体制等，因地制宜地选择生态补偿方式，选取实物、现金、政策倾斜、技术支持等方式中的一种或多种对生态效益受害者或提供者进行补偿。资金补偿是最为常见的直接补偿方式，在现实操作中可通过补偿金、补贴、财政转移支付、生态保证金（押金退款）、赠款等方式来实现；实物补偿方式，即运用物质、劳力和土地等进行补偿，改善受补偿者的生产和生活条件，增强生产能力；智力补偿方式，即为避免补偿过程中智力资源的闲置，可无偿地提供技术咨询和指导，提高受补偿地区或群体的技能与管理水平。

1. 财政转移支付

中央财政转移支付。作为补偿资金来源的国家预算，主要是指中央财政预算和省级财政预算，用于农业灌溉引起的地下水严重超采区的治理等。

地方政府财政转移支付。地方政府是地下水保护与治理修复的责任主体，各级政府的职责与财政能力是不同的，由省级财政对重点保护与治理修复的市县给予一定的补偿支持。

2. 地下水保护基金

基金主要来自社会上各类团体、机构的投资。设置地下水保护基金，专门用于我国地下水的修护与保护项目，该基金由专门的基金公司进行管理，由托管机构进行托管，并在一定的额度内投资以利于增值保值。这有利于保持地下水融资金额的稳定，并在以上融资方式基础上起到补充与拓宽融资渠道的作用。

3. 地下水生态补偿费

水资源费是我国普遍征收的一道费用，用于水利设施建立、污水处理等活动。① 目前，却未明确征收专门的地下水生态补偿费，在已存在的水价基础上，向社会征收地下水资源修复与保护费，不仅可以让企业与人民意识到我国地下水存在的危机状况，而且有利于人民提高减少水资源浪费的意识，同时为地下水的修复与保护工作获得筹资来源，让该环保事业能够切实可行，全民参与到地下水的修复与保护工作中。

单一的政府政策干预、市场或社会支持途径都存在不足，难以独自实现地下水生态补偿的目标。为了实现地下水的有效补偿，必须发挥三种途径的各自优势，弥补相互不足，以“政府主导，市场带动，群众参与”作为我国地下水生态补偿途径的选择比较符合我国的实际情况。政府主导有助于把握正确的发展方向，并保证地下水保护与恢复生态服务的有效供给；市场带动能够给地下水保护与恢复建设与发展带来生机，提高有限地下水资源的配置效率；群众的广泛参与则是地下水环境政策走向成熟的标志。

五、补偿框架

地下水修复的生态补偿，可以认为是采取地下水回灌、地下水源地建设等治理措施对当地造成的不良生态后果进行恢复、校正所给予的资金扶持、财政补贴、政策倾斜、技术支持和工程治理等。地下水修复生态补偿涉及了水文水资源、地下水、生态、资源环境经济、财税金融等多学科的交叉，包含了地下水引起的生态环境效应评价，地下水功能评价及其生态功能评估、地下水修复的补偿原则、补偿标准与测算以及补偿金的来源及支出渠道等地下水生态补偿政策机制诸多内容，见图 8-1。

① 沈大军. 水资源费征收的理论依据及定价方法［J］. 水利学报，2006，37（1）：120-125.

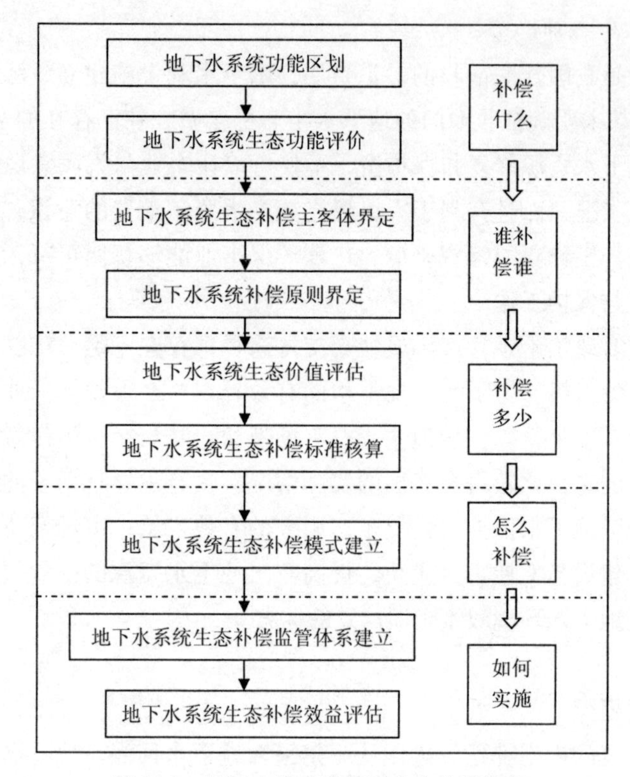

图 8-1　地下水超采修复区生态补偿框架

第三节　地下水超采区生态补偿案例解析

案例一：沧州市地下水超采治理修复生态补偿

1. 补偿背景。沧州市经济社会发展迅速，超过了水资源尤其是地下水资源的承载力，当前主要靠开发地下水维系经济社会的发展。2011 年，全市年均用水 15. 1 亿立方米，其中地表水供水量 1. 9 亿立方米，占 12%；地下咸水供水量 0. 4 亿立方米，占 3%；地下淡水供水量 12. 8 亿立方米，占 85%。地下淡水供水量中，浅层水 5. 3 亿立方米，水资源利用率 80%，大大超过了 40%的国际标准；深层水限采量 2. 8 亿立方米，实际开采量 7. 9 亿立方米，超采 5. 1 亿立方米。深层水面对如此严重的超采，地面沉降、咸水入侵、地下水质污染等生态问题，特别是农业用地下水，其开采难度不断增大。据分析，若不采取治理修复措施，

20年内农业用地下水将枯竭，这将严重威胁到粮食安全。① 因此，沧州市开展了地下水超采治理修复，包括有开源和节流两个方面。开源，即寻找深层地下水的替代水源，除采用外调水（引黄引江）措施外，当地的主要替代方案有：开发微咸水、利用中水、建设水库利用雨洪等；节流，即农业、工业和生活等方面的节水。在以上这些方面，开发微咸水、利用中水，以及农业、工业和生活等方面的节水有明确的利益主体，可采用经济措施，包括补偿或惩罚（负补偿）加以促进。

2. 补偿主体及补偿对象。根据国际经验，治理修复地下水超采的重要措施是经济补偿，包括地下水系统内主体间的补偿和政府的补偿。通过地下水系统内各行为主体补偿机制的建立，对为地下水系统治理修复做出贡献或支付代价的行为主体应给予鼓励，成为地下水系统超采治理的被补偿方；对超标准享受地下水系统提供的服务或对地下水系统产生不利影响的行为主体，将成为地下水系统超采治理的补偿方，即支付方。实践证明，这一激励措施是促进开源节流的有效措施。此外，农业水关系到粮食安全，政府有必要为农业严重缺水地区进行补偿，支持解决农业用水问题。在本案例中，政府（包括中央、地方政府）向地下水系统提供支持，用于建设治理修复地下水系统的工程。地下水系统区域内用水低于规定标准的单位或个人，应得到激励或补偿，即为补偿的对象。为开发农业用水水源或节水而兴建用水计量工程、咸淡混灌工程和高效农业用水工程而投入的农户是补偿的对象。水利是农业的命脉，农业问题关系到粮食安全，因此政府对沧州地区为农业发展而实施的用水计量工程、咸淡混灌工程和扩大管灌工程提供支持，进行补偿。

3. 补偿方式与补偿标准。不同的修复治理措施，补偿标准如下：

开发微咸水生态补偿。沧州特定的水文地质条件，使得浅层咸水、微咸水（统称咸水）分布广泛，水量比较丰富，全市总面积14056平方千米，其中2克/升~3克/升的微咸水面积4563平方千米，占总面积的32%，资源量为5.9亿立方米，可开采量4亿立方米；3克/升~5克/升的咸水分布面积2085平方千米，占总面积的15%，资源量为2.6亿立方米，可开采量为1.6亿立方米；大于5克/升的咸水分布面积1915平方千米，占总面积的14%，资源量为2.3亿立方米，可开采量为1.2亿立方米。在沧州，农业是用水大户，占总用水的60%以上。几年来沧州市注重咸水开发，特别是在用水量大的农业，鼓励农户发展

① 刘长生，汤井田，唐艳．我国地下水资源开发利用现状和保护的对策与措施［J］．长沙航空职业技术学院学报，2006，(4)：69-73，81.

咸淡混灌（咸水淡水混合灌溉）工程，即在深机井旁上加设一口咸水（浅）井，将咸水井的水和深机井的淡水混合后用于农田灌溉。目前在沧州，建设1个咸淡混灌工程，投资约7000元~8000元。其中，政府补贴农户5000元，该补贴由中央和省级财政支付；农户自筹2000元~3000元。对此，农户积极性并不高，因为沧州农民经济相对薄弱。

关于中水利用补偿。沧州市区新建的颐和庄园，工程开发中一并建设了中水工程。该工程设计生产中水能力400立方米/日，工艺采用膜生物反应器。2003年5月开始投入使用，至今运行良好。中水回用14.6万立方米/年，电费8万元/年，药剂费5000元/年，人工费5000元/年，设备（不计管道系统）折旧费10万元/年。中水工程每年运行费用19万元；供水水价2.8元/立方米，每年总水价收入40.88万元。按目前的水价和运行费用计，每年盈余21.88万元。政府在其中仅作引导，并没有给任何补偿。要注意的是，目前每年的盈余没有考虑中水供水管道系统的折旧，且供水水价与自来水公司的水价基本相同。因此，居民对此评价也不高。

建设高标准节水灌溉工程的补偿。沧州市传统的灌溉工程包括深机井抽水，实行大水漫灌，21世纪初以来，大力建设高标准节水灌溉工程，即改漫灌方式为管灌，即在田间铺设地下防渗管网，将水输送到地头，大大节约用水。根据调查，大水漫灌方式每亩用水量为80立方米，采用管灌后，每亩用水量降低到50立方米。2007—2008年，河间市投资1500万元，其中，中央和省级政府补助380万元，县、乡和农户组织1120万元，先后建成行别营、果子洼、沙河桥故仙、北石槽等节水灌溉项目区7处，铺设地下防渗管道258万米，发展高标准节水灌溉面积15万亩。2009年，沧州市争取省以上节水灌溉资金（中央和省级政府补贴）5000多万元，铺设地下管道200多万米，已发展节水灌溉面积26万亩。

农村节水补偿。在加强农业节水工作的同时，河间市通过发展联村供水、安装计量设施、核定用水价格、完善计量收费制度等，把乡镇企业、农民生活用水纳入节水建设中来。2005年后，陆续建成了果子洼、北留路等联村变频供水工程8处，对22个村、8000余户农民安装了水表，实行了按实际用水量收费。其中，中央和省级政府补助338.5万元，发动农民自筹360万元。此外，为450眼乡镇工业用水井安装了水表，以实现对乡镇工业用水实行计量收费管理，部分井还安装了IC智能水表，实现了对机井出水的网络化管理。其中河间市补偿30多万元，占安装了水表投资的50%。根据调查，实行用水计量收费后，节水效果十分明显。农村人均生活用水由原来每月3立方米~4立方米下降到1.5

立方米左右；工业用水由原来每井每月5000立方米下降到3000立方米左右。

城镇居民用水实行“定额用水”“阶梯水价”补偿实践。沧州市下属任丘市2002年7月开始实行“定额用水”和“阶梯式水价”制度。① 该制度规定，居民生活用水每人月用水量3立方米以内（含3立方米）的，执行第一级水价，即基本水价：1.80元/立方米；大于3立方米小于5立方米（含5立方米）的，执行第二级水价，按基本水价的2倍计价，即3.60元/立方米；大于5立方米的执行第三级水价，按基本水价的10倍计价，即18.00元/立方米。行政事业单位用水3.50元/立方米；商业企业用水5.00元/立方米；特种行业（娱乐场所、纯净水、洗车等）用水15.00元/立方米。同时制定政策，减免特困户（企业）的水费。这一制度，完全由供水公司运作，即用户超标准用水的额外支付作为供水公司的额外收入。

4. 补偿实施机制。治理修复补偿基本机制：地下水超采区域系统内超标准用水或对地下水系统产生不利影响的单位或个人向地下水超采区域系统内低于标准用水或对地下水超采系统治理修复做出努力的单位或个人进行补偿。治理修复补偿实施机制分两个层面：

县级治理修复补偿实施机制。在公平原则的指导下，在县级/域地下水超采治理修复系统中，对为地下水超采治理修复作出贡献的行为主体所支付的成本进行合理补偿；对各相关方实行定额用水、阶梯水价结构，对超定额/标准用水者收取相应费用，并纳入地下水超采治理修复补偿基金。县域地下水超采治理修复补偿管理机制如图8-2所示。

县域行为主体。包括县级范围内的城镇居民、农户、企业等。

超标准用水，即为超定额用水；为节水贡献，包括为节水而建设咸淡混灌工程，建设利用杂水工程，农户安装用水计量设备，居民安装节水设施，企业改用咸水或中水等。

县补偿管理中心确认/审批。包括：县补偿管理中心对某些重大的对节省地下水做出贡献事件的确认或审批；根据制定的相关规定，授权乡镇补偿管理中心对某些对节省地下水做出贡献事件的确认或审批；按规定对超用水户额外费用的确认、收缴，或委托乡镇补偿管理中心、供水单位对超用水户额外费用的确认、收缴。

沧州市（级）治理修复补偿实施机制。以年度为单位，对各县（市）地下

① 刘日，杨玉芹. 攻破难点 创新机制 积极推进“阶梯式水价”——任丘市城市供水价格改革的调查报告［J］. 河北水利，2002（6）：8-21.

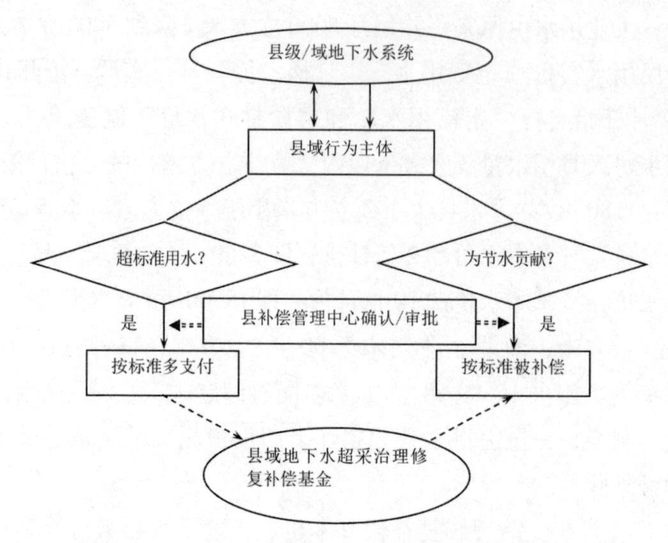

图 8-2 县域地下水超采治理修复补偿管理机制

水超采治理修复绩效进行考核；考虑到地下水压采计量的困难，以地下水流动的速度及地下水补给的不确定性等方面的因素，宜采用行政和经济双重手段控制地下水压采。将各县（市）地下水压采率纳入各县（市）行政主要领导和分管领导年度业绩考核的指标，当地下水压采率不足60%时，年终考核实行一票否决；与此同时，根据各县（市）地下水压采率进行经济补偿。市级地下水超采治理修复补偿管理框架如图 8-3。

市政府与各县市签订地下水压采责任状。地下水压采责任状是市级对县级进行年度地下水压采管理的依据。责任状形成的机制：每年初，市水务局依据《压采规划》和上年压采情况，编制各县年度压采目标；市、县水务局对压采目标进行协商，并讨论责任状相关条款，达成一致后分别报市、县政府；沧州市政府与各县（市）政府正式签订地下水压采责任状。

实施市压采目标。各县市政府（县市水务局）根据与沧州市政府签订的责任状，实施地下水压采目标。

年中检查压采状态。市水务局、市补偿管理中心在年中应组织检查各县压采情况，并及时向各县通报地下水压采中存在的问题。

年终压采绩效考核。每年年终，沧州市政府根据压采责任状，对各县市压采绩效进行考核。对完成或超额完成压采任务者，按责任状的约定进行表彰和经济上的奖励/得到补偿；对没完成压采任务者，按责任状的约定进行通报和经济上的罚款/支付补偿。

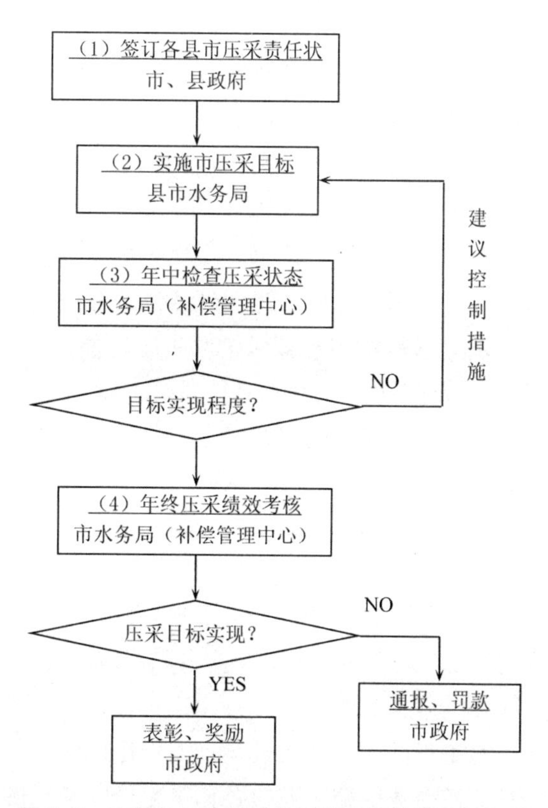

图 8-3　市级地下水超采治理修复补偿管理框架图

案例二：邯郸市羊角铺地下水水源地工程

1. 补偿背景。羊角铺地下水水源地位于峰峰矿区羊角铺村，属邯邢水文地质南单元，总厚度约 1225 米，目前日供水量占邯郸市总供水量的一半左右。但是该地下水供水工程建成后引起了许多不良的生态环境地质问题，严重影响了当地的经济和社会发展。羊角铺地下水水源地属于黑龙洞泉群，随着工农业和城市发展用水量的增加，黑龙洞泉群已于 1987 年枯季起相继断流。岩溶地下水位也从 70 年代的 130 米降到现在的 120 米左右。地下水天然流场已不复存在，在羊角铺、黑龙洞、峰峰形成 3 个区域性的降落漏斗。在对羊角铺地区地下水污染状况进行研究后发现，10 项监测因子除砷未检出外，其他 9 项污染因子皆有检出，氟化物和氯化物超标最严重。由于长时间开采岩溶区地下水，使得处于邯郸西部岩溶区的黑龙洞泉域地区岩溶塌陷问题时有发生，对附近工矿企业的安全生产和居民的生命财产安全造成严重威胁。①

2. 补偿主体与对象。补偿对象：羊角铺地下水工程的生态补偿对象主要有为响应当地生态保护政策而调整生产规模及搬迁的企业及其他为保护生态环境而造成损失的对象。根据《邯郸市生态环境保护规划》，对水源保护区采取以下保护措施：停止一切导致生态功能继续退化的开发活动和其他人为破坏活动；停止一切产生严重环境污染的工程项目建设；改变粗放型生产经营方式，走生态经济型发展道路，对已破坏的生态系统，要结合生态环境建设工程，认真组织生态重建与恢复，基本遏制饮用水源保护区生态功能区生态环境恶化趋势。实施这些措施的建设和管理者均应是生态补偿对象。

补偿主体：羊角铺地下水工程生态补偿主体包括：①政府：政府作为羊角铺地下水工程的规划者和实施者，承担着保护当地生态环境的责任，是生态建设的主要承担者。因此邯郸市政府、峰峰矿区是补偿主体。②地下水工程受益者：按照生态补偿中"谁受益，谁补偿"原则，羊角铺地下水工程受益者有各类地下水用户和以其水权作为经营对象的自来水公司。③地下水污染者：对羊角铺的地下水造成污染的工矿企业、农业生产者和当地居民。

3. 补偿标准。在确定羊角铺地下水工程生态补偿标准时主要应考虑以下几个方面：羊角铺地下水工程的建设总投资量；工程建设对羊角铺地区居民造成的实际损失量；当地工矿企业因缩小规模及调整生产而造成的经济损失量；地下水工程建成后带来的实际受益；为维护良好的生态环境后期需要的生态投入量；当地政府的财政状况。综合考虑上述几方面的因素后再分别确定对各补偿对象的补偿标准。

4. 补偿方式。羊角铺的生态补偿途径主要体现为资金补偿、技术补偿、工程补偿、政策补偿。资金补偿是目前我国开展各种生态补偿时首先考虑的补偿方式，当地政府以直接或间接的方式向生态保护和建设者、受损者提供资金支持，以便尽快弥补带给他们的损失，从而尽快恢复他们生态建设的能力，改善生态系统功能。羊角铺地下水水源地开发利用工程的资金补偿主要以补贴、减免税收、信用担保的贷款、财政转移支付等方式进行。资金补偿要以生态建设项目引入资金为主，包括补偿金。技术补偿是指当地政府和羊角铺地下水水源地开发利用工程建设者，对生态移民及保护生态环境而受到损失者无偿提供技

---

① 史浙明，黄薇. 大量利用地下水的生态补偿机制研究［J］. 长江科学院院报，2009，26（9）：21-24.
王红旗，秦成，陈美阳. 地下水水源地污染防治优先性研究［J］. 中国环境科学，2011，31（5）：876-880.

术咨询和援助，指导他们科学种植和培训等，提高他们的科学文化素质和生产技能，使他们具备开展生态农业生产的技术能力，并运用现代科学技术搞好生态保护与建设。工程补偿指对于开发地下水而造成的不良生态后果，如地下水位下降、地下水污染及岩溶塌陷等环境地质问题需要采取工程措施予以解决。政策补偿是上级政府对下级政府的权力和机会补偿。受补偿者在授权的权限内，利用制订政策的优先权和优惠待遇，制订一系列创新性的政策，在投资项目、产业发展和财政税收等方面加大对保护区的支持和优惠，促进其发展。利用制度资源和政策资源进行补偿是十分重要的，尤其是在资金十分贫乏、经济不发达的邯郸西部岩溶地区。

第九章　矿产资源开发水生态补偿

第一节　矿产资源开发损益关系分析

一、矿产资源开发的生态影响

（一）煤炭、石油开采对水量的影响

由于矿井排水的需要，煤炭的长期开采，直接造成开采区的地下水资源的大量破坏，随着矿井的延伸和加深，开采面积不断扩大，地下水排水量的增加，导致地下水位大幅度下降，超采漏斗也不断扩大，地下水位下降影响区的范围越来越大。煤炭形成区很多都是断裂构造比较发育地区，随着矿井的延伸和加深，必须采取疏水降压措施防止矿井的突水威胁，这样大量的地下水必须被开采排空。例如山西省很多煤矿分布于煤田的边缘易开采地带，一般开采深度小于300米，一些集体矿则多小于150米，国营大矿开采深度有的大于300米，通常开采区超过10年的老矿水位可下降30米~100米，影响深度较大。石油开发目前虽采用采油污水回注，但石油开发在一定程度上仍会降低地下水位，影响该区的地下水循环，进而影响石油开采区地下水的供应和使用。①

煤炭开采除了对地下水资源量的破坏之外，另一个直接影响就是地下水含水层的破坏，采矿之前完整的地下水含水层由于煤炭开采采空，已完全被破坏。

煤、水资源共存于一个地质体中，在天然条件下，各有自身的赋存条件及变化规律，由于煤矿开采排水打破了地下水原有的自然平衡，形成以矿井为中心的降落漏斗，改变了地下水原有的补给、径流、排泄条件，使地下水向矿坑

---

① 普传杰，秦德先，等. 矿业开发与生态环境问题思考［J］. 中国矿业，2004，13（6）：21-24.

汇流，在其影响范围之内，地下水流加快，水位下降，贮存量减少，局部由承压转为无压，导致煤系地层以上裂隙水受到明显的破坏，使原有的含水层变为透水层，原有的水井干枯。①

由于地下水疏干和地下水位的大幅度下降，其影响后果是明显的：影响范围内的泉水流量锐减，甚至泉水干枯；附近村庄民井水位下降，人畜饮水发生困难；对依赖于地下水的生态系统破坏极大，植被死亡，土地沙化。据不完全统计，山西省全省由于采煤排水引起矿区水位下降，导致泉水流量下降或断流，共影响井泉 3218 个，导致 1678 个村庄 812715 口人、108241 头大牲畜饮水严重困难，影响水利工程 433 处，水库 40 座，输水管道 793890 米。②

煤炭开采除了对地下水影响之外，对地表水也有一定的影响。当采空区面积不断扩大，采空区导水裂隙带和地面沉陷范围也随之扩大，在局部地段，地表水渗入地下或矿坑，导致地表径流减少，地下水袭夺河水，甚至造成河流干涸，水库存储量下降。在大同十里河、朔州七里河、阳泉桃河、晋城长河等地均有此类现象发生。另一方面采空塌陷及新增地下贮水空间（采空区）使得地下水含水系统的补径排特征发生改变，河流天然基流减少转化为矿坑水，改变了地下水系统对径流的调蓄作用，流域内地面径流的动态规律不再只受大气降水和地下水调蓄作用控制，它还要受矿坑排水动态及疏干含水层储量的影响，使得水资源的时空分布更加不均衡。

（二）煤炭、石油开采对水质的影响

煤矿矿坑水是水环境的重要污染源。矿坑充水使处于封闭状态的煤系地层水与空气接触，由于煤层中含有大量的黄铁矿及其他金属硫化物，矿坑水短时间内就会形成酸性水，酸性矿坑水对各种有害物质溶解能力显著增强，当该类矿坑水外排，对地表水造成明显污染。③ 一些个体煤矿在建矿初期，采坑、矿区基建和辅助工程等剥离了大量废弃土石，在正常生产中更会产生大量的煤矸石，这些废弃物不经处理大部分乱倾乱倒，有些直接堆积于河道等水流通道内，缩窄了行洪断面，还有个别的小煤矿坑口就建在沟底附近，因受地形限制采出的煤直接堆积在沟道内，每逢汛期降水，大量的渣石被洪水带到下游，造成严重淤堵，直接威胁到河道的行洪安全。

---

① 黄锡生. 完善我国水权法律制度的若干构想［J］. 法学评论，2005（1）：93-96.

② 胡振琪，杨秀红，等. 论矿区生态环境修复［J］. 科技导报，2005（1），38-41.

③ 欧阳志云，赵同谦，王效科，等. 水生态系统服务功能分析及其间接价值评价［J］. 生态学报，2004，24（10）：2091-2099.

石油开采对水生态系统的影响主要是对水质的影响。在油田生产过程中，不断产生的落地油和含油污水对周围环境造成了严重的威胁。石油类物质是危害程度大、污染周期长的工业污染物。在油田开发区内大量存在以含油废水、落地原油、含油废弃泥浆等形式的石油污染物，在一定条件下这些污染物会以不同的方式向周围环境迁移，造成二次污染。

在时段上，石油开采工程在开发建设期对水系生态影响较小，可以忽略，影响较大的是营运期，其中营运期的发生事故风险影响最大。在油田生产如钻井、试采、压裂等过程中产生的落地原油以及油气集输、加工过程中产生的原油泄漏等使一部分石油、石油污染物附着于土壤之上。随着降雨径流，一部分石油类物质在入渗水流的作用下大大加快入渗的速度，进入地下水，一部分随径流泥沙一起进入地表径流，污染地表水。水中石油含量增高，导致溶解氧浓度降低，水生植物和水生动物轻则生长受到限制，重则无法呼吸，最后死亡，导致该区地表水系的水生生态系统失去平衡，这种影响最大。① 石油开采另一种污染物是采油污水，主要由原液脱水产生。其数量随油田开发年限延长而不断增大，从油田开采初期的基本不含水到开采后期原油含水率可达80%~90%。采油污水经处理达到回注标准后可回注地下，而不需回注或用清水回注的油田则采油污水无法利用，多数均排入污水干化池（晒水池）中自然蒸发。有相当一部分污水不经处理直接排入自然洼地，或是虽然排入干化池，但干化池未防渗或防渗效果差，造成污水渗漏污染。

据测算，每一口井的落地原油辐射半径为20米~40米，排污池平均为15米×15米，渗透深度为5厘米~30厘米，土壤中石油烃、芳烃总量、酚的含量超过土壤背景值的60倍以上。积累的油类物质将长期残留于土壤中，是地表水和地下水的重要污染源。石油在土壤中的迁移途径为：污染物→表层土壤→梨底层土壤→下包气带土壤→地下含水层。石油或含有石油的污染物排放到土壤中，使土壤透水、透气性降低，影响其内的微生物生活和植物生长。这种破坏需要若干年的时间才可能恢复。

（三）煤炭、石油开采对水土流失的影响

随着煤矿的开采，矿区生产、生活设施、交通运输以及建材等工业也相应得到发展，大量耕地、林地、草地变为工矿、交通和其他建设用地。由于煤炭资源的开发，产生了大量的松散固体废弃物，破坏了地表的植被资源，同时地表塌陷或排土场堆置，改变了原有的地形地貌，为水土流失人为地创造了条件；

---

① 郭升选. 生态补偿的经济学解释［J］. 西安财经学院学报，2006，19（6）：43-48.

另外由于矿区的开发，新迁入大量的人口，增加环境容量承载力，加剧了水土流失的发生。我国的大型煤田多数处于水土流失易发生区。如山西煤田相当一部分分布于黄土高原之中，这些地区地形破碎，千沟万壑，水土流失十分严重，属黄河中游侵蚀最强地区之一，年土壤侵蚀模数一般为7500吨/平方千米左右，最高达14000吨/平方千米，水土流失面积32869平方千米，其中因采煤引起的水土流失面积约5948平方千米。① 煤田所在地一般土层深厚、地貌复杂，这是造成水土流失严重的下垫面条件，而雨量集中且多暴雨，则是产生土体流失的主要动力。特别是露天开采矿产活动，采矿范围不断扩大，所造成的水土流失的面积也越来越大。

石油开发工程虽属于地下工程，但大量配套的地面工程占地范围大，对地表扰动强烈。一方面油田工程占用土地，在一定地域范围，减少了原来就很稀少的植被，使自然生态系统变为一种油田城镇化的人工生态系统，或成为裸地。另一方面，物探道路、简易公路及施工现场附近等临时用地，使区域草场、植被由于人、机械及车辆践踏和碾压而被完全破坏，难以恢复，有些经反复碾压使表层土壤受到不同程度扰动，结皮层受到破坏成为虚土，遇风则更易形成大面积扬尘。工程建设中，还会产生弃土石方，如果堆放不当，也会加重当地的水土流失。井场建设会削平高岗、垫高低洼，改变施工场地附近地貌形态，同时会改变井场所在位置的地面坡度和地表径流方向。

（四）河道采砂对河势及生物栖息地的影响

河势是指河道水流的平面形式及发展趋势，包括河道水流动力轴线的位置、走向以及河弯、岸线和沙洲、心滩等分布与变化的趋势。河道采沙坑的位置可能位于顺直河段的主航道，也可能位于弯道上，分汊河段采沙坑常常位于江心洲附近。采沙使河床发生变形，水流的横向次生流相应进行调整。当采沙坑位于河道中间，在一段时间内水流仍可维持平衡，但次生流已有变形，角部次生流在不断淘刷堤岸。如采沙坑位于河道主流一侧，则断面的次生流的变化较为明显，可能形成类似于弯道水流的断面环流。

河道采砂对河道带来的突出问题是影响了河道的稳定性，包括由于侧向侵蚀造成的对坡脚的掏空从而引起的崩岸以及由于主流的改变从而改变了河道的冲淤部位。对小的河流而言，大规模的采砂还会对河道状况产生根本性的影响，造成河道刷深，坡降加大，水位降低。此外，非法采砂船常挤占航道，破坏航

① 沈渭寿，曹学章，等. 矿区生态破坏与生态重建［M］. 北京：中国环境科学出版社，2004.

标，威胁航行安全。从河道内移走大量的砂石会造成河道的切割，改变处于冲淤平衡状态的河床形状，使河水对河岸的侵蚀加强，造成河岸崩塌、河道移动等一系列负面影响。近年来河砂的大量开采还导致河流入海泥沙大量减少，影响河流三角洲的平衡，这也是海岸蚀退的一个重要原因。

对河砂资源无节制的掠夺性开采造成生态环境的严重破坏，对河流水深、流速等产生明显影响，直接破坏了水生生物的栖息地，影响生物的生存繁衍，甚至导致物种的灭亡，河道涵养水源的能力大幅度下降。另外，过度的开采一方面造成河道缺水甚至出现断流，另一方面还导致地下水下降，影响河道生态系统的平衡，造成生态环境恶化。

（五）对水利设施的影响

日益严重的非法采砂行为，已经在一定程度上改变了相对稳定的河床形态、河汊分流比例以及水流流态和流速，致使很多地段冲淤失衡、控导工程脱流，许多重要堤防的险工、险段不断增加，崩岸、塌滩时有发生，影响水利设施的稳定性，对防洪安全构成极大威胁，同时会降低某些取水工程的取水保证率，影响供水安全。但有规划的河道采砂可疏浚河道，加大河道泄洪能力，有利于行洪和防洪；某些河段通过在弯道凸岸切滩采砂有利于使河流主流居中，减少主流对凹岸的冲刷，特别是对某些险工弱段或离村屯较近河段有利。

二、矿产资源开发损益及补偿关系分析

矿产资源的开发和河道采砂影响地表水和地下水的生态系统，这些生态系统具有提供生产生活用水、提供水产品和满足发电和航运的功能，同时对调节气候、调蓄洪水等具有重要作用。由于人类矿产资源开发利用活动的加剧以及对河道砂石的乱采乱开，加之对生态系统服务功能的认识不足和采取的防治措施的力度不足，造成河流等地表水和地下水生态系统服务功能的严重损害，影响人水和谐的可持续发展要求。煤矿开采严重破坏地下水系统包括地下水资源和含水层，由此对地下水系统生态服务功能产生明显的损害，如淡水资源的供应、水量调节、泉水干涸、地表植被枯萎等服务功能，影响的范围主要集中于矿区及周边一定范围，根据地下水的影响范围来确定。石油开采对水生态系统服务功能的损害体现在地表水污染和地下水污染方面，如水资源的供应、水体净化、生物多样性等，影响范围可确定为水污染影响的范围。河道采砂则对航运交通、水能供应、生物多样性等水生态服务功能损害较大，影响范围主要在采砂附近到下游可能影响的河段。具体影响见表9-1。

表 9-1　矿产资源开采与河道采砂对水生态系统服务功能的主要影响

服务功能	具体功能	煤矿开采	石油开采	河道采砂
供给服务	食物和原料	×	×	
	淡水资源	×	×	×
	提供能量		×	×
	基因资源	×	×	×
	航运交通			×
调节服务	气候调节			
	水量调节	×		
	侵蚀控制	×	×	×
	水体净化	×	×	
文化服务	娱乐旅游	×	×	
	美学价值		×	
	教育功能	×	×	
	文化遗产	×		
支撑服务	土壤形成	×	×	×
	营养循环	×	×	
	初级生产		×	×
	生物多样性	×	×	×

①补偿主体：根据破坏者负担原则，补偿的主体是对生态环境造成直接或间接影响的组织和个人，主要是针对矿产资源的直接开发者。新建矿山和正在开采矿山的责任十分明确，但废弃矿山由于老矿山企业性质或企业主的变更，很难明确责任主体。因此作为资源所有者代表的政府有责任恢复治理废弃矿山。但社会每一个成员、每一开采企业都具有生态环境保护和修复的义务和责任。河道采砂的直接受益者是采砂企业或个人等，是河道采砂生态补偿的主体。

②补偿对象：由于矿产资源开发和河道采砂引起的对水生态系统服务功能的损害而直接受影响的矿区及周边、采砂河道附近到下游影响范围内的居民。

第二节 矿产资源开发水生态补偿框架

矿产资源开发与水有关的生态补偿是指因矿山企业开采利用矿产资源的行为，给矿区周围的水资源造成破坏，水生态环境造成污染而进行的治理、恢复、校正所给予的资金扶持、财政补贴等一系列活动的总称。矿产资源开发生态补偿的研究主要为了回答四个方面的问题，即补什么问题；谁补谁问题；补多少问题以及怎么补问题。矿产资源开发生态补偿框架体系如图 9-1 所示。

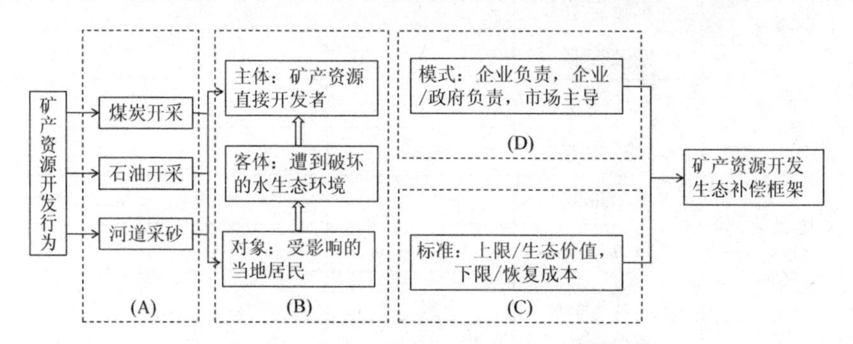

图 9-1 矿产资源开发生态补偿总体框架

（A：补什么问题；B：谁补谁问题；C：补多少问题；D：怎么补问题）

一、补偿主体与补偿对象

矿产资源开发及项目建设行为对水生态环境产生的扰动明显，减弱了水生态系统服务功能，对其他利益相关者的水资源利用及水生态服务功能的享用带来影响，有明确的行为主体，应承担相应的补偿，即补偿主体。行为主体直接破坏的是生态系统服务功能，由此对影响范围内的利益相关者即补偿对象产生影响。

1. 补偿主体。根据破坏者负担原则，补偿的主体是对生态环境造成直接或间接影响的组织和个人，主要是针对矿产资源的直接开发者。新建矿山和正在开采矿山的责任十分明确，但废弃矿山由于老矿山企业性质或企业主的变更，很难明确责任主体。因此作为资源所有者代表的政府有责任恢复治理废弃矿山。但社会每一个成员、每一开采企业都具有生态环境保护和修复的义务和责任。河道采砂的直接受益者是采砂企业或个人等，是河道采砂生态补偿的主体。

具体而言，在矿产资源开发过程中，开采企业是首要受益者，其次，运输企业是矿产资源开发的间接受益者，再次是矿产资源的使用者，最后是生产产品的终端消费者。因此，生态补偿收费征收对象应该是：矿产资源开发者、运输者、使用者和最终消费者。

然而，矿产资源的使用者和终端消费者数量众多，征收成本很高，在现实生活中难以操作。同时，根据经济学上的价格转嫁原理，开发者和运输者能够把征收的生态补偿费通过销售价格转移一部分到使用者和终端消费者身上，二者也间接承担了一部分补偿费。因此，矿产资源开发生态补偿收费征收对象最终确定为所有矿产资源开发企业、单位和个人及矿产资源的运输者，即补偿主体。

2. 补偿对象。由于矿产资源开发和河道采砂引起的对水生态系统服务功能的损害，直接受影响的是矿区及周边、采砂河道附近到下游影响范围内的居民，因此，矿产资源开发的补偿对象是影响范围内的居民。

二、补偿范围与内容

在确定矿产资源开发的生态补偿区域范围时，必须明确相关区域的生态环境功能，并在此基础上对人类活动对这些生态环境功能将产生的损益进行科学合理的分析。

就与水有关的生态补偿而言，矿产资源的开发和河道采砂影响地表水和地下水的生态系统，这些生态系统具有提供生产生活用水、提供水产品和满足发电和航运的功能，同时对调节气候、调蓄洪水等具有重要作用。由于人类矿产资源开发利用活动的加剧以及对河道砂石的乱采乱开，加之对生态系统服务功能的认识不足和采取的防治措施的力度不足，造成河流等地表水和地下水生态系统服务功能的严重损害，影响人水和谐的可持续发展要求。煤矿开采严重破坏地下水系统包括地下水资源和含水层，由此对地下水系统生态服务功能产生明显的损害，如淡水资源的供应、水量调节、泉水干涸、地表植被枯萎等服务功能，影响的范围主要集中于矿区及周边一定范围，根据地下水的影响范围来确定。石油开采对水生态系统服务功能的损害体现在地表水污染和地下水污染方面，如水资源的供应、水体净化、生物多样性等，影响范围可确定为水污染影响的范围。河道采砂则对航运交通、水能供应、生物多样性等水生态服务功能损害较大，影响范围主要在采砂附近到下游可能影响的河段（孙庆先，2003；杨晓航，等，2007；程琳琳，等，2007）。因此，进行这些人类活动的损益关系分析是进行生态功能损害恢复和防治等生态补偿措施实施的前提。

三、补偿方式

总体而言，矿产开发生态补偿方式主要有：企业出资、企业复垦方式，企业出资、地方政府复垦方式，企业与地方政府联合出资复垦方式，国家出资、政府组织复垦方式，在个别地方还有招商引资、政府组织复垦方式。具体到收费方式，则有按投资总额征收、按产品销售总额征收、按单位产品收费、按综合指标收费、抵押金收费、按动用资源量征收、按探明储量收费等方式。

矿产资源开发和河道采砂破坏的生态环境恢复治理费用来源，新矿区造成的破坏由企业负担100%的治理责任。企业对破坏的生态有两种补偿形式：现金补偿和修复治理。现金补偿是矿产开采造成的直接损害，如地上附着物损害、人员安置、耕地占用、水利设施破坏等容易明确受害人的，直接给予现金补偿；修复补偿主要指开采企业有责任和义务将开采破坏的环境恢复治理到原有生态系统的目标，其中又包括以下几种方式。

企业出资、企业治理方式：企业将生态修复治理的费用纳入企业生产成本，结合企业本身的发展规划，安排相应的企业部门专门负责，资金持续保证，产学研结合密切，与当地居民就业相结合，在录用员工时，优先考虑影响范围内的居民就业问题。

企业出资、地方政府组织治理方式：煤炭企业按当地政府规定的吨煤提取比例形成生态补偿资金，然后交给当地政府，由政府根据区域内生态整治的需要，统一安排使用，是典型的企业出资，政府组织复垦模式。从实际效果来看，由政府组织复垦的操作模式，由于资金使用缺乏有效的监督机制，资金往往不能足额用于矿区土地复垦，使用效率不高。

企业与地方政府联合治理方式：企业和地方政府一起对矿区破坏的生态环境进行修复治理，以我国东部矿产资源和粮食主产复合区——淮北矿业集团为例。淮北矿区采煤塌陷区综合整治进行了广泛的探索实践，取得了成功的经验，建立了全国采煤塌陷区综合治理研究基地。煤矿塌陷区综合治理后建设水上公园和水产养殖基地，用作煤矿后期开采迁村的宅基地或矿井后期发展用地或复垦造田。治理区美化了环境，净化了空气和水源，防止了水土流失。

招商引资治理方式：对于治理后的矿区生态环境可能有进一步开发的潜力，存在附加价值时，可考虑招商引资的方式进行生态恢复治理。如淮北市政府以采煤沉陷地150元/公顷的价格，招商引资10亿元，对淮北矿业集团250公顷的采煤沉陷地，进行整治和房地产开发，已建成81栋连同商业街、学校、幼儿园、会所、景观湖、景观道为一体的“众安温哥华城”住宅区（尚时路，

2005)。该区以优美的环境及完善的配套吸引愈来愈多的购房者。

第三节　矿产资源开发水生态补偿案例解析

案例一：澳大利亚矿产资源开发生态补偿实践

澳大利亚是世界重要的矿产国之一。在20世纪70年代前，由于在矿业发展过程中未进行同步的生态管理，导致环境与生态恶化，资源效益降低，严重影响了可持续发展。进入20世纪80年代，澳大利亚政府决定改变发展模式，走可持续发展之路，对资源产业与环境生态进行综合管理，并制定了一系列矿区土地复垦的法律法规，如《1990年矿产资源开发法》《1986年环境保护法》等。总结来说，有三方面的基本规定：一是从事探（采）矿者必须恢复已破坏土地及相关用地的原貌；二是在取得勘探（采矿）权之前必须提交项目规划。项目规划中必须包括土地复垦计划书和环境评价。计划书必须认真考虑开采后土地用途、复垦进度、植被复原的技术方法、水土流失控制等。复垦要求必须与探矿或采矿活动同时展开；三是矿权所有人要与参加复垦的企业一道提交一份书面保证并若干保证金，与政府有关部门一起承担矿区复垦的责任。这些规定不仅提出了原则要求，而且提供了具体的操作方案以及保障措施。其中最主要措施是复垦计划和保证金制度。

（1）复垦计划书

澳大利亚法律规定：在取得矿权之前必须提交项目规划，项目规划中则必须包括土地复垦计划书和环境评价书，用以指导矿业企业在采矿同时完成复垦和环境保护（如图9-2）。在程序上，法律规定复垦计划形成之前必须要与土地（不论私有或联邦土地）所有者磋商，地主有权要求将自己和矿权所有者之间的协议写进计划。复垦计划提交政府主管部门后，还要审查，批准通过后就要严格遵照执行。复垦要求必须与探矿或采矿活动同时展开，而且必须执行到计划完成并且达到地主满意为止。

（2）保证金制度

《1990年矿产资源开发法》和《1995年来掘工业发展法》中详细规定了“复垦保证金”的条款。其目的就是为了“在矿权所有者失于完成复垦责任时，保护公众的利益”。法律规定每项复垦计划都必须有足以完成复垦任务的保证金。确定某项目保证金的额度之前，负责管理此业务的自然资源与环境部的部长，要和矿权涉及土地的当地市政厅磋商（包括地主）。矿权所有者必须将保证书和保证金一道提交政府，并与政府一起承担矿区复垦的责任。

在返还保证金之前，该部部长必须与当地市政厅和地主磋商。如果复垦按照“标准许可证条件”或“复垦计划”顺利执行，并经该部检查满意，保证金就可以退还矿权所有者。如果未按计划复垦，或者该部部长认为还须进一步工作，或者地主有合理要求，这时，部长就有责任采取行动。当然部长不同意地主的要求，则必须告知原因何在。如果在合理的期限内，矿权所有者疏于此事，完不成任务，该部长就必须采取行动，动用该项目的保证金推动必需的工作。如果资金不足，该部长可以从矿权所有者处追讨。在矿权所有者申请该项目有效终止之后，如果有理由相信此复垦计划不成功，该部部长可以抵押该保证金六年，直至复垦成功。

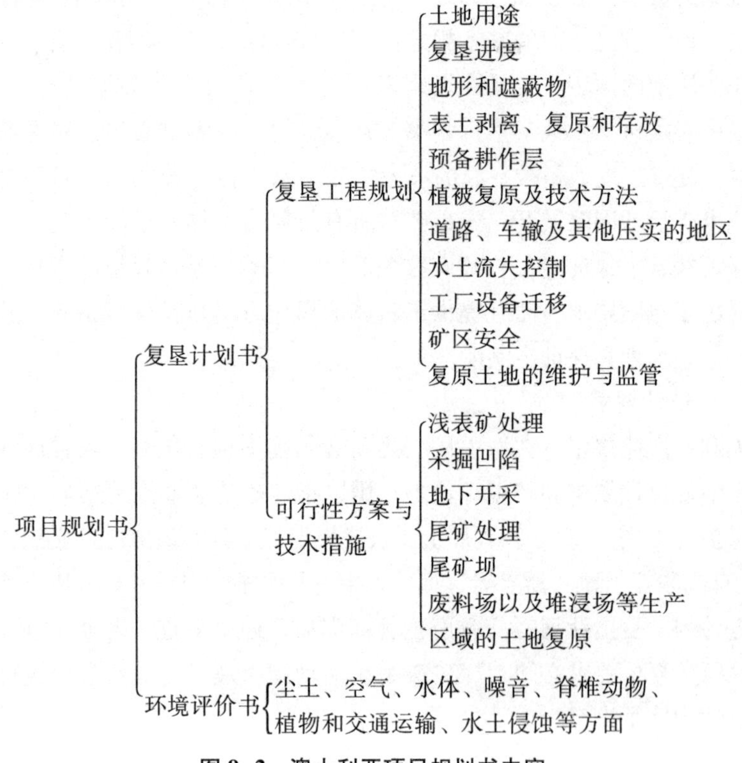

图 9-2　澳大利亚项目规划书内容

作为程序性规定，保证金的建立必须按照“矿权所有者+担保企业+银行+政府”的方式办理。首先矿权所有人要与参加复垦的企业一道，按照 1990 年矿业法的规定，以法定银行的固定表格形式，做出书面保证。其内容大致如下：某某持照人和某某担保人（企业），共同支付给维州能源和资源部部长总计××

款项。其义务在于：上述持照人应该明了所有矿法规定的条件、限制等规定。如不明了，此保证金可能被没收，以便能源和资源部部长行使复垦之责。

保证金的额度要求并不固定，主要根据不同地区和各种成本因素而变化。一般项目低成本运作时，大约为5000澳元/公顷，偏远地方的项目可能达到15000澳元/公顷。大型项目或生态要求高的项目，复垦保证金可能高达千万元。由于企业的流动资金限制，保证金的主要来源是银行贷款（表9-2）。

表9-2 澳大利亚环境恢复保证金收取缴存标准

干扰区域	低风险（澳元）	高风险（澳元）
	简单的措施即可达到复垦目标	复杂的地形、敏感区域
≤1公顷	2500	5000
1~4公顷	10000	20000
4~10公顷	20000	40000

（3）矿产资源税费的生态补偿使用

除了复垦计划和保证金之外，澳大利亚采矿企业对环境的补偿还表现在两个方面：采矿开始之前对采矿造成的直接环境损失，当地居民的收入减少和社会危害进行的补偿；另一个方面来自开采后矿业企业向联邦政府、州政府缴纳的税收。

采矿企业在取得勘探权、采矿权后，企业在开始工作前要赔偿地上物品损坏和其他因土地契约终止、通行权受限，损坏的环境改善及合理控制损坏等项费用。在西澳、南澳和新南威尔士，还要赔偿土地使用权损失、收入减少以及其他社会危害等费用。在澳大利亚采矿，企业要向联邦政府、州政府交矿业税。矿业税率的形式及税率高低根据矿种、矿山所在地及矿产品分组确定。澳大利亚矿业税收制度以固定费率、从价费率征收或者征收资源税租金的方式计提。政府通过税收抵扣制度来使得部分矿业税收用于矿区的可持续发展。此外澳大利亚针对煤炭开采征收了复垦税，用于土地的恢复治理。

（4）保证金的返还

保证金将随着复垦项目的推进而分阶段返还给矿业企业（表9-3）。保证金返还标准是十分关键的内容，当复垦达到要求的标准时，保证金返还标准允许返还保证金。复垦标准由政府主管部门组织有关专家制定，并经法律认定。

表 9-3 澳大利亚保证金返还的阶段和标准

阶段	复垦内容	返还金（澳元/公顷）
1	基础土方复垦（疏排降工程、生产道路工程、灌溉工程等）	5000
2	完成土方复垦（土地平整、附属建设等）	3000
3	植被重建（种植、施肥、灌溉等）	2000
4	其他剩余复垦工程完成	0

案例二：美国矿产资源开发生态补偿实践

美国是最早开始关注矿区生态环境修复的国家，同时也是当今世界在进行资源与产业管理时，最关注环境保护和生态管理的国家之一。1918 年美国印发安纳州的矿业主开始在采空区复垦植树，但属自发性修复。1920 年《矿山租赁法》中明确要求保护土地和自然环境。二次世界大战后，随着露天采矿业的迅速发展，对土地和环境造成的严重破坏，公众开始有所异议，呼吁制止露天开采。这一呼吁引起许多州的州长和立法机构的注意。1939 年西弗吉尼亚州首先颁布了第一个采矿的法律——《修复法》，对矿区环境修复起了很大促进作用，采矿破坏的土地受到控制，荒废的矿山土地开始复垦利用，水污染得到有效控制。此后，印第安纳州、伊利诺伊州、宾夕法尼亚州、俄亥俄州、肯塔基州分别于 1941 年、1943 年、1945 年、1947 年和 1954 年陆续运用法律手段管理采矿的生态环境修复工作。1977 年 8 月 3 日美国国会通过并颁布第一部全国性的矿区生态环境修复法规——《露天采矿管理与（环境）修复法》（简称《修复法》），并确定了美国的生态补偿三大制度：

（1）土地复垦基金制度：

在美国《复垦法》颁布以前基本上是只破坏不复垦，遗留了许多废弃的矿坑和大量废弃土地。复垦基金属于美国国库账中的一项。基金征收标准如表 9-4 所示。设置复垦基金的主要目的是为老矿复垦筹集资金，1977—1986 年 10 年时间筹措复垦基金 18.0×108 美元，其中 10.0×108 美元用于各州土地复垦。截止到 2007 年，美国 20%以上历史破坏土地已经得到复垦。1977 年后破坏的土地按《复垦法》规定边开采边复垦，复垦率要求达到 100%。根据现场考察的矿山复垦率已达 85%以上，复垦后的土地恢复了原有的自然景观。

表 9-4　早期美国废气矿山复垦基金的交纳标准

开采类型	修复基金（美元/吨）	修复基金/煤价（%）
露天开采	0.35	
井工开采	0.15	10
褐煤	0.10	2

复垦基金按季度上交。复垦基金 50%交国库后拨内政部掌握使用，50%留在州政府专款专用。对弄虚作假，不如数交纳复垦基金的，据情节轻重，罚 1 万美元以下的罚金或处一年以下有期徒刑或处罚并行。土地复垦基金的使用范围，主要有：①保护公众的健康、安全和福利、财产，使之免受煤炭开采的极端危害；②保护公众的健康、安全和福利、财产，使之免受煤炭开采的一般性不良影响；③恢复已受到煤炭开采的不良影响的土地，水资源和环境，包括采用各种措施，以保存和开发土壤、水域、林地、野生动物、娱乐资源和农业的生产能力；④与露天采矿复垦技术的发展及水质控制计划的制定方式及控制技术有关的各种研究和示范工程；⑤保护、修复、重建或增多各种受到煤炭开采作业不良影响的各种公用设施，如煤气、电供水设施、道路、休养地以及保存这些设施；⑥开发受到采煤业不良影响的公有的向公众开放的土地，包括那些为了休养、保护历史古迹，保留恢复环境目的而购得的土地及其他为了向公众提供空地、空间而购得的土地。

表 9-5　美国废弃矿山生态环境恢复基金的征收标准变化

开采类型	修复基金（美元/吨）	价格（美元/吨）		修复基金/煤价（%）	
		2003	2006	2003	2006
露天开采	0.35	13.42	29.00	2.6	1.2
井工开采	0.15	26.71	52.00	0.6	0.3
褐煤	0.10	11.20		0.9	

该复垦基金的征收在美国有一定的时间限制，毕竟废弃矿山的数量是一个减函数，随着复垦工程的推进而不断减少（表 9-5）。其征收的消减根据废弃矿山不断减小的数量和“废弃矿山生态环境恢复治理基金”的可支配余额（包括恢复基金的利息收益）分阶段进行，从而不断减小开采企业的生产费用负担。目前美国已经多次通过国会申请并延长了废弃矿山修复费的征收，其标准保持不变，但到 2020 年，美国将消减废弃矿山修复费的征收标准的 20%，即露天开

采征收 0.28 美元，井工开采 0.12 美元和褐煤征收 0.08 美元。虽然从 1977 年到目前为止，美国所征收的废弃矿山修复费（AML fee）的标准维持不变，但随着矿产资源价格的不断提高，矿业企业所承担的费用负担也不断降低（图 9-3）。

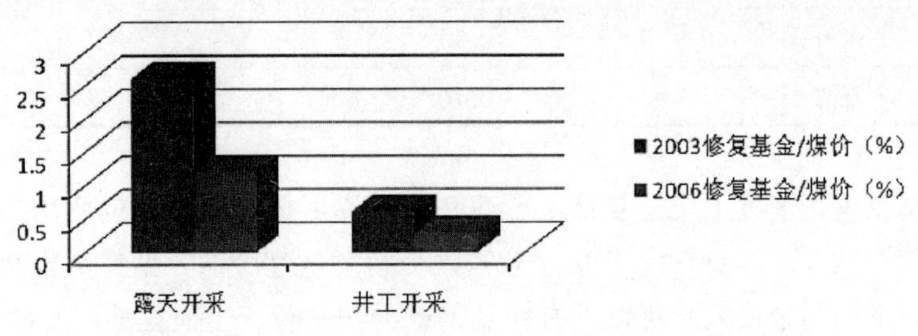

图 9-3　修复基金不变状况下企业负担修复成本的变化

（2）矿区复垦许可证制度：

矿区复垦许可证（Mined Land Reclamation Permit）不同于开采许可证。开采者除了获得开采许可证外，还要持有州的管理机构或者内政部颁发的复垦许可证，否则任何单位或个人不得进行新的露天采煤作业或重新打开、开发已废弃的矿井或矿区。例如进行露天采煤作业，申请的主要内容包括：开采许可证、环境评价、开采区地图及法律文书和矿区使用计划（Mined Land Use Plan）（如图 9-6 所示）。矿区使用计划是获得复垦许可证的关键。其书写必须由矿区以外的专业评估专家或专业咨询机构完成，并成为矿区开采者缴纳相应保证金的主要凭证。经过审批的许可证申请者需要在 45 天内缴纳相应的保证金后方可获得复垦许可证。申请复垦许可证也需要缴纳一定的费用，但该费用将纳入复垦修复保证金当中，用于解决历史遗留的矿区土地修复和矿区工作人员的健康安全保障。

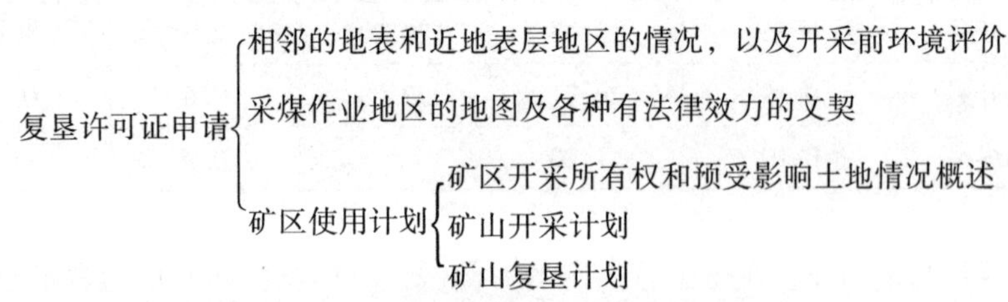

图 9-6　美国露天采煤复垦许可证申请内容

（3）保证金制度：

保证金制度（alternative bond systems）首先始于美国东部和中西部的 7 个州——印第安纳州、肯塔基州、密苏里州、俄亥俄州、宾夕法尼亚州、弗吉尼亚和马里兰州，7 个州的煤炭产量占当时美国国内煤炭总产量的 50%。美国设立保证金制度的目的是约束矿业主按照规定的标准进行土地复垦。一般是复垦许可证申请得到批准但尚未正式颁发以前，申请人先交纳复垦保证金，保证金数额由管理机关——环境保存局的矿山资源处（Department of Environmental Conservation，Division of Mineral Resources）决定。在确定复垦执行保证金数额时，遵循以下原则：①保证金数额应充分考虑以下几个因素：矿山种类、受影响面积、矿山地质状况、被提议的矿山使用目标和基本的复垦要求、许可证年限、预期的复垦方法和进度以及其他如水文等的标准；②保证金数额基于但不限于申请者估算的复垦成本；③保证金数额应足以保证业主不执行复垦任务时，管理机关对其保证金的罚没能完成复垦任务；④任何许可采矿区域的最低保证金数量为1000美元；⑤保证金数额可以根据采矿计划，开采后土地用途或其他任何可能增加或降低复垦成本的因素的变化而加以调整；⑥闭矿后两年内矿业主应持续提供担保金，其目的是确保复垦的彻底完成和复垦质量达到标准。

美国内政部露天矿矿区复垦管理办公室（OSMRE）是负责煤矿保证金数额计算的国家机关，该机关编辑出版了《复垦保证金数额计算手册》，该手册描述了计算保证金的四个关键性步骤：①决定最大限度地复垦要求；②估算直接复垦成本，应考虑构成物的搬迁和拆除、掘土、再植、其他复垦成本等因素；③估算间接复垦成本，应考虑以下因素：重新设计费用、利润和日常开支（经常管理费用）、合同管理费用等；④计算总的保证金数量。

最常见的保证金缴纳方式是履约保证（Surety Bond）、不可撤销信用证（Irrevocable Letter of Credit）和存款证明（Certification of Deposit）。例如美国法律规定新矿场的企业必须依法购买一家公司的债券担保或者银行不可撤销信用证，一旦矿场破产，这家债券公司必须承担清理环境的费用。保证金的受益人为州政府，担保机构不能擅自取消保证金的担保，除非在30天之前通知州相关的管理部门。

案例三：德国矿产资源开发生态补偿

德国和美国的做法相似。对于立法前的历史遗留的生态破坏问题，由政府负责治理。但不同的是，美国以基金的方式筹集资金，而德国主要是通过州际之间的横向转移支付筹集资金。德国针对历史遗留的矿区环境问题，建立矿山复垦公司专门从事矿山恢复工作，复垦所需要的资金全部来自横向转移支付。横向转移支付基金由两种资金组成：扣除了划归各州的销售税的25%后，余下的75%按各州居民人数直接分配给各州；财政较富裕的州按照统一标准计算拨给穷州的补助金。

对于新开发的矿区，根据德国联邦矿山法的规定，必须对矿区复垦提供具体措施作为审批的先决条件；必须预留复垦专项资金，一般按企业年利润的3%留取；必须对矿山占用的森林、草地实施等面积的异地补偿。开发和复垦过程中都有严格的环境标准和质量要求。

第十章 水能开发利用生态补偿

第一节 水能开发利用损益关系分析

水能开发利用对生态环境的影响，主要体现在淹没以及对河道水体的流量、流速、水位、水温、水质等水文要素和情势的影响，进而对水生态依存基础及水生物资源的影响。不同类型水能开发工程对生态环境的影响，体现出不同的特点。

一、水能开发利用的生态影响

不同的水能开发方式，对生态环境影响具有不同的特点，主要包括以下两类。

①筑坝式水能开发的生态影响

大坝建设的淹没、阻隔、径流过程的变化导致河流生态系统破碎化，对水生生态系统形成了重要影响。主要表现为：a. 淹没影响。大坝施工建设，大面积破坏库区植被环境，淹没耕地，改变自然景观，造成水土严重流失；水库蓄水后会引起水库周边地下水位升高，导致土地盐碱化等；b. 建设施工影响。水库建设可能引起库区崩塌、滑坡和泥石流，直接影响区域的地质稳定性，损害了自然系统控制侵蚀的功能；施工生活污水排放和生活垃圾，随地表径流流入江中，造成水质污染；c. 调度运营影响。建坝蓄水改变了丰、平、枯水期的天然径流时空差异和流动性，易造成重金属污染、水库富营养化等水体自然水质净化能力下降的现象；水库蓄水后水温结构发生变化，对下游农作物产生冷侵害，使鱼类产卵期延迟；筑坝改变天然径流和水文条件，导致适应性脆弱的生物物种退化或消亡，大坝阻隔作用使生境片段化，影响水生生物迁移交流，导致种群遗传多样性下降，阻隔了洄游性鱼类的洄游通道，导致一些鱼类产卵场的消失；水库调蓄改变了天然河流的年径流分配和泥沙的时空分布，汛期洪峰削减，枯季流量增大，大量泥沙在库区淤积，减少水库的库容；大坝建设主要对上游地区因水库壅水影响供给功能的下降，工程建设对坝区和下游地区供给功能的影响等。

工程规模的大小、位置不同，影响的空间也不同，一些大型工程可能对全流域生态系统形成影响，导致下游河岸的侵蚀和海水入侵、河口地区营养物质的来源减少、海岸后退等问题。对调节性能好的水电站，其库水位变幅较大，低水位时减少了利用水头，有时会影响通航。

②引水式水能开发的生态影响

利用天然河道落差，由引水系统裁弯取直集中发电水头来发电，造成原河道坝址与水电厂址间河段水量减少，甚至断流，形成减水河段或脱水河段，破坏动植物自然生境，造成栖息地缩减以及该河段水体供给功能、支持功能、文化功能和调节功能的下降。若引水不回退原有水系，将严重干扰下游河道的自然径流和水文情势，对调出区流域自然水体的所有生态服务功能产生较大影响。

二、水能开发利用生态损益及补偿关系分析

水能资源开发利用受益方包括：①水能资源开发者；②综合开发利用受益群体。综合开发利用受益群体包括受电地区的电力用户、受水地区的用水户、灌溉农户防洪受益区、航运受益部门与旅游受益部门。

水能资源开发利用受损方包括：①水能资源开发地区的地方政府和居民，涉及上游淹没库区，受当时工程建设影响的近坝区，生产生活用水与水生态环境方面受影响的下游地区；②政府，水能资源开发造成的公共污染和水环境破坏所引起的生态损失，由代表公众利益的国家承担。

水能资源开发的生态补偿主体包括：①水能资源开发者；②由水能资源开发获得直接或间接的受益群体。

水能资源开发的生态补偿对象即为水能资源开发利用的受损方，包括：①水能资源开发导致利益受损的地方政府与居民；②流域管理机构或组织，承担长期的生态保护和修复的责任，提供公共利益。

第二节 水能开发利用生态补偿框架

一、补偿主体与补偿对象

水能资源开发利用，改变了自然水域的时空规律，产生了较大的负外部性，生态补偿主要应集中于对水生态系统扰动的负外部性进行生态补偿，即主要由水资源开发者和受益者对受损区的利益相关者以及公共利益代表的政府进行补偿。因此，水能资源开发利用生态补偿的补偿主体为水能资源开发利用的受益方，包括水能资源开发者和综合开发利用受益群体。综合开发利用受益群体包括受电地区的电力用户、受水地区的用水户、防洪、航运、旅游、灌溉、养殖等受益群体。水能资源开发利用生态补偿的补偿对象为水能资源开发利用受损方，包括水能资源开发地区居民、企业、团体，以及由于水能资源开发使水生态环境受影响，需要采取保护、修复、治理措施地区的居民、群体和地方政府。

二、补偿内容

按受损的生态系统服务功能划分，生态补偿的内容主要包括：①对支持功能影响的补偿，包括工程建设和大坝阻隔引发的地表水生态系统所有支持服务功能的影响损失，如水土流失、生物多样性降低、冲沙防淤和营养物质等输送能力减弱；②对调节功能影响的补偿，包括工程建设和大坝阻隔引发的稀释净化能力下降，库区与下游地区水质污染损失的补偿；③对文化功能影响补偿，如淹没区景观效应的消失、植被破坏等；④对供给功能影响的补偿，主要对上游地区因水库壅水影响供给功能的下降，工程建设对坝区和下游地区供给功能的影响等。①

三、补偿方式

完善的水能资源开发生态补偿机制不是孤立存在的，而是由一系列机构和组织构成，形成强大的组织体系——水能资源生态补偿机制的补偿流通网络，

---

① 江中文. 南水北调中线工程汉江流域水源保护区生态补偿标准与机制研究［D］. 西安：西安建筑科技大学，2008.
贺志丽. 南水北调西线工程生态补偿机制研究［D］. 成都：西南交通大学，2008.

以保障生态补偿活动有条不紊地开展。

我国水能资源开发生态补偿具有一定的特殊性，与单纯的生态服务补偿具有一定的区别，需要根据水资源开发的不同阶段，选择合理可行的补偿模式。

对于建设区域来说，最需要补偿的阶段也是建设初期阶段。① 因此，在水能资源开发的效益发挥之前的阶段，应以政府主导的补偿模式为主，同时积极引导预期受益区域和建设区域达成协议，通过先期投资等方式进行补偿。效益发挥后，可以以准市场补偿模式为主，通过国家引导，建立相应的法规和技术准则，引导受益区域与建设区域达成生态服务补偿，同时积极培育生态服务的交易市场，并且积极鼓励市场化补偿模式的发展。随着生态服务价值的进一步认识和逐步纳入市场化，市场化模式将是实现对生态建设区域补偿的主要模式，可通过生态融资、生态建设风险投资等多种灵活的方式，解决生态建设初期的补偿及生态效益发挥后的补偿问题。②

对于经济发达区域生态建设的补偿可主要由省级区域政府内部协调解决，欠发达中西部地区的生态建设补偿可主要通过外部受益区域和国家补偿为主，根据不同区域采取的不同政策措施。同时建设区域要采取积极的内部补偿措施，如可以通过发展多种经营、发展生态旅游业等多种方式提高生态建设的经济效益，降低对外部区域的依赖度。水能资源开发不同阶段适宜的生态补偿模式详见表 10-1。

表 10-1　不同阶段水能资源开发生态补偿适宜模式

生态补偿模式	优点	缺点	适用范围
政府主导模式	①补偿实施具有命令控制性，便于统筹规划 ②政府主导的补偿模式效率高，比较容易实施 ③政府补偿模式具有体系化、层次化和组织化的特点 ④政府生态补偿方式较多，适用范围较广	①补偿资金来源单一、资金管理不到位、资金使用效率低下 ②政府决策具有有限理性，很难以最有效率的方式干预市场、配置环境资源 ③资源定价体系不合理 ④责、权、利具有不对等性	在水能资源开发的效益发挥之前的阶段，以此补偿模式为主

① 高永志，黄北新．对建立跨区域河流污染经济补偿机制的探讨［J］．环境保护，2003（9）：45-47.

② 高季章．建立生态环境友好的水电建设体系［J］．中国水利，2004（13）：6-9，5.

续表

生态补偿模式	优点	缺点	适用范围
市场化模式	①采用市场机制运作的生态补偿成本较低 ②市场化生态补偿适用范围广 ③决策更民主，效果较明显	①市场贸易支付刚刚起步，私有资金注入较少 ②协商交易只是零星、分散的存在，开放式贸易不存在，整体上自由贸易市场尚未形成	随着生态服务价值的进一步认识和逐步纳入市场化，宜以市场化模式为主
准市场模式	①准市场模式建立在自愿协议的基础上，较能体现公平 ②该模式可以弥补单纯政府或市场补偿的不足，具有灵活性	①对受益区域不易区分的生态建设的补偿问题较难操作 ②较易受区域财政能力、公众环境等因素的制约	在水能资源开发的效益发挥后，可以以准市场补偿模式为主

水能开发利用生态补偿框架体系如图 10-1 所示。

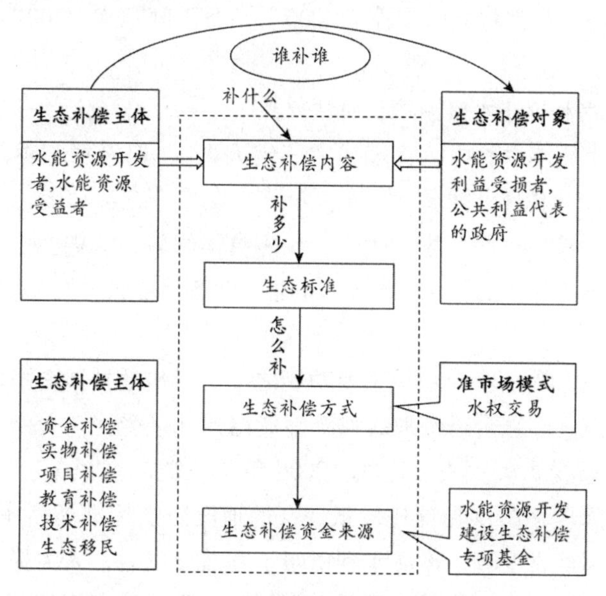

图 10-1 水能开发利用生态补偿框架体系

第三节　水能开发利用生态补偿案例解析

案例一：浙江省温州市珊溪水利枢纽生态补偿实践

1. 补偿背景。

(1) 珊溪水利枢纽工程概况

珊溪水利枢纽工程位于浙江省温州市境内飞云江干流中游河段，介于东经119°47′~120°15′，北纬27°36′~27°50′之间（不包括引水渠道），由珊溪水库和赵山渡引水工程两部分组成，是一个以灌溉和城市供水为主，兼有发电和防洪等综合效益的水利工程。

珊溪水利枢纽工程年可供水量13.4亿立方米，可为温州等城市提供工业和生活用水，使供水区内426万人受益，可满足温州市近期、远期用水要求，可新增和改善灌溉面积100万亩，防洪保护农田17.5万亩，保护人口25万人。可为电网提供调峰电力22万千瓦，可使河网水质由Ⅴ类提高到Ⅲ类。工程还使得下游沿岸村镇防洪标准提高。工程于2000年5月下闸蓄水，2001年年底全部建成运行。

(2) 珊溪水利枢纽水资源物品属性分析

按照温州市珊溪水利枢纽管理局"三定方案"，珊溪水利枢纽工程具有防洪、抗旱、生态、灌溉、供水、发电、养殖、旅游等综合功能，对于减轻自然灾害，稳定社会秩序，服务生活生产，保障身体健康，维护生态平衡，改善人居环境等具有不可替代的作用。珊溪水利枢纽工程具体公共物品如下：

①防洪安全

防洪是珊溪水利枢纽工程最主要功能之一。温州地处浙南沿海，每年遭遇台风影响，台风、超强台风带来的强降雨使温州地区受淹、受涝，人民群众的生命财产安全遭受重大损失。比如，2006年"桑美"台风，造成人员死亡80人。飞云江两岸堤坝防洪标准比较低，有的地段防洪标准还达不到5年一遇，两岸农田、房屋经常受淹。珊溪水利枢纽工程建设以后，大大提高飞云江防洪安全系数，当上游洪水来临时，珊溪水利枢纽工程充分发挥调蓄作用，确保上下游人民群众的生命财产安全。防洪安全是珊溪水利枢纽工程提供的纯公共物品之一。

②生态用水

飞云江流域是一个整体，水生态环境的优劣直接关系到经济社会的发展和人类的生存，生态用水是生态环境维持正常循环的必要保障。保障飞云江生态用水需求，改善生态环境，维护生态平衡，给公众一个清新的、整洁的、自然的、舒适的、安全的生存环境，是珊溪水利枢纽工程提供的纯公共物品之一。

③灌溉用水

珊溪水利枢纽工程按设计可新增和改善灌溉面积100万亩，随着国家取消农业税以后，珊溪水利枢纽工程无偿为下游提供农田灌溉用水。保证灌溉用水供给是珊溪水利枢纽工程提供的纯公共物品之一。

④供水

温州由于水资源时空分布的不均衡性和气候变化（干旱），缺水问题已成为经济社会发展的瓶颈。缓解温州市区、瑞安市、洞头区等地水资源供需矛盾，满足生产生活用水需求，是珊溪水利枢纽工程提供的混合物品。这一物品不是免费使用的，使用者需交纳一定数量的水费。

⑤发电

珊溪水利枢纽工程建有珊溪水力发电厂和赵山渡水力发电厂，可为华东电网提供调峰电力22万千瓦。发电与供水是珊溪水利枢纽工程经营的两大主业，发电与供水一样属混合物品。

⑥养殖

珊溪水利枢纽工程库区水域的使用管理由珊溪水利枢纽管理局负责，珊溪水库面广阔，目前由于体制机制上原因，库区水域养殖尚未完全开发。水库养殖属混合物品。

⑦旅游及航运

珊溪水库水域又名飞云湖，属国家级风景名胜区（百丈漈—飞云湖）重要组成部分，旅游及航运资源有待于进一步开发。库区旅游及航运属混合物品。

根据各类用水的非竞争性和非排他性强弱程度分类排列见图10-2。

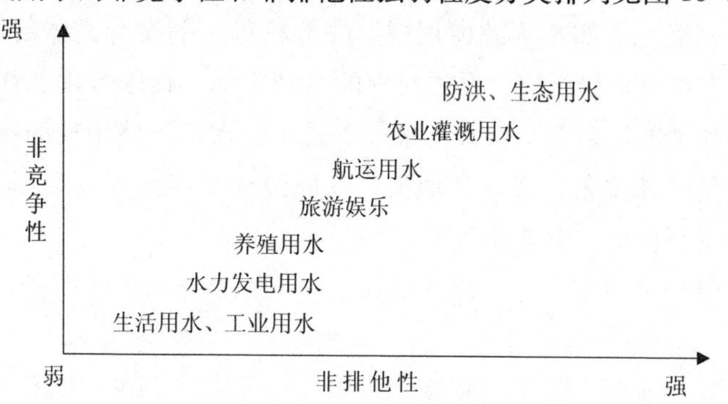

图10-2　珊溪水利枢纽工程各类用水的非竞争性和非排他性的程度

珊溪水利枢纽工程由于公益性比较强，它主要向社会提供安全保障性的公共物品，实施公共安全服务，公共物品供给主体主要是政府。

在工程建设之前，飞云江上游的水资源毫无拦蓄地流入东海，而下游温瑞平原存在水质性缺水，造成水资源极大浪费。工程建成投产后，充分利用水资源，提高了水资源使用效率。

水权即水资源产权，具体分解为水资源所有权、使用权、收益权和转让权，是产权经济理论在水资源配置领域的具体体现。① 前文已经提到，产权具有可分解性、有限性、收益性、排他性和可转让性 5 个基本属性。珊溪水利枢纽原水权同样具有这些属性。但由于这一水资源客体具有独特的自然属性和经济属性，使得这部分水权的这 5 个基本属性在具体内容上与一般意义相比存在不同。

水权不明晰是我国现行水权制度存在的最大问题，制约了水资源配置效率的提高。珊溪水利枢纽水源权属存在不明晰现象：

①所有权主体及其权利界限不明晰

按照《中华人民共和国水法》（2002 年修订）规定“水资源属国家所有。水资源的所有权由国务院代表国家行使”，水资源所有权的主体是国家，并由国务院作为国家所有权的代表。但我国由中央政府集中行使水权并不现实，因而在实际水资源开发利用过程中，地方政府和流域组织成了事实上的水权所有者，这是法定所有权主体与事实所有权主体存在的不一致。珊溪水利枢纽水源地处飞云江文成县段、泰顺县段、瑞安市段，这一水资源产权归属文成县、泰顺县、瑞安市政府共有，还是归温州市人民政府所有，从法律角度看尚不明确。而事实上，温州市人民政府在行使水资源产权，文成县、泰顺县等政府及当地居民意见很大。

②使用权等其他项水权不明晰

在我国目前的法律中，水权的概念和内涵是不完整的，除水资源所有权外的其他项水权概念，如水资源使用权、收益权等，都没有具体的体现和界定。也就是说，在水资源使用权、收益权等的权利主体、权限范围、获取条件等方面缺乏可操作性的法律条文。共有水权形式下，水资源使用权的模糊使得水权排他性和行使效率降低，造成各地区、各部门在水资源开发利用方面的冲突，也不利于水资源保护和可持续利用。

2. 补偿主体和补偿对象。珊溪水利枢纽工程是温州市政府通过行政命令方

---

① 白雪华. 完善我国矿山环境补偿机制思路探讨［J］. 中国国土资源经济，2008（4）：21-23，47.

式配置飞云江水资源，从飞云江文成段、泰顺段、瑞安段取水提供源水供给下游、受益区瑞安市、温州市区（鹿城区、欧海区、龙湾区）、洞头区等县（市、区）自来水公司（厂），经自来水公司（厂）进行水处理后使用。因此，补偿主体为受益区居民，包括瑞安市、温州市区（鹿城区、欧海区、龙湾区）、洞头区等，补偿对象为水源区居民，包括飞云江文成段、泰顺段、瑞安段。

3. 补偿标准和补偿方式。2002 年 5 月浙江省人民政府批复，2006 年 5 月温州市人民政府批准成立珊溪水利枢纽管理局，其主要职责是依法管理保护珊溪水利枢纽工程，保障温州人民饮用水源安全。有关部门通过开展水源地污染源调查，加快推进库区治污重点工程建设，打击水事违法行为、组织水源保护宣传等活动，积极采取措施做好库区水源保护工作。主要工作是：修编制订《珊溪水利枢纽水源保护规划》，使枢纽水源保护工作有规划可依；实施水文监测，全面掌握水质状况：打捞漂浮物，做好水库库面保洁工作；加强污水处理设施建设，改善库区水环境；加强畜禽养殖污染的整治；抓好宣传工作，促进水源保护等。

①政府规制

事实上，科斯定理中零交易成本的假设是不可能存在的，当事人进行谈判、协商和搜集对方信息都是有成本的，交易成本的存在就使得政府规制或者法律制度在界定初始产权的降低交易成本方面具有潜在的作用。同样，政府在保护和保证产权的自由交易也具有相对优势，可以降低市场中产权交易成本。考虑到界定产权也有相当的成本，尤其是对具有非排他性的公共资源，包括水资源、海洋渔业资源等，界定清晰的产权几乎是不可能的，在这种状态下，政府对这些资源具有必然的责任。一个可能的方案是，政府对公共资源中既具有非排他性，又具有外部性的部分资源实行管制，即实行国有产权，政府直接管理。

由于水资源独特的经济属性决定了水权的行使要在很大程度上受到政府的管理和制度的约束。飞云江水资源在人们生活和社会经济发展、维持生态系统完整性和物种多样性中起着其他自然资源无法替代的作用，水资源的开发利用具有很大的公益性，且影响十分广泛，这些都决定了水权的行使要受到政府的严格管理和制约。

珊溪水利枢纽管理局成立以来，代表温州市人民政府在水源保护方面做了大量工作，取得了较好的成绩（前面已作阐述）。但是与发挥珊溪水利枢纽原水的最大效率还存在一定的距离，一是表现在公共物品提供能力不强，比如，库区水域养殖、旅游资源尚待开发；二是制度安排机制建设工作薄弱；三是协调库区周边关系力度不够。因此，必须加强政府规制力度，建立水资源保护机制。

②水资源费征收

由于流域水资源保护存在外部效应，需采取征收税（费）对外部效应进行矫正。征收水资源费是水资源管理中普遍采用的经济手段。水资源费是指由于取水行为的发生而征收的费用，它是水资源国家所有的经济体现。水资源的开发利用需要开展大量的基础性和前期工作，如江河源头、水源地的保护，水污染治理和水资源管理，水文和水质监测、规划以及宣传等。对于这些前期费用应得到合适的分摊，而水资源费正是这样一种形式，可以补偿水资源管理保护活动的开支。从资源配置效率来分析，征收水资源费可以抑制水资源浪费和低效配置，促进水资源的高效利用和节约用水。

珊溪水利枢纽工程范围内水资源费征收的项目包括珊溪水力发电厂和赵山渡水力发电厂生产发电，征收标准为0.01元/度；赵山渡引供水按0.08元/吨征收以及直接从水库取水行为（家庭生活和零星散养、圈养畜禽饮水等少量取水除外）。截至2012年，生产发电已开征水资源费，供水尚未征收水资源费，水资源费征收工作潜力巨大，以2007年供水量2亿吨计，年应收水资源费为1600万元。

③水费计收

水费即水利工程供水价格，是指供水经营者通过拦、蓄、引、提等水利工程设施销售给用户的天然水价格。水利工程供水价格由供水生产成本、费用、利润和税金构成。

珊溪水利枢纽工程设计规模是解决温州平原城镇426万人的吃水难问题。然而该工程投产后，社会效益和经济效益潜力尚未完全开发释放出来。一是供水规模偏小。珊溪水利枢纽工程设计年供水规模为7.3亿立方米，而实际供水仅为1.7亿立方米（2006年），占设计规模的17%；二是水价偏低。根据工程可行性报告和亚行的评估，源水价为1.096元/吨，物价部门实际核定的源水价格为0.45元/吨，其中含水源保护费0.05元/吨。适当提高珊溪水利枢纽的源水价格，从而相应提高水源保护费额度，是库区污染源治理需要。珊溪工程建成后，由于各种因素，水源污染治理项目资金缺口较大。要保护好温州人民唯一的大型饮用水源，水源地污染源整治的任务相当繁重，目前库区污染整治工作已经启动，经有关部门测算整个整治经费约需2亿多元，这部分经费需通过多渠道解决，特别在水价中要予以解决一部分。比照浙江省内的类似工程，珊溪水利枢纽的源水价格偏低。珊溪水利枢纽是浙江省目前投资最大的水利项目，总投资38.825亿元。与省内类似供水工程比较，其设计规模、供水能力、运行成本都有共性的功能。宁波白溪水水库，2006年5月开始供水，总投资8.7亿元，其源水价格为0.84元/吨。绍兴汤浦水库原水价格为0.65元/吨（未含水资源费）。由此可见，珊溪水库的源水价格明显偏低。

珊溪水利枢纽水资源保护工作使得合理提高珊溪水利枢纽源水水价成为必要。应根据国家现行政策和法规，按照供水管理“补偿成本，合理收益，优质优价，公平负担”的原则，以国家发改委和水利部第4号令规定的水价测算规定，综合考虑水价的合理构成，体现“水价不能低于成本”的政策，把珊溪水利枢纽的源水价格提高到合理价位。

④转移支付

珊溪水利枢纽工程建成后，如何发挥好工程最大效益，关键在于正确处理好库区当地经济发展与水源地保护、工程安全的关系，实现经济发展和水源保护“双赢”。然而现实是残酷的，一方面水源地保护需投入大量的资金；另一方面，库区当地文成、泰顺、瑞安（2个乡镇）为经济欠发达地区，受益区温州市区、瑞安市（大部分乡镇）为经济发达地区，“经济欠发达地区保护水，经济发达地区喝好水”形成极大反差。因此，矫正水资源保护的外部效应需上级政府财政的转移支付，以补助水源地保护水环境成本。

a. 农业面源污染治理费用

农田使用的农药、化肥在径流作用下流失率较高，化肥中的氮、磷使水体富营养化，农药中的有毒物质对人畜有害，并易在环境中累积，应尽量减少其用量，以控制污染，具体措施有：禁止使用高残留农药，采用低毒低残留农药；提倡使用有机肥，控制化肥使用量，采用科学的种植制度和施肥方法，提高作物对化肥的吸收率，减少流失量。

积极推广生态农业，开展生态防虫、治虫，以减少农药的使用总量。积极推动生态农业的建设，开展生态示范村镇的建设，在继续传统农业精华的基础上，综合运用先进的科学技术和科学的管理手段，建立结构合理、生态优化、高效优质并可持续发展的农业生态系统，控制农业面源污染。

对禽畜养殖废水，如养猪场、养鸡场等的废水，其主要成分为畜禽的粪尿，有机物浓度很高，且易为生物降解，对其治理应着重于综合利用，具体途径有：

能源化：对具有一定规模的养殖场，可兴建沼气池，养殖废水和栏肥经厌氧消化后生产沼气能源；

肥料化：利用禽畜粪尿制取复合肥料，即将禽畜粪尿与无机肥料及活性剂混合成颗粒肥，具有肥效高、易被作物吸收的优点；

生态化：在具有池塘的地方，可采用氧化塘处理禽畜废水并培植水生植物，再喂养鱼类和灌溉水稻田，形成立体生态农业；

零星的禽畜粪尿可用作土壤的调节剂，改良土壤性质。

根据调查，流域内耕地大多为山坡，6°以上耕地占总耕地面积的85%以上，因此控制农田径流污染建议因地制宜采取以下相应措施：

山坡梯田应在其下部保留一定区域种植树木，营造森林，梯田灌溉回归水通过林区排泄，以消耗农田水中的营养物；

对于地势较高的沟谷耕地，宜修建农田排水沟渠，农田尾水引至附近林地通过坡面漫流消耗营养物；

位于干支流两侧地势较低的沟谷水田，可在附近利用洼地修建池塘，蓄存农田径流，一方面用于回灌，另一方面避免农田水直接排入河流，以减少污染物的排放量。

b. 林业治理费用

从珊溪水源涵养角度出发，一级水源保护区、二级水源保护区两岸第一层山坡均应规划为水源涵养林。根据文成、泰顺两县生态公益林规划，1/3 以上的林地将规划为生态公益林。在树种选择上应提倡多种阔叶林，限制经济林木。全面实施天然林保护，切实保护现有植被和水土保持设施。大力改造现有坡耕地，以修建水平梯田为主，结合整治排水系统，对坡度在25°以上的陡坡耕地全面实施退耕还林，流域内仅文成、泰顺两县需退耕还林的面积就达13万亩。封山治理与植树种草相结合，恢复提高植被覆盖度。

c. 水利治理费用

加强对开发建设项目活动的监督管理，预防人为活动造成新的水土流失，并及时对开发建设项目活动造成的水土流失予以治理，加快小流域治理步伐。

d. 工业限制发展及污染治理费用

合理布局，正确引导产业方向。对于库区及上游的制鞋业、资源加工业和建材业，这三大行业均易造成较严重的环境污染，因此在发展这三大行业时必须注意：①完成基础设施。配套废水处理设施，执行达标排放和总量控制的要求；②建设工业园区。不能遍地开花发展工业，使污染控制无法落实，应建立工业园区以实现有效地环境管理和污染控制。城镇需对工业发展提出设想，规划工业小区，工业企业应集中布置，并配套污水治理设施。③易地发展。利用已有开发区配套的基础设施和良好的交通条件发展工业项目，避免在本水源保护区发展工业企业造成的环境污染。严禁新的污染企业进入库区，培养和发展循环经济，大力推行企业清洁生产审计和ISO14000 环境管理体系认证。

e. 交通治理费用

根据《建设项目环境保护管理规定》，所有交通工程均需开展环境影响评价，在建设和运行中切实做好环境保护工作，避免对水体水质造成不利影响。根据《中华人民共和国水土保持法》，公路项目在环评前需编制水土保持方案，并在项目施工中做好水土流失防治工作。加强运输管理，对有毒有害物品的运输实行登记制，并制定事故应急措施，不允许过境运输有毒有害物品。在赵山渡水库北岸 57 省道，经过供水渠首附近，一旦发生交通事故，极可能对供水水质造成污染，建议采取补救措施，在赵山渡坝址以上飞云江段公路外侧修建防护墙，在上下游端设立水源保护区警告牌，并会同交通运输部门确定车速限制要求。珊溪库区三个港埠及其运输船舶均应配套建设污水处理设施和垃圾收集系统，不允许运输油类、煤炭、化肥、农药等有毒有害物质。提倡船舶污染物（包括生产垃圾、洗舱水、燃油等）零排放。港监、船检应把好船舶设施的检验关，定期对防污设施完好情况进行检查，设立船舶排污监测中心、监测站，以加强对船舶营运现场排污的监控，为环保执法监督提供依据。

f. 生活垃圾治理费用

合理规划，防止生活污染。未来 10~20 年，流域内将加快城市步伐，大量散居的居民将向城镇和中心村迁移。因此在城市化进程中，必须对城镇和中心村加强规划和基础设施建设，提高供水保证率，完善排水系统和垃圾收集系统，对生活污水和生活垃圾集中处理。

案例二：福建省建瓯市北津水电站生态补偿实践

1. 补偿背景。福建省建瓯市北津水电站位于闽江上游建溪支流西溪河段，为低水头河床式中型水电工程，是建溪干流梯级电站之一。水库总库容 9446 万立方米，装机总容量 50 兆瓦。

北津水电站建设和运营对水生态系统服务功能的正面影响，主要有发电、调洪、航运、旅游、供水、灌溉、养殖、减排等；降低生态系统服务功能的负面影响，主要有土地淹没、环境植被破坏、水土流失、生物多样性改变、泥沙淤积、自净能力下降、工程建设对生态系统的占用以及河流造陆功能的损失等。

2. 补偿主体与补偿对象。根据对电站开发活动进行的损益分析，开发活动的受益方北津电站为生态补偿主体；受电站建设造成生态环境负面影响区域内的居民、企业和社会群体为生态补偿对象。

3. 补偿标准。采用恢复费用法估算电站建设对水生态系统服务功能负面影响的价值量，结果如下：

（1）泥沙淤积损失：可用恢复费用法计量泥沙淤积造成的价值损失。

泥沙淤积损失 = 泥沙清除费用×淤积量×泥沙干容重

按泥沙清除费 5 元/吨；悬移质泥沙干容重 1.5 克/吨；泥沙淤积量为平均

水土流失量 168.96 吨/平方千米的 10%取值计算，泥沙淤积的损失约 123 万元。

（2）水体净化损失：水体对污染物稀释、扩散、迁移和降解能力下降，影响水体自净功能。假定由污水处理工程处理这部分污水，水质净化功能的价值损失用污水处理成本来表示。

水质净化的价值损失=污水处理成本×净化能力下降而减少的污水处理量

按污水厂处理成本 0.6 元/吨；净化能力下降而减少的处理污水量为水库总库容的 1%取值计算，水体净化的价值损失约 57 万元。

（3）水土流失损失：以水土保持植被恢复所需费用计算水土流失造成的损失。

水土流失价值损失=治理水土流失的费用×新增水土流失面积

按治理单位水土流失面积费用 2.5 万元/公顷；项目建设用地 822.8 公顷，按 10%为新增的水土流失面积取值计算。水土流失的价值损失约 206 万元。

（4）生物多样性损失：用恢复生物多样性功能所需费用计算。

生物多样性价值损失=恢复单位面积生物多样性的费用×生态系统的面积。

按恢复单位面积生物多样性费用 2203.3 元/公顷/年；影响面积 822.8 公顷计算。生物多样性价值损失约 181 万元。

（5）造陆功能损失：用恢复河流下游湿地所需费用估算。

造陆功能价值损失=恢复单位面积河流下游湿地所需费用×下游湿地面积

按恢复下游湿地所需费用 5 元/平方米；河流下游湿地的变化量取水库泥沙淤积量。造陆功能价值损失 123 万元。

4. 补偿方式。为了减少电站建设给区域生态环境造成的损失，北津电站采取了包括货币补偿、项目补偿、缴纳费用等相应的生态补偿措施。

（1）长期货币补偿。为补偿淹没徐墩镇叶坊水轮泵站的生态损失，水电站不仅投资建设了四座电灌站，拓宽和修缮原有水渠，较大程度地提高了原水轮泵站灌区 7000 亩农地的灌溉水平。还以货币补偿的方式每年向徐墩镇政府支付补偿金 294 万元；并按照合同每年向库区有关各村委拨付抽水电费、管理费等费用 20 多万元。

（2）缴纳费用。电站按发电量交纳水资源费，2007 年 9 月前 0.002 元/度，2007 年 10 月以后按照 0.008 元/度交纳。水土保持补偿费，对于改变了地形、地貌、植被的，按面积缴纳，1 元/平方米；弃土、弃渣和堆砌物按体积计，1 元/立方米，用于水土保持和恢复治理。

（3）项目补偿。投入资金 3600 多万元，修建耕地防护工程。该工程保护耕地面积达 1788 亩，减少了淹没耕地损失，提高了被保护地块的防洪能力，将其建设成“田成方、路相连、渠相通、涝能排”的标准化农田。

（4）人工放流增殖。水电站会同建瓯市畜牧水产局开展多种形式的宣传活动，加强对渔民的安全教育，并在水库区投放鱼苗6000多尾。

案例三：广西壮族自治区龙滩水电站生态补偿

1. 补偿背景

（1）龙滩水电站及其库区概况

①龙滩水电站概况

龙滩水电站是红水河规划梯级开发的第四级电站，是珠江流域红水河梯级开发的龙头骨干控制性工程，是国家实施西部大开发和“西电东送”战略的标志性工程之一。该工程位于广西壮族自治区天峨县境内，处在红水河上游，下距天峨县城15千米。坝址以上流域面积为98500平方千米，占红水河流域面积的75.3%。电站主要开发任务是发电，兼有防洪、航运等综合利用效益。龙滩水电站由中国大唐集团公司、广西投资集团有限公司和贵州省开发投资公司共同组建的龙滩水电开发有限公司负责建设和管理，三方的股份比例分别为65%，30%和5%。

龙滩水电站是我国目前仅次于长江三峡的巨型水电工程，正常蓄水位按400米设计、375米建设。近期正常蓄水位375米，死水位330米，总库容162.1亿立方米，死库容50.6亿立方米，调节库容111.5亿立方米，水库为年调节。水电站装机容量4200兆瓦，多年平均发电量156.7亿千瓦·时；当正常蓄水位为400米时，死水位340米，总库容272.7亿立方米，死库容67.4亿立方米，调节库容205.3亿立方米，水库为多年调节。水电站装机容量5400兆瓦，多年平均发电量187.1亿千瓦·时。

龙滩水电站勘测设计工作始于20世纪50年代中期。1981年10月，国家计委经审查，通过了《红水河综合利用规划报告》，确认了梯级方案和开发程序；1990年8月，能源部审查并通过了《红水河龙滩水电站初步设计报告》，同意“按正常蓄水位400米设计、375米建设”；1992年4月，经国务院批准，国家计委批复了《红水河龙滩水电站项目建议书》；1993年8月国家计委批复《红水河龙滩水电站利用外资可行性研究报告》；2001年4月，国家计委批复了《龙滩水电站可行性研究补充设计报告》，同意工程分两期建设，前期正常蓄水位375米；2001年7月1日，经国务院批准，龙滩水电站主体工程开工建设；2003年11月6日大江截流；2006年9月30日顺利下闸蓄水；2007年5月21日第一台机组开始发电。

②库区周边经济社会情况

龙滩水电站库区涉及区域包括贵州省和广西壮族自治区的南丹、天峨、乐业、田林、隆林、罗甸、望谟、册亨、贞丰和镇宁10个县，多属少数民族聚居的边远山区，地广人稀，10个县总人口252.91万人，其中农业人口230.74万人，占总人口的91.24%，平均人口密度82.6人/平方千米。少数民族人口占总人口的80%以上，广西5县主要为壮族，贵州5县主要为布依族、苗族。

库区及库区周围土地资源较丰富，10个县土地总面积约306.3万公顷，人均占有土地面积约1.26公顷。耕地面积48.9万公顷，占土地总面积的16%；林地面积164.6万公顷，占土地总面积的53.7%；各类草地面积38.7万公顷，占土地总面积的12.6%。

由于地处边远山区，经济发展缓慢，文化教育等各方面相对落后，当地人民文化水平普遍较低，文盲半文盲占30%以上，属贫困边远民族地区。各县是以农业经济为主的自给自足单一经济，工业基础薄弱，工矿企业数量少、产值低，基本无大型企业，经济以农业为主。农业以种植业为主，其产值约占农业总产值的59.12%，林牧业次之，渔业很少。在种植业中又以水稻生产为主，稻谷是该地区的主要粮食，其他粮食作物有玉米、大豆、红薯、马铃薯等，经济作物主要有棉花、油料、烟叶、甘蔗、蔬菜等，经济果木主要有柑橘、油桐、茶叶、香蕉等。

龙滩水电站库区各县社会经济主要指标统计结果见表10-2。

表 10-2 龙滩水电站移民安置区各县社会经济主要指标统计结果表

项目名称	单位	广西					贵州				
		南丹	天峨	乐业	田林	隆林	罗甸	望谟	册亨	贞丰	镇宁
土地总面积	平方千米	3906.00	3196.00	2614.00	5535.00	3543.00	3015.00	3004.00	2599.00	1509.00	1708.00
其中：耕地面积	公顷	56857.00	17625.00	28263.00	46709.00	66586.00	62343.00	63880.00	42445.00	60427.00	23371.00
总人口	万人	27.20	14.07	15.70	23.78	35.40	31.04	27.50	21.82	34.27	34.00
其中：农业人口	万人	21.10	13.00	13.47	20.38	32.11	27.97	26.21	19.40	32.27	30.61
少数民族人口	万人	3.65	8.40	8.16	17.54	23.50	21.50	22	17.46	16.30	17.98
国内生产总值	万元	170717.00	36260.00	18262.00	72291.00	50801.00	93706.00	57000.00	34295.00	52170.00	88474.00
工业总产值	万元	84326.00	9275.00	3089.00	33241.00	11785.00	90377.00	16981.00	3024.00	52887.00	55980.00
农业总产值	万元	44450.00	27085.00	9820.00	52805.00	27117.00	63918.00	32568.00	38565.00	33679.00	33679.00
粮食总产量	万吨	8.89	6.98	7.79	6.28	7.14	6.67	8.20	6.25	6.97	10.76
农村人均纯收入	元	1787.00	1100.18	1243.00	2297.00	1123.00	1386.00	1340.00	1265.00	1418.00	1358.00

③龙滩库区生态环境现状

a. 地质地貌

龙滩库区多为山区地形，大部分属侵蚀地貌。龙滩库区及库区周围出露的地层，最古老的为上寒武统，见于隆林南面的局部地区，中上志留统及下泥盆统分布在东北隅；中泥盆至二迭系分布最广，占本地区总面积的60%~70%。岩性以沙质岩为主，在少量小型盆地内沉积有第三系红色岩层；第四系多为残坡积和冲击层，多分布在沿河两岸。岩浆岩仅在局部地区有零星出露。

b. 气候

库区及库区周围属亚热带季风气候区，气候温暖，雨量丰沛，干湿季明显，热量充足，四季分明，夏热冬暖；地势高低悬殊，气候垂直变化明显，具有区域小气候和立体气候特征。平均气温在15.0摄氏度~20.7摄氏度之间，平均值为18.2摄氏度；年降水量在1141毫米~1499毫米之间，平均1292毫米，雨季（4月—10月）降雨量占全年的89%，旱季（11月—次年3月）降雨量仅占全年降雨量的11%。

c. 水文、泥沙

红水河径流主要为降水形成，坝址多年平均流量为1610立方米/秒，多年平均径流量508亿立方米，汛期（5—10月）水量占年总量的82.9%，平枯季（11月—次年4月）占年总量的17.1%。红水河泥沙以悬移质为主，主要来源于云贵高原的北盘江。坝址多年平均输沙率为1660千克/秒，多年平均输沙量5240万吨，多年平均输沙模数为532吨/平方千米·年，悬移质沙量多集中在5—10月，占全年输沙量的98.2%。

d. 水质

龙滩水电站建设前，工程控制的流域河道水体已基本不能满足水域功能的要求，龙滩水库所涉及的南、北盘江与红水河干流及其主要支流濛江、曹渡河水体（包括板贵、岩架、平班、巴结、八渡、八茂、平里大桥、罗羊与六排断面）1997—1999年在pH值、非离子氨（或氨氮）、高锰酸盐、挥发酚、总磷、总汞、总锰、总铅、总镉等项目上超标；其中，除非离子氨（45%）、总锰（31%）与pH值（21%）以外，其余项目超标率均较小。

e. 陆生植物

库区及库区周围的植物区系属于泛北极植物区中的中国—喜马拉雅森林植物亚区云贵高原地区。库区及库区周围共有维管束植物1306种。其中，一级保护植物1种，即桫椤科的桫椤；二级保护植物4种，即椴树科的心叶蚬木，山竹子科的金丝李，马尾树科的马尾树和苏木科的格木。区域地带性植被类型为季风常绿阔叶林，但保存完好的原生性天然林已很少，主要见于海拔1000米以上的地方。植被逆向演替规律明显，海拔1000米以下的丘陵山地，大面积为次生落叶阔叶林和灌丛草地，其中栎类林是本区分布最广、面积最大的森林植被。石山地区和河谷地带多为灌丛林。在龙滩水电站施工区一带多为藤刺灌丛，种类组成以八角枫、红背山麻杆、灰毛浆果楝、盐肤木、龙须藤等为主。

f. 陆生动物

库区及库区周围有陆生脊椎动物443种，分属于28目85科。其中鸟类种数最多，达270种，占动物总数的61%，兽类居次。据调查，工程涉及的10个县中珍稀动物种类较多，属国家保护的珍稀野生动物48种，分属于14目18科。其中，Ⅰ级保护动物3种，即蟒、黑颈长尾雉、云豹，Ⅱ级保护动物有猕猴、虎纹蛙、白鹇、褐雉鸦鹃、灰林鸮、鸢、普通鵟、红腹锦鸡、白腹锦鸡、穿山甲、林麝、斑林狸、草鸮、雕鸮、山瑞鳖等45种。

g. 水生生物

库区及库区周围天然河道共有鱼类资源4目41科54属72种。其中，鲤科鱼类最多，共48种，占总数的67%；其次为鳅科，共4种，占总数的6%。由于龙滩水电站下游的大化、岩滩水电站先后建成，龙滩库区河段没有河海洄游性鱼类，也未发现较大规模的鱼类产卵场。库区河段水生维管束植物有20种，分属14科15属，浮游植物共有6门52属，浮游动物有101种，分属于37属。

h. 水土流失

龙滩库区及库区周围的土壤侵蚀类型以水力侵蚀为主，重力侵蚀次之。据调查资料初步分析，本区10个县国土总面积为306.30万公顷，其中土壤侵蚀面积约62.02万公顷（未包括微度侵蚀），占本区国土总面积的20.3%。从土壤侵蚀强度看，以轻度侵蚀为主，但微度侵蚀分布较广；在地区分布上，项目区广西部分的5个县因植被条件较好，土壤侵蚀面积小于贵州部分的5个县，二者的面积分别为9.21万公顷和52.81万公顷。

i. 自然保护区

库区及库区周围原有5个自然保护区，分别是广西天峨县的布柳河水源林自然保护区、穿洞河水源林自然保护区、贵州的册亨县双江南亚热带河谷季雨林自然保护区、望谟县渡邑南亚热带河谷季雨林自然保护区、罗甸县罗羊南亚热带河谷季雨林自然保护区。其中广西布柳河、穿洞河自然保护区为省级自然保护区，贵州3个自然保护区均为县级自然保护区。20世纪90年代末期以来，由于册亨县双江南亚热带河谷季雨林自然保护区因保护因子消失，册亨县已批准撤销了双江自然保护区。2002年，布柳河自然保护区和穿洞河自然保护区已合并为龙滩省级自然保护区。保护区内居民主要为布依族和壮族，文化素质不高，生产生活水平低。保护区交通不便，信息不灵，刀耕火种、乱砍滥伐现象普遍，致使保护区破坏严重。除原布柳河、穿洞河自然保护区设有专门管理机构外，其余没有专门管理机构，保护较差。各自然保护区基本情况见表10-3。

表10-3　龙滩涉及自然保护区基本情况表

保护区名称	天峨龙滩（包括布柳河、穿洞河）	望谟渡邑	罗甸罗羊
位置	广西天峨县西南部	贵州望谟县南部	贵州罗甸县南部
批准单位	广西壮族自治区人民政府	贵州省望谟县人民政府	贵州省罗甸县人民政府
建立时间	2002年	1990年	1990年
面积（公顷）	42848	5464	2722
管理级别	省　级	县　级	县　级
主要保护对象	水源林/猕猴	河谷季雨林/心叶蚬木/贵州苏铁蟒蛇等	河谷季雨林/心叶蚬木/白鹇等
海拔高度（米）	270~1424	297~1032	265~1130.7

（2）龙滩水电站生态影响分析

①水生态环境

a. 对径流的影响

龙滩水库库容大，调节性能较好，如按375米方案建设具有年调节性能，如按400米方案建设则具有多年调节性能。由表10-4可知，建库后枯水期（11月至次年4月）的流量将较建库前普遍提高，多年平均流量和年最小流量提高较大，洪水期流量普遍消减，各月流量更加均化。由表10-5可知，由于龙滩水库的调蓄作用，使得下游95%保证率下的流量平均增幅都在2倍以上。

表10-4　龙滩水电站建库前后下游各月平均径流变化 单位：立方米/秒

径流	1月	2月	3月	4月	5月	6月	7月	8月	9月	10月	11月	12月
建库前	452	293	364	474	1220	2990	3820	3700	2550	1670	1000	614

续表

径流	1月	2月	3月	4月	5月	6月	7月	8月	9月	10月	11月	12月
建库后	947	1015	1104	1397	1952	2256	1883	2424	2411	1738	1194	995

表 10-5　龙滩水电站调蓄前后下游 95%保证率下的径流

单位：立方米/秒

径流	岩滩	大化	百龙滩	乐滩	桥巩
单独运行	296	320	339	337	342
龙滩 400	1050	1100	1200	687	1104
流量增幅	255%	244%	253%	224%	241%

b. 对泥沙的影响

龙滩水库兴建后，泥沙绝大部分被拦截于库内。根据设计报告的有关计算结果，龙滩水库修建后将基本上拦截天峨站以上的来沙量，只有部分粒径等于或小于 0.01 毫米的冲泄质过坝，极大地改变下游的水沙条件。考虑龙滩水库与下游已建的岩滩水库尾水连接，水库下泄流量对下游冲刷的影响较小。

龙滩水库兴建后对水库泥沙淤积的影响较小，考虑天生桥水库拦沙，扣除布柳河容积，并考虑防洪水位，水库淤积年限为 10 年、50 年和 100 年时，水库淤积量分别为 2.74 亿立方米、12.80 亿立方米和 23.56 亿立方米，坝前淤积高程分别为 230.0 米、278.8 米和 298.2 米。

c. 对水质的影响：水库蓄水后，水流减缓，较天然河道水体交换次数减小，水体自净能力将削弱。另外水库淹没后，植物残体以及生活遗留物中磷的释放和土壤养分的溶出，对水质也有一定的影响。根据有关预测，龙滩水电站建成后，水体中有机物指标将符合水质标准要求，但局部水域如贞丰糖厂、桑郎糖厂等周围水域可能会形成一定的污染带。随悬浮物迁移的重金属有毒物质的量将会减少。水库水体发生局部水域尤其是南盘江水域富营养化的可能性极大。表 10-6 是龙滩水电站蓄水前后短期水质监测结果，与预测结论基本一致，但对水质的影响到底如何还需要长期的监测和评估。

表 10-6 龙滩库区河段枯水期水质主要指标监测结果

项目（单位）	2006 年	2007 年	
		坝上	天峨水文站
DO（毫克/升）	9.1	8.3	9.3
BOD_5（毫克/升）	2	2	2
COD_{Mn}（毫克/升）	1.5	2.3	1.6
总磷（毫克/升）	0.018	0.133	0.172
总氮（毫克/升）	0.447	1.7	1.93

d. 对水温的影响

龙滩水库正常蓄水位 375 米和 400 米时均为稳定分层型水库，水温存在明显分层现象，表层年内变化较大，底层基本维持不变，常年处于低温状态。据预测，下泄水温与原天然河道水温相比，降低较大，但与天生桥影响后的水温比较，则差别明显减小；10 月至次年 3 月水温升高，其余月份水温降低（见表 10-7）。

表 10-7 龙潭水库下泄水温预测结果（摄氏度）

项目	1 月	2 月	3 月	4 月	5 月	6 月	7 月	8 月	9 月	10 月	11 月	12 月
天然河道	14.3	15.4	18.3	21.8	23.9	24.8	25.5	25.5	24.9	22.3	19.6	16.1
考虑天生桥	11.3	11.3	12.0	16.0	20.5	23.0	23.6	21.3	20.2	17.8	15.6	12.7
375 方案	14.1	14.3	12.4	12.9	14.9	17.0	19.4	20.2	19.9	19.0	18.0	16.9
400 方案	14.9	13.8	13.9	14.0	14.3	14.8	15.1	16.0	18.0	18.4	17.4	16.3

e. 对鱼类的影响

龙滩水库兴建后，改变了原天然河道滩多水急的水生生态环境，水面增加，流速减少，水库中喜缓流的鱼类数量将大幅增加，而原河道中喜流水生境的盔鲶、岩鲮、卷口鱼等经济鱼类的数量将明显减少。由于下游大化、岩滩水电站已经建成多年，龙滩水电站的建设自身并不存在阻隔河海洄游性鱼类通道的问题，但对青、草、鲢、鳙等半洄游性鱼类有一定的阻隔影响；库区天然河道未发现较大规模的鱼类产卵场，水库蓄水后，库内一些零星分散的喜急流鱼类产卵场将受到一定影响。另外，龙滩水库为下泄水，水温较低，虽然均能满足鱼类摄食所需水温，但水库下泄的低温水基本不能满足珠江水系各种鱼类产卵的要求，对下游鱼类产卵场影响较大。

f. 对其他水生生物的影响

水库形成后，氮、磷及有机养分的增加，预计蓝藻、绿藻有所增加，而硅藻的比例有所下降。新的优势种类是螺旋藻、兰纤维藻、尖头藻等，总体天然河道大幅增长。

水库建成后，水流变缓，透明度增加，将有利于浮游动物的生长，其种群结构也会由现在的河道型过渡到湖泊型。浮游甲壳动物的种类和数量亦将有所增加。底栖动物中一些喜缓流和回水区生活的种类将有所增加，而适应急流生活的种类在蓄水初期数量将有所减少。

水库形成后水面和湿地增加，有利于水生维管束植物的生长，在水库沿岸浅水区和消落区以及大小库湾中挺水植物和漂浮植物的种类和数量将有所增加。

②对局地气候的影响：

龙滩水库兴建后，对库区周围气温、湿度的变化有利，对降水、风、蒸发产生不利影响。形成的水库是个巨大的蓄热体，有利于温度的调节。水库对温度、湿度影响的水平距离不超过离岸 4 千米，垂直高度不超过 750 米。水库库中降水量减少 123~125 毫米，占年降水量的 10%~12%，影响范围 8 千米左右，而以外距离的降水量反而有所增加。由于库区降水量的减少与来水量相比十分微小，因此对水库入流影响甚微。水库兴建后，库区将出现湖陆风，且十月表现最为明显，但湖陆风的强度小于系统影响强度。

③对陆生生态的影响

a. 对陆生植物的影响

龙滩水库建设对陆生植物的影响主要包括三方面：一是淹没影响。龙滩水库正常蓄水位 375 米时淹没土地总面积为 27798.1 公顷，其中耕地 6128 公顷，园地 2113.8 公顷，陡坡地 1406.2 公顷，林地 14024.6 公顷，荒草地 4603.7 公顷，鱼塘 8.77 公顷；受淹没影响的植物种类约 378 种，约占区系全部植物种数的 31%。水库淹没会减少一些植物种类的个体数量，而组成本地区的植物区系种类不会发生变化。受水库淹没影响的珍稀植物有 9 种，但均在淹没线以上有分布，水库淹没不会导致这些珍稀物种在库区周围消失或灭绝；二是移民搬迁、安置的影响。龙滩移民生产开发和村庄建设占用的林地为 1674.32 公顷，仅占安置区林地面积的 0.08%。同时，库区传统的木结构建筑，以薪炭林为主的生活结构对森林植被存在较大的需求压力，据估算，移民安置需木材 1.5 万~2.0 万立方米，如果靠就地砍伐森林，需耗森林面积 95~150 公顷。总体来看，移民安置涉及的土地类型主要是疏灌林地、草地以及部分农田植被等，移民安置用地会造成区域内植被一定数量的减少，但占用的植被类型绝大多数物种为当地常见种，不会对区域内植被的多样性造成影响。并且随着移民安置，不断利用库周闲置荒地发展林地种植，减少的植被面积将会不断得到恢复；三是工程施工活动的影响。施工区范围内植被类型多为藤刺灌丛，工程施工开挖等活动将破坏这些植被，取而代之的为人工植被，即施工区道路和生活区绿化植物。

b. 对陆生动物的影响

龙滩水库库基为山区河道型水库，水库形成后，水位抬高仅增加原河面的宽度。库区基本都不会形成孤岛，基本不存在切断物种流通道和形成生态阻隔障碍的问题。受水库淹没影响较大的陆生动物为河谷溪沟带生境群落类型，该类型中又以两栖、爬行类动物受影响最大，其中珍稀种类如大鲵、蟒蛇等的数量可能减少，并迫使其迁徙到水库末端或沿岸较高的支流及溪沟地段生存，生境被进一步缩小，但就两栖、爬行类的区系组成分析，不会发生明显的变化，仍以现存的种类为主。移民安置活动多集中在 375~450 米，分布于此地带的动物群落多为农田耕作带和森林带生境动物，其中有少数属国家保护的珍稀动物，如猕猴、穿山甲等。移民搬迁、生产开发、基础设施建设等活动将惊扰该区域的陆生动物，影响其在该区域的觅食等活动。另外工程施工活动也可能惊扰部分陆生动物。

c. 对自然保护区的影响

龙滩水库将淹没自然保护区总面积 8654. 5 公顷，占工程涉及的自然保护区总面积的 11. 6%，淹没有林地 2466 公顷，占保护区有林地总面积的 5. 9%。被淹没面积最大的是布柳河自然保护区，其保护站和保护区派出所皆被淹没。被淹没比例最大的是罗羊自然保护区，淹没面积占保护区面积的 21. 1%。其余保护区受淹面积较小（见表 10-8）。

受水库蓄水淹没影响的珍稀植物主要有国家二级保护植物 2 种：植物心叶蚬木、野生荔枝；三级保护植物 6 种：青檀、任木、火麻树、田林细子龙、柔毛油杉、野生龙眼；另外还有贵州苏铁、红毛椿、木棉等地方保护植物。淹没个体数量较大的是心叶蚬木、青檀、木棉等。淹没影响胸径 1 米以上的大古树共有 200 株。

受水库淹没影响的珍稀动物，主要有国家二级保护的猕猴、穿山甲、白鹇等。水库淹没其部分栖息和觅食环境，使食物来源减少，生存环境质量下降，迫使其迁移。据统计，布柳河自然保护区有 48 群猕猴，3500 多只；穿洞河自然保护区有猕猴 10 群，约 1500 只。水库淹没将在一定程度上改变猕猴的部分生存环境。

移民的生产开发对自然保护区有利有弊。有利的一面是将部分移民迁出保护区，有利于保护区的环境恢复，通过移民造林工程可提高森林覆盖率；不利的一面是移民生产开发使草坡、荒山、疏林地减少，并可能引起新的水土流失。

表 10-8　龙滩水电站对自然保护区的影响

项目						双江
淹没土地面积（公顷）						486.8
淹没面积占总面积比例（%）						8.5
淹没有林地面积（公顷）						27
淹没面积占有林地总面积比例（%）						1
受影响珍稀植物	心叶砚木、田林细子龙、青檀	心叶砚木、田林细子龙、青檀、贵州苏铁	心叶砚木、田林细子龙、青檀	心叶砚木、任木	心叶砚木、任木、火麻树	
大古树	49 株		23 株	128 株		
受影响珍稀动物	穿山甲、蟒蛇、白鹇	穿山甲、蟒蛇、白鹇	穿山甲、蟒蛇、白鹇	猕猴	猕猴	

d. 对水土流失的影响

龙滩水电站建设对水土流失的影响包括两个方面：一是因工程建设可能造成的水土流失。根据水土流失预测，工程施工期可能造成的水土流失总面积为4641.35 公顷，施工总弃渣量为 5340.59 万立方米，水土流失总量为 443.60 万吨，其中新增水土流失总量为 430.71 万吨。运行期间水土流失量将下降至 2.29 万吨，新增水土流失量将下降至 1.30 万；二是因施工开挖、弃渣和占压等造成水土保持设施破坏，导致水土保持功能的损失。根据水土流失预测，被破坏的水土保持设施总面积为 1975.74 公顷，主要为林地、草地和园地等。

e. 对地质灾害影响

龙滩水电站建设对地质灾害的影响主要包括两方面：一是由于库岸失稳而

造成的崩塌、滑坡等。在全长2138千米的库周岸坡上，发现滑坡、崩塌、倾倒蠕变体等岸坡变形岩体共25处。经预测，水库蓄水后，97.1%的库岸属稳定和基本稳定库岸，稳定性差和较差的库岸段多零星分布在人烟稀少的深山峡谷内。总体而言，龙滩水库库岸总体稳定性较好。二是水库诱发的地震。经研究，龙滩水库蓄水后，发生水库诱发地震的可能性较大，最大发生概率为0.649，水库诱发地震最大的震级为5.5。

根据龙滩水电工程数字遥测地震台网监测，龙滩水电站蓄水以来共监测到地震1076次（见表10-9），最大震级4.6级。从地震记录来看，初震后，震级出现衰减趋势，频率同样降低。另外龙滩水库蓄水约10个月后，册亨县岩架镇板弄村出现了部分房屋墙体、地基开裂和局部边坡变形的现象，目前没有进一步发展。

表10-9　龙滩库区地震统计表

时间	震级与频度					频度合计	M_{max}
	ML<1.0	1.0≤ML<2.0	2.0≤ML<3.0	3.0≤ML<4.0	ML≥4.0		
2006年	46	28	3	0	0	77	3
2007年	648	301	45	3	2	999	4.5
总计	694	329	48	3	2	1076	4.5

f. 龙滩水电站的生态环境效益

对减排温室气体的贡献：龙滩水电工程投运后（400米），与建设同等容量的火电机组相比较，每年可以减少燃料消耗折合标准煤约683.76万吨/年，节约燃料费20.53亿元，相应每年可减少CO_2：1777.78万吨，SO_2：6.84万吨。不仅有效节约了能源，同时还大大减少了广西、广东两省区的二氧化碳、二氧化硫和氮氧化物等大气污染物的排放。

防洪：龙滩水电站是开发治理西江流域的一个重要综合利用枢纽工程，在流域防洪中有着重要的作用。《珠江流域防洪规划》确定龙滩为承担西江中下游地区防洪任务的骨干工程。龙滩水库近期预留50亿立方米防洪库容，对于通常发生在6、7月份的流域型或上中游型洪水，如1949、1968、1976年型洪水，可把梧州站100年一遇洪水削减为50年一遇洪水，50年一遇洪水削减为20年一遇洪水，大大减轻洪水对中下游地区的威胁；对于一般的中下游型洪水，如1994年洪水，也可起到一定的削减洪峰、缓解中下游地区防洪压力的作用。据有关研究论证，按1998年物价水平，如重现1949年洪水，龙滩水库防洪可减少淹没耕地118万亩，减少受灾人口318万人，减少经济效益316亿元；如重现1994年洪水，龙滩水库防洪可减少淹没耕地100万亩，减少受灾人口304万人，减少经济效益259亿元。多年平均防洪效益约10.2亿元，防洪效益非常显著。而且通过水库防洪调度的改进优化，还可使龙滩的防洪作用进一步提高。

改善下游水环境：由前面对径流的影响分析可知，经龙滩水库调节后，下游河道枯水期流量显著增加，有利于改善下游河道及珠江三角洲地区水环境质量。当下游发生突发性水污染事件，可以快速做出反应，向下游紧急供水，减少污染事件的影响范围并缩短影响时间，保障西江下游沿岸及西北江三角洲的饮水安全。

另外，近年来由于西江枯水期下泄流量较小，压咸的径流动力不足，导致咸潮上溯增强，严重威胁到珠江三角洲，特别是澳门、珠海的饮水安全。龙滩水库蓄水运行后，将为下游提供稳定的清洁水源，可以抑制珠江口海水咸潮回溯，有效缓解珠三角"咸潮"。据测算，天然情况下，75%典型年和98%典型年分别有7旬和12旬无法抵制咸潮影响，而如果红水河梯级电站全部投入运行后，咸潮入侵的次数将分别减少到2次—0次、7次—2次（龙滩375米/400米），压咸补淡效益明显。

梯级补偿效益：作为梯级"龙头"，龙滩水电站具有巨大的调蓄作用，在红水河开发中的梯级补偿效益十分显著。龙滩投产后，可使下游梯级岩滩、大化、百龙滩、恶滩、桥巩、大藤峡等电站的总保证出力、年发电量、保证电量等发电指标显著增加（见表10-10），对广西电网与南方电网的安全稳定运行具有极为重要的作用。

表10-10 龙滩水电站的梯级补偿效益

项目	增加下游电站保证出力		增加下游电站年发电量		增加下游电站保证电量	
	增加值	增幅	增加值	增幅	增加值	增幅
375方案	81.3万千瓦	58%	24.3亿千瓦·时	11.4%	71.2亿千瓦·时	58%
400方案	105.5万千瓦	75%	40.4亿千瓦·时	18.9%	92.4亿千瓦·时	75%

2. 龙滩水电站生态补偿基本原则

水能开发生态补偿与其他生态补偿一样，必须遵循"谁开发、谁保护，谁破坏、谁恢复，谁受益、谁补偿，谁污染、谁付费"，责权利相统一、政府引导与市场调控相结合，因地制宜等原则，但是与其他生态补偿相比，水能开发的生态补偿还有其自身的特点，研究中除了要遵循以上几项共性原则外，还应该坚持以下原则。

①流域统筹的原则

水能资源的空间分布、水生态系统和外部影响场等都赋存于流域单位，水能资源开发会对流域上下游、干支流的水文情势及其他用水功能产生重大改变，其生态影响具有流域性，涉及的利益主体也广泛分布于流域的上下游而不是局限于水库和大坝下游局部，水生态的治理和修复也必须从流域层面上统一部署和实施。因此，水能开发生态补偿机制研究中要树立流域统筹的原则，补偿主体、补偿对象、补偿方式等都应着眼于流域全局来分析确定。

②以恢复治理生态环境为主要目的的原则

水能开发生态补偿与水源地补偿、森林生态效益补偿、自然保护区生态补偿等“正外部性”补偿不同，主要是对其生态环境“负外部性”进行补偿，这一点与矿产资源开发生态补偿机制类似。因此，水能开发生态补偿机制建立的目的不是对受损害的资源拥有者支付经济补偿，重要的是要保护和治理生态资源与环境。水能开发生态补偿的目的也不是向一个群体征收费用来支付另一个群体，而是要使人们有意识地合理开发水能资源，保护和治理生态环境。因此，除部分以现款补偿受损害者（如对水库诱发地质灾害造成周边群众财产损失）外，水能开发生态补偿主要以因开发而受到影响的人民群众以及受损环境的行政主管部门为补偿对象，主要以修复治理生态环境达到或者超过原有生态系统生产力为补偿方式。

③分类解决的原则

水能开发的生态影响涉及水、土、动植物、水生生物等众多生态环境要素，涉及流域上下游的不同利益主体，涉及不同的管理部门和机构，其损益关系不是“一对一”“多对一”而是“一对多”。针对不同生态影响，其补偿所涉及补偿主体、补偿对象、补偿方式以及补偿标准都会有所不同。因此，水能开发生态补偿机制的建设应针对不同的生态影响，进行分类研究，在此基础上提出水能开发生态补偿机制的基本框架。

④业主自力补偿与第三方补偿相结合的原则

按照“谁开发、谁保护，谁破坏、谁恢复，谁受益、谁补偿，谁污染、谁付费”的原则，水电站业主应该是生态补偿的主体，有责任对其造成的生态破坏进行治理和修复，但考虑到生态恢复治理具有很强的专业性，业主自身不可能承担生态恢复和治理的所有任务，很多补偿需要通过专业管理部门或机构来完成，因此，水能开发生态补偿应该坚持业主自力补偿与第三方补偿相结合的原则，生态补偿的主体应该包括支付主体和实施主体，其中支付主体是水电站业主，实施主体既可以是水电站业主，也可以是专业管理部门、机构或者其他生态环境建设者。

⑤正负影响兼顾的原则

水能开发往往是一种综合性开发，除带来“负外部性”外，还有很多“正外部性”，比如清洁能源、防洪、灌溉、供水、改善下游水环境、提高梯级水能开发效益等。按照经济规律，受益者也应对水能开发者进行补偿。但对水能开发的“正外部性”的补偿，应区分其中的公共效益和经济效益。对于水能开发带来的公共效益如清洁能源、防洪效益等，应作为水能开发者必须承担的责任和义务，仅通过政策措施予以鼓励，而对于经济效益，如下游梯级补偿效益，则应由受益者对按照受益程度对水能开发者予以经济补偿。

⑥充分考虑已有补偿措施的原则

我国政府高度重视水能开发的生态影响，水法、环境法、森林法、水土保持法、野生植物法、野生动物法、渔业法等很多政策法规都对水能开发中生态环境的保护和治理做出了相应的规定，森林植被恢复费、水土保持设施补偿费、水资源费等都从不同程度上体现了生态补偿的内涵。因此，建立水能开发生态补偿机制的可行和现实路径不是一切推倒重来，而是要在已有补偿措施的基础上进一步补充、完善和提高。

3. 龙滩水电站生态补偿基本框架

①对陆生生态影响的补偿机制

a. 补偿主体和补偿对象

龙滩水电站建设对陆生生态的影响共涉及以下几方面的利益主体。一是龙滩水电开发有限公司。如前所述，龙滩水电站建设过程中，将对动植物及其生存环境产生不同程度的负面影响，特别是由于龙滩库区涉及几个自然保护区，将会影响到部分珍稀动植物的生存与保护。因此，龙滩水电开发有限公司是陆生生态环境的破坏者；二是国家。陆生动植物在内的陆生生态系统具有多方面生态服务功能，其生态服务范围涵盖着包括红水河流域在内的全国人民，国家作为全民的代表，是龙滩水电站陆生生态影响的利益受损者；三是林业主管部门以及相关保护机构。包括广西、贵州省（区）林业厅、龙滩库区10县的林业部门以及广西龙滩自然保护区、广西国有雅长林场等管理部门或机构。这些部门或机构作为国家森林、野生动植物的主管部门和保护单位，既是陆生生态系统的代言人，同时又是陆生生态保护的责任主体。

按照“谁开发、谁保护；谁破坏、谁治理；谁受益、谁投入”的原则，可以确定龙滩水电站对水生态环境影响的补偿主体和补偿对象：龙滩水电开发有限公司作为补偿主体，林业主管部门以及相关保护机构作为补偿对象。

b. 补偿依据，补偿方式与补偿标准

(i) 由林业主管部门征收森林植被恢复费实施植被异地恢复

补偿依据：根据《中华人民共和国森林法》和《中华人民共和国森林法实施条例》，财政部、国家林业和草原局制定了《森林植被恢复费征收使用管理暂行办法》，规定：凡勘查、开采矿藏和修建道路、水利、电力、通信等各项建设工程需要占用、征用或者临时占用林地，经县级以上林业主管部门审核同意或批准的，用地单位应当按照本办法规定向县级以上林业主管部门预缴森林植被恢复费。《大中型水利水电工程建设征地补偿和移民安置条例》规定，依照国务院有关规定缴纳的森林植被恢复费应当列入大中型水利水电工程概算。

补偿方式：由广西壮族自治区林业厅、贵州省林业厅按照有关的权限以及占用、征用本地区林地的面积和类型，向龙滩水电开发有限公司征收森林植被恢复费。森林植被恢复费专款专用，用于林业主管部门组织的植树造林、恢复森林植被，包括调查规划设计、整地、造林、抚育、护林防火、病虫害防治、资源管护等开支。其中，用于异地造林、植被恢复和资源管护支出不得低于植被恢复费收入的80%，植树造林面积不得少于因占用、征用林地而减少的森林植被面积。森林植被恢复费20%由省级林业主管部门安排用于在全省（区）范围内异地植树造林、恢复森林植被；80%通过财政专项转移支付返还被占用或征用林地所在市（地）专项安排用于植树造林、恢复森林植被。

补偿标准：根据《森林植被恢复费征收使用管理暂行办法》，目前森林植被恢复费具体征收标准如下：（一）用材林林地、经济林林地、薪炭林林地、苗圃地，每平方米收取6元。（二）未成林造林地，每平方米收取4元。（三）防护林和特种用途林林地，每平方米收取8元；国家重点防护林和特种用途林林地，每平方米收取10元。（四）疏林地、灌木林地，每平方米收取3元。（五）宜林地、采伐迹地、火烧迹地，每平方米收取2元。如前所述，龙滩水电站建设将淹没林地14024.6公顷，同时，移民安置占地、耗林地1824.326公顷，森林植被恢复费征收综合标准每平方米6元计，估算龙滩水电开发有限公司应缴纳森林植被恢复费约9.5亿元。

(ii) 委托专业管理部门或机构进行珍稀动植物保护

补偿依据：《中华人民共和国野生植物保护条例》第十四条规定，野生植物行政主管部门和有关单位对生长受到威胁的国家重点保护野生植物和地方重点保护野生植物应当采取拯救措施，保护或者恢复其生长环境，必要时应当建立繁育基地、种质资源库或者采取迁地保护措施。《中华人民共和国野生动物保护法》第十三条规定，国家和地方重点保护野生动物受到自然灾害威胁时，当地政府应当及时采取拯救措施。

补偿方式：由龙滩水电开发有限公司委托有关专业机构开展库区珍稀野生动植物及古树资源调查，建立珍稀濒危野生动植物基础资料库，编制《龙滩水电站珍稀野生动植物及古树迁地保护方案》，并与龙滩自然保护区管理处、广西国营雅长林场、罗甸县林业局、望谟县林业局等专业单位签订珍稀植物迁地保护协议，由龙滩水电开发有限公司承担费用，专业部门组织实施对龙滩库区水库淹没区珍稀濒危野生植物及古树的迁地保护工作，将375米水位以下的部分珍稀野生植物及古树迁移至400米水位以上，并挂牌加以保护。对猕猴等珍稀动物栖息地进行封育，在水库淹没初期和移民安置活动中，实施必要的抢救性保护。

补偿标准：根据批准审定的保护方案确定相关费用，主要由征地费用、移植费用、管理保护费用、规划考察和试验费用等组成。按照有关方案，国家审定龙滩珍稀动植物专项保护经费1250万元，其中768.8万元专项用于珍稀野生植物的迁地保护工作，150万元用于以猕猴为主的野生动物栖息地封育，并营造200平方公里的饲料林。同时投入200万元对这些珍稀野生动物实施必要的抢救性保护。到2007年7月，龙滩库区共完成珍稀野生植物迁地保护13866株（丛），绝大部分国家级保护珍稀野生植物得到了迁地保护，取得了良好的保护效果。

②对水土流失影响的补偿机制

a. 补偿主体和补偿对象

龙滩水电站建设对水土流失的影响共涉及以下几方面的利益主体。一是龙滩水电开发有限公司，如前所述，龙滩水电站建设过程中，施工开挖、弃渣临时堆放、施工占地、移民安置等活动都会对土地形成扰动，造成水土流失和占用、损坏水土保持设施，如不采取相应的措施，将会给生态环境带来不利影响。因此，龙滩水电开发有限公司应该是水土资源的破坏者；二是龙滩库区和下游人民，龙滩水电站造成的水土流失将影响库区和下游地区生活、生产和生态条件，龙滩库区和下游人民是水土流失的利益受损者；三是水行政主管部门，作为水土保持工作的主管部门，既是水土资源和水土流失的利益受损者的代言人，同时又是水土流失防治的责任主体；四是龙滩库区和上游地区从事水土保持的单位和个人。水电工程防洪、发电等效益大小，与库区和上游水土流失状况、径流和泥沙量等直接相关，水土保持做好了就可发挥长期稳定的效益，反之工程使用寿命将缩短，效益难以发挥，有的甚至成为病险工程。由此，库区和上游地区从事水土保持的单位和个人和龙滩水电开发有限公司之间具有保护者和受益者的关系。

按照“谁开发、谁保护，谁破坏、谁治理、谁受益、谁投入”的原则，可以确定龙滩水电站对水土流失影响的补偿主体和补偿对象：龙滩水电开发有限公司作为补偿主体，水行政主管部门以及龙滩库区和上游地区从事水土保持的单位和个人作为补偿对象。

b. 补偿依据，补偿方式与补偿标准

(i) 征收水土流失防治保证金，并由龙滩业主对造成的水土流失进行治理

补偿依据：《中华人民共和国水土保持法》第八条规定：从事可能引起水土流失的生产建设活动的单位和个人，必须采取措施保护水土资源，并负责治理因生产建设活动造成的水土流失。《中华人民共和国水土保持法》第二十七条规定：企业事业单位在建设和生产过程中必须采取水土保持措施，对造成的水土流失负责治理。本单位无力治理的，由水行政主管部门治理，治理费用由造成水土流失的企业事业单位负担。《广西壮族自治区水土保持设施补偿费和水土流失防治费征收使用管理办法》第四条规定：任何单位和个人在生产建设、自然资源开发以及城乡开发建设等活动中，造成水土流失的，应当按照水行政主管部门审查同意的水土保持方案进行治理。经水行政主管部门验收合格，不缴纳水土流失防治费。不按照水行政主管部门审查同意的水土保持方案进行治理或因技术等原因不能自行治理的，必须缴纳水土流失防治费，由水行政主管部门组织治理。

补偿方式：目前，水土流失防治费的征收属于事后方式，根据业主水土流失防治情况决定是否征收，因此出现了部分项目业主只求手续完备，但不按批准的方案和要求实施的情况。为了防止业主不履行水土流失防治的义务，确保水土保持方案的落实，建议借鉴矿山环境恢复治理保证金制度，改水土流失防治费为水土流失防治保证金，在编报、审批水土保持方案的同时预先征收保证金，保证金可以由水行政主管部门负责征收，也可以在银行建立企业水土流失防治保证金账户，由水行政主管部门监管使用。保证金在水行政主管部门对水土保持措施验收合格后予以返回。如果业主未能按照水土保持方案履行水土流失防治任务，则由水行政主管部门动用保证金进行水土流失防治。另外，保证金可以按照水土保持方案实施的阶段，按照每年水土流失防治需要的成本采取分期征收的方式，以减轻业主负担。

补偿标准：水土流失防治保证金的征收标准按照水行政主管部门批准的项目水土保持方案预算核定，龙滩水土保持专项投资为14005.41万元。其中，枢纽工程水土保持方案专项投资为5731.07万元；移民安置工程水土保持方案专

项投资为 8274.34 万元。水土流失防治保证金的返回以《水土保持方案》确定的水土保持目标和水行政主管部门验收合格与否为依据。根据《龙滩水土保持方案》的要求，水土保持措施实施后的目标为：扰动土地治理率平均为 95%，水土流失治理程度平均为 93%，土壤流失控制比为 1.2，弃渣拦渣率达到 95%，植被恢复系数为 95%，通过植树造林、撒播草籽，恢复或改善项目区的生态环境，林（草）覆盖率为 19%。

（ii）征收水土保持设施补偿费用于水土保持设施的建设、维修、管护等相关工作

补偿依据：《中华人民共和国水土保持法实施条例》第二十一条第二款规定：任何单位和个人不得破坏或者侵占水土保持设施。企事业单位在建设和生产过程中损坏水土保持设施的，应当给予补偿。从 2001 年开始，财政部、原国家计委将水土保持补偿费纳入“全国性及中央部门和单位行政事业性收费项目目录”。《广西壮族自治区水土保持设施补偿费和水土流失防治费征收使用管理办法》第三条规定：水土保持设施补偿费是指单位和个人在生产建设、自然资源开发以及城乡开发建设等活动中占用、损坏或扰动水土保持设施所必须补偿的费用。除该办法第六条规定外，任何单位和个人在生产建设、自然资源开发以及城乡开发建设等活动中，占用、损坏或扰动水土保持设施，都必须缴纳水土保持设施补偿费。《贵州省水土流失防治费征收管理办法》第三条第三款规定：单位与个人在建设和生产活动中造成水土保持设施、资源损失的，必须缴纳水土保持补偿费。目前，贵州省正在开展《贵州省水土保持设施补偿费、水土流失防治费征收管理办法》修订工作。

补偿方式：由广西壮族自治区水利厅、贵州省水利厅按照有关的权限、本地区水土保持设施损坏面积以及所在地区水土流失状况，向龙滩水电开发有限公司征收水土保持设施补偿费，50%留本级使用，50%返回所涉及的县（市、区）管理使用。水土保持设施补偿费专款专用，任何部门和单位不得截留或挪作他用，征收的水土保持设施补偿费应严格执行预算外资金管理办法，实行财政专户储存和收支两条线制度，专项用于异地治理水土流失，恢复被损坏的同等标准的水土保持设施，以维持水土保持功能在宏观上不因生产建设活动损坏水土保持设施而降低。具体来说，应包括水土保持工程的建设、恢复和维修、管理、养护、水土保持林草种植、水土保持规划和勘测设计、水土保持宣传和人员培训、水土保持科技成果的推广应用、水土保持监测仪器设备、交通、通信工具购置和维修、水土保持实验研究等水土保持相关工作。其中，应该参照森林植被恢复费的方法，规定水土保持设施的建设、维修、管护支出不得低

于 80%。

补偿标准：参照广西壮族自治区和贵州省制定的水土保持设施补偿费办法规定，广西境内的水土保持设施林（草）地补偿单价确定为 0.50 元/平方米，贵州境内的水土保持设施林（草）地补偿单价确定为 1.00 元/平方米，该费用为一次性补偿。根据《龙滩水土保持方案》，龙滩水电站建设过程中破坏的水土保持设施面积为 1975.74 公顷，其中广西壮族自治区 1334.72 公顷，贵州省 876.17 公顷，核定水土保持设施补偿费分别为 667.36 万元和 876.17 万元，共计 1543.53 万元。需要说明的是，当前龙滩水土保持设施补偿费中并未包括水库淹没线以下水土保持设施，建议对水库淹没线以下的库区征收水土保持设施补偿费，并专款专用于用移民安置区的水土保持设施建设。

（iii）从电站收益中提取水土流失防治补偿金用于库区及上游的水土保持

补偿依据：1993 年《国务院关于加强水土保持工作的通知》明确提出，“对已经发挥效益的大中型水利、水电工程要按照库区流域防治任务的需要，每年从收取的水费、电费中提取部分资金，由水库、电站掌握用于本库区及其上游的水土保持，由所在省水行政主管部门负责组织检查验收。”2006 年中央 1 号文件《关于推进社会主义新农村建设的若干意见》中，明确提出要“建立和完善生态补偿机制”“建立和完善水电、采矿等企业的环境恢复治理责任机制，从水电、矿产等资源的开发收益中，安排一定的资金用于企业所在地环境的恢复治理，防治水土流失”。《广西壮族自治区水土保持设施补偿费和水土流失防治费征收使用管理办法》第八条第三款规定：对已经发挥效益的水利、水电工程，按照库区流域防治任务的需要，每年从收取的电费、水费收入中提取 0.5%作为水土流失防治费，由水库、电站掌握用于经自治区水行政主管部门批准的本库区、电站及其上游的水土保持项目。有关水库、电站每年应主动向自治区水行政主管部门报告项目的实施情况，并由自治区水行政主管部门负责组织检查验收。

补偿方式：从龙滩水电站每年度收取的电费总收入中提取一定比例的水土流失防治补偿资金，由龙滩水电开发有限公司专户存储，专门用于龙滩库区及其上游水土保持防护和治理项目建设，不得挪作他用。该项资金用于广西和贵州的比例应根据两省（区）所占龙滩库区和上游面积分摊。龙滩水电站应将设立的专户和每年提取的水土流失防治资金总额以及划分比例书面告知广西、贵州省水行政主管部门。由两省水行政主管部门根据其提取的资金总额，库区和上游的水土流失状况，下达年度防治计划和防治项目，可由龙滩水电开发有限公司负责组织实施，也可委托项目所在地水行政主管部门负责组织实施，也可采取项目招标的方式实施，水土流失防治项目在实施过程中应当接受水行政主管部门的监督。项目完成后，项目实施单位应及时完成竣工总结报告，报请省（区）水行政主管部门进行检查、验收。

补偿标准：当前部分省份出台了从大中型水利、水电工程水费、电费收益中提取水土流失防治资金的相关政策，但是标准均不相同。广东、河北等省制定了从水电站收入中提取的具体比例及资金管理使用办法，从每千瓦时电的销售收入中提取0.01001元~0.01005元（约为上网电价的0.3%），用于库区水土流失防治和植被建设。2005年，重庆市出台的《重庆市已成大中型水利、水电工程水土流失防治经费使用管理办法》规定：从大中型水利、水电工程的管理或经营单位收取的水费、电费总收入中提取1％专项资金，用于本库区及其上游水土保持防护和治理项目建设。《广西壮族自治区水土保持设施补偿费和水土流失防治费征收使用管理办法》第八条第三款规定：对已经发挥效益的水利、水电工程，按照库区流域防治任务的需要，每年从收取的电费、水费收入中提取0.5%作为水土流失防治费，由水库、电站掌握用于经自治区水行政主管部门批准的本库区、电站及其上游的水土保持项目。综合参照以上相关标准和水电站承受能力，建议龙滩水土流失防治补偿费仍取0.5%~1%为宜，按照该标准，龙滩水电站按照375方案建成时，年均上网电量将达到156.7亿千瓦·时，按照有关部门核定的龙滩上网电价0.307元/千瓦·时计算，每年收取的电费将达到48.1亿元，计算可得年均提取水土流失防治补偿费2405万~4810万元。

③对水生生态影响的补偿机制

a. 补偿主体和补偿对象

龙滩水电站建设对水土流失的影响共涉及以下几方面的利益主体。一是龙滩水电开发有限公司。水能是水资源不可分割的重要组成部分，它与水资源的其他功能紧密相连。水能开发虽然本身不会减少水量，也不排放污染物，但水能开发将改变河流的水文情势，间接地影响到其他水资源利用活动、水体的自净能力、水生生物的生存环境。同时，水能以水为载体，不能离开水体而独立存在，是水量和水位差的函数。因此，水能开发者不仅是水生生态环境的开发者，又是水资源管理、节约和保护的受益者；二是水行政主管部门。我国《水法》规定，水资源属于国家所有，水资源的所有权由国务院代表国家行使，国务院水行政主管部门负责全国水资源的统一管理和监督工作。国务院水行政主管部门在国家确定的重要江河、湖泊设立的流域管理机构，在所管辖的范围内行使法律、行政法规规定的和国务院水行政主管部门授予的水资源管理和监督职责。另外，为了有利于开发利用、节约和保护水资源，水资源所有者需对其所拥有的资源进行大量的水资源基础性及前期工作，包括水资源的科学研究、调查评价、规划、水质监测以及水资源节约、保护、管理等工作。因此，水行政主管部门，既是水资源所有权的具体行使者，也是水资源保护者和水生态环境的代言人。三是其他水资源开发利用者，包括灌溉、供水、水力发电、航运、渔业等。龙滩水电站不属于引水式发电，不会造成河流断流减水等问题。实地调查发现，红水河流域航运、渔业捕捞等行业已经逐年萎缩，现存规模很小，而且由于水库的蓄丰调枯作用，总体而言，龙滩水能开发对水资源开发利用是有益的，因此在补偿设计中暂不将其他水资源开发利用者作为补偿对象。

按照“谁开发、谁保护，谁破坏、谁治理，谁受益、谁投入”的原则，可以确定龙滩水电站对水生态环境影响的补偿主体和补偿对象：龙滩水电开发有限公司作为补偿主体，水行政主管部门作为补偿对象。

b. 补偿依据、补偿方式与标准

(i) 征收水资源费用于水资源管理、节约和保护

补偿依据：《取水许可和水资源费征收管理条例》第二十八条规定：取水单位或者个人应当缴纳水资源费。第三十二条第二款规定：水力发电用水和火力发电贯流式冷却用水可以根据取水口所在地水资源费征收标准和实际发电量确定缴纳数额。第三十六条规定：征收的水资源费应当全额纳入财政预算，由财政部门按照批准的部门财政预算统筹安排，主要用于水资源的节约、保护和管理，也可以用于水资源的合理开发。广西实施《取水许可和水资源费征收管理条例》和《贵州省取水许可和水资源费征收管理办法》也对水资源费的征收做出了明确的规定。从水资源费用途来看，水资源费具有生态补偿费的性质。

补偿方式：龙滩水电站属于跨省、自治区、直辖市的水利工程，取水许可由流域管理机构审批，水资源费由龙滩水电站大坝所在地（即取水口所在地）——广西壮族自治区水行政主管部门代为征收。征收的水资源费除了留存必要的成本之外（建议不超过5%），其余都应上缴中央，由中央根据中央与地方分配比例和两省（区）的分配比例分别返回到广西和贵州。两省（区）的分配比例可依照水能比例进行确定。水资源费主要用于水资源的节约、保护和管理，并应该明确用于水资源节约、保护和管理的比例不应低于80%。中央分配的水资源费，与从其他水电站征收水资源费以及其他来源的资金一起，整合建立流域水资源保护基金，主要用于从全流域的角度实施水资源的保护、涵养以及水生态补偿。

补偿标准：按照《取水许可和水资源费征收管理条例》第三款规定：流域管理机构审批取水的中央直属和跨省、自治区、直辖市水利工程的水资源费征

收标准，由国务院价格主管部门会同国务院财政部门、水行政主管部门制定。但是目前相关标准尚未制定出台。目前，贵州省对大型水电企业水资源费征收标准为0.01元/千瓦·时，广西原来对大型水电企业水资源费征收标准0.003元/千瓦·时，广西实施《取水许可和水资源费征收管理条例》办法后，原来的《广西壮族自治区水资源费征收使用管理暂行办法》已经废止，新的标准尚未出台。如果按照贵州省目前标准征收，龙滩水电站每年应该缴纳水资源费约1.567亿元。需要指出的是，即使按照0.01元/千瓦·时标准征收，水资源费征收标准依然偏低，不仅不能反映水资源自身价值，更没有考虑水环境损害成本和水资源保护补偿，因此迫切需要提高水资源费的征收标准，并明确水资源费用于水资源节约和保护等生态补偿的比例。

（ii）实施生态调度，保障生态环境需水

补偿依据：《水法》第二十一条规定：开发、利用水资源，应当首先满足城乡居民生活用水，并兼顾农业、工业、生态环境用水以及航运等需要。第三十条规定：县级以上人民政府水行政主管部门、流域管理机构以及其他有关部门在制定水资源开发、利用规划和调度水资源时，应当注意维持江河的合理流量和湖泊、水库以及地下水的合理水位，维护水体的自然净化能力。第四十六条规定，县级以上地方人民政府水行政主管部门或者流域管理机构应当根据批准的水量分配方案和年度预测来水量，制定年度水量分配方案和调度计划，实施水量统一调度。目前，我国的水库调度主要是围绕防洪、发电、灌溉、供水、航运等综合利用效益所进行的，生态调度还没有作为一项正式制度予以确立，导致目前一些大型水电站在进行调峰调度运行时往往只重视发电效益，忽视了上下游生态保护的要求，不仅影响到河流下游的生态环境，而且经常引发库区局部缓流区域或支流回水区水体富营养化，甚至“水华”现象的发生。另外，还缺乏从流域整体对水资源的统一调度与管理。如果流域各梯级同步蓄水、放水，下游河道水量大幅减少或增加，将对流域生态与环境产生较严重的影响。

补偿方式：由珠江水利委员会同广西、贵州省（区）人民政府水行政主管部门以及龙滩水电开发有限公司，从全流域的角度，根据预测来水量、水库蓄水量、生态环境需水量以及自然水文周期、流域水环境保护和治污、水电站发电计划等，制订龙滩水电站水量调度计划，作为龙滩水电站运行的依据。其中，珠江水利委员会负责组织实施水量调度，下达月、旬水量调度方案及实时调度指令，龙滩水电开发有限公司具体负责实施所辖水库的水量调度，并按照水量调度指令做好发电计划的安排，水电站因此造成的发电效益损失作为其生态补偿的一部分。龙滩水电站的生态调度应该重点考虑两个因素，一个是水库低温水的影响，如前所述，龙滩水库是一个分层型水库，水库低温水的下泄会影响坝下游水生生物的产卵、繁殖和生长。可根据水库水温垂直分布结构，结合取水用途和下游河段水生生物学特性，利用分层取水设施，通过下泄方式的调整，如增加表孔泄流等措施，以提高下泄水的水温，满足坝下游水生动物产卵、繁殖的需求。另一个是下游珠江三角洲的水污染突发事件和咸潮入侵，需要制定龙滩水电站应急泄流方案，保障西江下游沿岸及珠江三角洲的水环境和饮水安全。

补偿标准：实施生态调度的关键标准或者指标是河流生态需水量。生态需水是指维系一定环境功能状况或目标（现状、恢复或发展）下客观需求的水资源量。河流生态需水量的确定，应根据河流所在区域的生态功能要求，即生物体自身的需水量和生物体赖以生存的环境需水量来确定。根据《水电水利建设项目河道生态用水、低温水和过鱼设施环境影响评价技术指南（试行）》，生态需水量的确定可以采用 Tennant 法、湿周法、河道内流量增加法、R2-CROSS 法、7Q10 法、最小月平均径流法等。这里我们采用最小月平均径流法，以最小月平均实测径流量的多年平均值作为龙滩水电站基本生态环境需水量，按照有关水文统计，龙滩水电站坝址径流量最小月是 3 月，该月多年平均流量为 391 立方米/秒。生态调度最经济的方法是设定一定发电水头下的电站最低出力值，通过电站引水闸的调节，使发电最低下泄流量不小于所需的河道生态基流，以维持坝下游生态用水。

(iii) 建立鱼类增殖保护站，缓解对鱼类资源的不利影响

补偿依据：水法第二十七条规定：国家鼓励开发、利用水运资源。在水生生物洄游通道、通航或者竹木流放的河流上修建永久性拦河闸坝，建设单位应当同时修建过鱼、过船、过木设施，或者经国务院授权的部门批准采取其他补救措施，并妥善安排施工和蓄水期间的水生生物保护、航运和竹木流放，所需费用由建设单位承担。渔业法第三十二条规定：在鱼、虾、蟹洄游通道建闸、筑坝，对渔业资源有严重影响的，建设单位应当建造过鱼设施或者采取其他补救措施。《中国水生生物资源养护行动纲要》提出：要建立工程建设项目资源与生态补偿机制，对水生生物资源及水域生态环境造成破坏的，建设单位应当按照有关法律规定，制订补偿方案或补救措施，并落实补偿项目和资金。相关保护设施必须与建设项目的主体工程同时设计、同时施工、同时投入使用。要通过采取闸口改造、建设过鱼设施和实施灌江纳苗等措施，恢复江湖鱼类生态联系，维护江湖水域生态的完整性。

补偿方式：如前所述，龙滩水库兴建后，将造成喜流性鱼类明显减少，阻

隔半洄游性鱼类洄游通道，同时下泄低温水对下游鱼类产卵场影响较大。针对这些对水生生物的影响，应采取建设鱼类增殖保护站等措施，以减小其不利影响。如采取人工繁殖和放流措施，不仅可以对那些种群数量已经减少或因面临各种影响将大量减少的鱼种进行人工增殖，补充其资源数量，还可以解决被隔离种群的坝上、坝下交流问题，在某种程度上，还可以达到过鱼措施的效果。但是，每个梯级都单独建设鱼类增殖站从实践来看效果并不理想，红水河梯级电站大多都采取了修建鱼类增殖站的保护措施，但保护方式较单一，增殖和放流对象与规模都有待优化，特别是由于部分建设经费和后续运行经费不到位，很多未能正常运转。因此建议以流域为单位，通过合理规划和布局，对现有的鱼类增殖站进行整合，建立流域性鱼类增殖保护站，提高鱼类增殖站的标准和规模，由专业部门负责管理，由各个电站共同筹集资金用于鱼类增殖站的建设和运行，有效缓解流域梯级开发对鱼类资源的不利影响。

补偿标准：鱼类增殖站费用应该根据有关规划中的投资预算确定，主要应包括征地费用、设施费用、试验费用、监测费用、管理费用等。目前建设的几个鱼类增殖站中，大化渔业人工增殖站一次性投资人民币共 240 万元，乐滩水电站鱼类增殖站投资 450 万元，年运行费 30 万元。桥巩水电站增殖流放站规划投资 800 万元，年运行费用 60 万元。考虑到水能梯级开发对水生生物影响的累积性，鱼类增殖站费用应该由所有梯级电站来承担，各电站之间的费用可以平均分摊，也可根据每个电站环境影响评价中提出的鱼类保护费预算按比例协商分摊。

④对生态环境效益的补偿机制

a. 补偿主体和补偿对象

龙滩水电站建设生态环境效益主要涉及以下几方面的利益主体。一是龙滩水电开发有限公司。龙滩水能开发除了带来生态环境“负外部性”外，还具有能源替代对减排温室气体、防洪效益、改善下游水环境、提高梯级水能开发效益等“正外部性”；二是国家和国际社会。温室气体排放已严重威胁到地球气候安全，备受国际社会广泛关注。作为一个负责任的发展中国家，应对全球气候变化，也是我国应当承担的责任；三是下游地区。龙滩水电站在流域防洪中有着重要的作用，同时有利于改善下游河道及珠江三角洲地区水环境质量，对于保障下游地区防洪安全和水环境安全具有重要作用。下游地区是龙滩防洪效益和改善水环境的受益者；四是下游梯级电站业主，龙滩水电站梯级补偿效益十分显著，可使下游梯级电站的总保证出力、年发电量、保证电量等发电指标显著增加，这些电站业主也是龙滩水能开发的受益者，理应承担龙滩水电站建设和运行成本（包括生态补偿）的部分费用。

按照“谁开发、谁保护，谁破坏、谁治理，谁受益、谁投入”的原则，可以确定龙滩水电站对水生态环境影响的补偿主体和补偿对象：国家、国际社会以及下游梯级电站业主为补偿主体；补偿对象是龙滩水电开发投资有限公司。这里并未考虑下游受益地区对龙滩水电站业主的补偿，因为按照有关法律法规的规定，保障防洪安全和下游水环境安全是国家允许水能开发的基本前置条件，是水能开发者必须承担的义务，也是下游地区人民群众的基本权利，下游地区也不需要对此做出补偿。

b. 补偿方式与补偿标准

(i) 由国家建立绿色水电制度，并出台相关优惠政策

补偿依据：水法第二十六条规定：国家鼓励开发、利用水能资源。在水能丰富的河流，应当有计划地进行多目标梯级开发。2007年《中国应对气候变化国家方案》中明确提出，“在保护生态基础上有序开发水电。把发展水电作为促进中国能源结构向清洁低碳化方向发展的重要措施。在做好环境保护和移民安置工作的前提下，合理开发和利用丰富的水力资源，加快水电开发步伐，重点加快西部水电建设，因地制宜开发小水电资源。”《国务院办公厅关于转发发展改革委员会等部门节能发电调度办法（试行）的通知》要求：在保障电力可靠供应的前提下，按照节能、经济的原则，优先调度可再生发电资源，并将水能开发列为节能发电优先调度的第二序列。《中华人民共和国可再生能源法》明确将水能纳入可再生能源的范畴。

补偿方式：水能无疑是可再生能源，而水电是否属于绿色能源要取决于水电站建设过程中如何处理水能开发与生态环境保护的关系。因此，可再生能源法除了把水能纳入可再生能源的范畴外，同时规定“水力发电对本法的适用，由国务院能源主管部门规定，报国务院批准”，为制定绿色水电环境认证制度和优惠政策提供了法律依据。龙滩水电站在建设过程中，高度重视生态环境保护活动，积极推进创建“绿色龙滩”的活动，环境保护建设成就与管理水平都达到了国内水电工程建设的先进水平，并得到了生态环境部的好评，认为龙滩水电站的环境保护工作为全国水电工程建设树立了典范。2007年3月，被广西壮族自治区绿化委员会、人事厅、林业局联合授予“自治区绿色工程建设先进单位称号”。建议借鉴国外水电环境认证制度，探索建立符合中国国情的“绿色水电工程”认证制度。对于符合“绿色水利水电”认证标准的，由水利、能源、物价等政府部门建立相应的经济激励机制，如实行优惠税收政策，提高上网电价，优先上网，实施水电开发生态保护的政府回购制度，享受可再生能源法提

供的优惠政策等，从而鼓励水电站的业主们采取有效措施最大限度地减少其对生态环境的影响。另外，国家还应该高度重视并积极发展绿色水电发展的国际合作机制。《京都议定书》生效以后，碳交易作为清洁发展机制（CDM）下的一种减排措施，逐渐发展完善。《京都议定书》允许发达国家通过在发展中国家实施减排或者增汇项目获得减排指标，用于履行其在《京都议定书》承诺的减排额。水力发电替代火力发电具有巨大的温室气体减排效益，应该研究将其纳入国际碳交易的框架之中，积极争取国际资金对水能开发的支持。

补偿标准：该补偿为激励性的补偿，具体标准由国家相关政策具体规定。

（ii）建立梯级补偿效益返还机制，分担龙滩水电站成本（包括生态补偿）

补偿依据：1997 年四川省人民政府颁发了《四川省流域梯级水电站间水库调节效益偿付管理办法》，第二条规定：在流域水电站间因水库调节而增加经济效益的，受益电站应依照本办法向施益电站给付补偿。2002 年中国水电水利规划设计总院组织研究了梯级水电站水库补偿调节效益返还办法，实施办法已上报国家有关部门审批。流域梯级开发效益补偿方面，已经有很多成功的例子，如美国和加拿大之间进行的哥伦比亚河流的水电梯级效益补偿。

补偿方式：考虑到红水河各梯级中天生桥一级和龙滩都具有梯级补偿效益，天生桥一级在龙滩上游，因此考虑返还机制可以按照两种模式建立。一种是以龙滩为界，将下游的各梯级电站按其总收益额为基数与龙滩建立效益返还偿付关系，而龙滩则按照本身收益额和天生桥一级对龙滩下游的各梯级电站的间接延伸效益之和为基数，与天生桥一级建立效益返还偿付关系。天生桥一级对龙滩下游各梯级电站的间接延伸效益可按照 2 座水库有效库容的比例分摊。另一种是考虑天生桥一级已先期建成，龙滩下游已建梯级电站可能先期与天生桥一级发生返回偿付关系，在龙滩建成后除维持原有返还偿付关系外，再按照新增受益额为基数，与龙滩建立返还偿付关系。下游梯级对龙滩的补偿效益返还资金应作为龙滩生态补偿的重要资金来源。

补偿标准：根据有关资料，下游受益电站向上游调节水库返还效益比例一般为实际收益额（发电量）的 50%，在龙滩 375 方案下，下游梯级电站每年将增加发电量 24. 3 亿千瓦 · 时，下游梯级电站平均电价为 0. 26 元，由此可估算下游受益电站应向龙滩水电站返还梯级补偿效益约 3. 2 亿元/年。

⑤其他生态补偿机制

还有以下几方面需要在龙滩生态补偿机制中予以考虑。

一是对地质灾害的影响。如前所述，龙滩水库库岸稳定性总体上良好，局部存在滑坡、崩塌情况，同时诱发地震可能性较大。对于地质灾害影响的补偿机制采取预防为主的方式，加强水库诱发地震以及库岸失稳带的监测与预报工作。对水库诱发地质灾害造成周边群众财产损失的，应当由龙滩水电站业主等价赔偿或修复。

二是对水能开发中长期生态影响实施专项补偿。水能开发对生态环境的影响是一个复杂的动态过程。很多工程案例表明，经过十几到几十年的时间，大坝对于河流生态系统的影响才逐步显现出来。考虑到水能开发生态影响的这种不确定性，积累专门的生态基金用于防范可能出现的生态风险是完全必要的。建议对红水河各梯级水电站每年度收取的电费总收入中征收一定比例（0.5%~1%）的资金，建立流域水能开发中长期生态风险基金，由流域管理机构负责管理，实行专款专用，主要用于对流域生态环境进行长期的科学观测、科学研究以及生态保护，并对出现的流域生态环境问题进行治理和修复。

下篇

水资源保护协调机制研究

第十一章　我国水资源保护工作进程与成效

第一节　我国水资源保护工作进程简介

一、水资源管理历程

我国的水资源保护管理工作一直以来都在不断发展变化，水资源管理体制也随着我国的各项改革不断深入。根据《中华人民共和国水法》（简称水法）规定，当前我国的水资源管理体制是：国务院水行政主管部门负责全国水资源的统一管理和监督工作。国务院水行政主管部门在国家确定的重要江河、湖泊设立的流域管理机构，在所管辖的范围内行使法律、行政法规规定的和国务院水行政主管部门授予的水资源管理和监督职责。县级以上地方人民政府水行政主管部门按照规定的权限，负责本行政区域内水资源的统一管理和监督工作。

新中国成立至改革开放前，我国的水资源管理体制仍然是高度集权的政治体制的附属物，这时实行的是统一管理。以水利建设为例，这一时期我国开展了大规模水利建设，可以称为“工程水利期”，它是以经济建设为中心，通过水利工程的修建从而为经济发展服务。改革开放以后，随着市场化的深入，地方政府也成为具有一定独立性的经济利益主体，水利的分级管理应运而生，“统一管理和分级管理”被明确写入1988年水法中。从水利建设的角度来讲，经济发展带动了水资源的进一步利用，依赖性逐渐增大，人们逐渐认识到水资源不仅是经济社会发展的基础性资源，更是维持生态环境稳定的战略资源，“资源水利”的思想也应运而生。

我国的水资源管理模式经历了从单目标管理到多目标管理的演变，进入21世纪以来，在科学发展观的引领下，构建和谐社会，推动可持续发展的思想得到了认可，“民生水利”作为新的发展思路提了出来，“民生水利”强调人水和谐，认识到了水资源的多功能性及水资源质和量两个方面的重要性。

在水资源保护和水环境管理的法律法规方面，主要有《中华人民共和国水法》《中华人民共和国水污染防治法》《生活饮用水卫生标准》《地表水环境质量标准》（GB 3838—2002）、《地下水质量标准》（GB/T 14848—93）、《污水综合排放标准》（GB8978—1996）等，许多法律法规在应用过程中不断修订和完善，我国对水环境管理的法律法规并不少，但在管理的系统性和相关措施等方面仍需要加强。涉及的管理部门主要有生态环境部、水利部、农业农村部等部门，但在管理职能上存在一定的交叉。

我国的地表水环境管理从 20 世纪 80 年代的水域分级管理逐步过渡到近期的分类管理，并确定了高功能水域高标准保护，低功能水域低标准保护的思想。2002 年，原国家环保总局正式启动全国的水环境功能区划汇总工作。由中国环境规划院会同全国 31 个省、自治区、直辖市以及 113 个环境保护重点城市环境保护主管部门，在原水环境功能区划方案的基础上，分省、市 2 级，数据表和数据图 2 种形式进行汇总，编制全国水环境功能区划方案和图集。根据水环境的现行功能和经济、社会发展的需要，依据地表水环境质量标准进行水环境功能区划，是水源保护和水污染控制的依据。

综合水域环境容量、社会经济发展需要，以及污染物排放总量控制的要求而划定的水域分类管理功能区有：自然保护区、饮用水水源保护区、渔业用水区、工农业用水区、景观娱乐用水区，以及混合区、过渡区等。按水域功能对其实行分类管理这一世界范围内的通行原则在我国也得到了广泛的认同。水环境功能区划作为水环境分级管理工作和环境管理目标责任制的基石，科学确定和实施水污染物排放总量控制的基本单元，正确实施地表水环境质量标准，进行水质评价的基础，对于我国水环境管理具有重要的意义。

在水环境应急管理方面，我国的起步较晚，2002 年成立了环境应急事故调查中心，全国一些省级监测站和市属监测站纷纷展开应急监测技术开发工作，有的单位应急配备了应急监测车，国内有些监测单位配备了单项快速测定仪进行应急监测，这些都是值得认可的。在水环境污染预警应急系统研究方面，我国也做了许多工作，我国目前也建立了一些水源地水质预警系统，如天津自来水公司原水预警系统等。计算机系统、3S 技术、数据库等先进技术已逐渐被用于环境污染事故应急救援、应急监测领域，为突发性水污染事故的应急处理提供了强有力的决策支持。我国的水质预警理论模型主要包括：灰色理论模型、模糊理论模型、时间序列法、水质模拟预测等，并把地理信息系统和水质模型结合，把人工神经网络技术应用于水环境预测及评价方面，提高了水质管理的科学水平，也为应急管理提供了可靠的保证。

各地区在20世纪七八十年代甚至更早就已注重水资源保护与管理工作，在主要河段设置监测断面，开展地表水水质监测工作，开展水功能现状调查，编制水功能区划报告，明确水体的现状、使用功能和目标功能，从地方法律角度保护水体功能，加强水污染源调查、监测和统计管理，认真做好水污染防治工作，设立自然保护区，保护特殊地理环境和水资源环境。近几年来，在国家宏观政策指导下，一些省（市）把理顺水资源管理体制关系作为解决水资源问题，保障城市经济社会可持续发展的重要战略举措，积极推进水管理体制改革。从全国各地水管理体制改革的实践看，在思路和目标上都集中体现了对流域水资源、水环境实施一体化管理的趋向，强调打破城乡和部门界限，理顺关系，构建体系，健全机制，强化系统管理；强调由一个行政主管部门统筹考虑地表水、地下水等各种水资源，统一制定水资源、水环境建设保护规划，负责水资源开发、利用、防汛、排涝、环境保护及有关费用征收，在一个较大的范围内，对工业、农业、城市生活、环境、生态用水进行宏观调控和综合管理。

在我国现状水资源水环境管理工作中，水利水电部门负责水量水能的管理，国家环保部门负责水环境的保护与管理，市政部门负责城市的给水与排水管理，国土部门负责土地开发利用（与地下水有密切关系），而且都是现行法律赋予的权力，国家各部门与地方之间的条块分割造成众多机构分享权力，责权交错，纠纷不断。各部门、各地区均从自身利益出发进行局域、单目标的规划与管理，水资源的效能无法最优化，出现责任事故时则互相推诿，在追求快速发展经济的同时往往把环境保护放在次要位置。现行的水资源水环境管理体制是分级归口的管理体制，实行统一管理与分部门管理相结合的制度，在管理职能划分上，以多条归口管理为主，呈“多龙管水，多龙治水”的格局。在实际工作中形成管理地表水的不管地下水，管水源的不管供水，管水量的不管水质，管供排水的不管治污，管治污的不管水回用，人为地割裂了水资源循环利用的优化配置体系。

目前，我国的水资源保护管理工作正在进行许多新的尝试，我国城市水资源管理也正在进行着积极的探索，许多城市将水利局变更为水务局，在职能方面又做了许多新的界定，本身就是一种变“多龙管水”为统一管水的演变，尽管改革仍处在改进和摸索阶段，但这种管理思路的转变是值得认可的。此外，水资源保护相关法律法规的完善，节水型社会建设的进一步推进，最严格的水资源管理制度的提出和实施以及水权制度如何在我国开展等问题也是需要进一步研究的重点内容。当前，我国的水资源保护工作主要依据《中华人民共和国水法》中明确提出而制定的水功能区管理。

二、水资源管理中存在的问题

《中国环境保护21世纪议程》指出：我国水环境管理问题突出的是水资源管理与水污染控制分离，国家流域管理机构与地方部门条块分割，特别是从行政上将一个完整的流域人为分开，责权交叉多，难以统一规划和协调管理，极不利于水资源开发利用和水污染综合治理。在多年实施水资源和水环境管理过程中存在的主要问题有：

（1）水环境管理体制改革滞后。没有真正实现涉水事务一体化管理或一体化管理的程度有待提高，与城建系统、环保系统的分工协作关系没有完全理顺，系统内政企、政事不分的问题较为普遍；重大水利基础设施、城市供水、污水处理、城市垃圾处理纳入公用事业管理范畴，具有明显的公益性和服务性特点。在涉及上述领域的重大项目建设上，政府始终处于主导地位，实行高度集中的调控政策。当前，随着投融资体制改革的不断推进，公益性设施建设的市场化步伐加快，企业正面临着如何适应市场环境、加快内部体制改革的问题。

（2）水环境价格改革滞后。合理的水价形成机制尚未建立，多元化、市场化的投资渠道尚未形成，水务现代企业制度改革滞后；随着水资源供求关系的变化，原水价格将逐步提高，折旧、销售费用、财务费用逐年增加，企业的管理营运成本将不断攀升。而价格调整要兼顾社会各方面的承受能力，统筹规划、分步实施，不可能一步到位。

（3）政府部门环境意识薄弱，存在地方保护主义。只顾眼前利益，而不顾长远利益；只顾本单位利益，而不顾全局利益；只顾经济效益，而忽视生态效益。甚至还存在着“先污染、后治理”“先发展、后治理”的错误认识。地方政府对本辖区的环境保护都不够重视，更谈不上跨区域的环境污染防治，尤其是跨行政区的污染，更觉得与自己关系不大。而正是由于地方保护主义行为的存在，使得环保工作阻力重重，妨碍了执法部门履行法律赋予的监督管理职责，阻碍了环境保护方针政策、法律法规的贯彻执行，损害了法律的权威，在一定程度上助长了环境污染行为的蔓延。

（4）管理部门设置不合理，法律权限不足。有些地区具有两个水管理机构，缺乏具有约束力的唯一的流域水环境行政领导机构，没有凌驾于省级部门之上的行政权力，也没有对水环境开发利用和污染的行为有实质的决策和处罚权，并没有起到可以真正干预区域用水行为的作用。而条块分割的管理模式导致了环境保护机构和职能的分散，各行政部门之间缺乏信息沟通和协调机制，管理效率极其低下，效果甚微。

（5）流域与区域管理协调不当。尽管我们目前已有负责流域治理工作的机构，但由于该机构法律权限不足，所以形同虚设，遇到省际的矛盾，往往束手无策，不能从根本上起到统揽全局的作用。近几年，随着流域污染程度加重，省际河流水污染事故频发，因流域与区域管理协调不当而造成的上下游用水矛盾突出。在水资源开发利用上缺乏流域统筹规划统一管理，各行政区域在利益驱动下，水资源的开发和管理政策等方面表现出了以区域利益为中心的分散化状况，导致出现了区域水资源管理的自利性和违背流域管理原则的趋势，群众反映强烈，影响社会安定。而且由于对流域水体治理负责的主体不明确，没有协调运行机制，致使一些矛盾无法处理。

（6）流域水环境管理的法律体系尚不健全。虽然有《关于保护和改善环境的若干规定》《中华人民共和国环境保护法》《中华人民共和国水污染防治法》《中华人民共和国水法》等关于水资源和水环境的法律法规，特别是我国《水污染防治法》规定："防治水污染应当按流域或者按区域进行统一规划"，并在治理淮河、太湖、松辽流域水污染中制定了管理条例或计划（规划），但我国并没有制定针对有关流域资源与环境综合管理及保护的法律、法规，特别是缺乏关于流域管理机构设立的组织法、程序法；流域管理委员会的稳定性和职权没有法律保障，缺乏流域的水资源法，缺乏公众参与的程序法，与水污染防治法配套的法规、制度、标准尚不够完善。水污染防治法和水法对水资源和水环境的行政主管部门的规定有一定的差异，造成责权交叉，使流域管理委员会的稳定性、职能、职责和任务没有法律保障，缺乏流域的水资源法和水环境法。同时水务管理技术标准体系有待建立和完善。

（7）公众参与机制不完善，作用低微。公众是水资源的使用者也是管理的参与者，在制定水资源开发利用规划、确定水价等工作时，让公众参与和监督，并使之规范化，具有重要的现实意义。公众既要包括科学家，也要包括管理专家和普通群众，使其在规划、管理和监督等环节充分发挥作用，探索和建立一条包括建立公众参与的环境后督察和后评估机制在内的，能将行政手段、市场力量、公众参与结合起来的流域污染防治新思路，是切实可行和非常必要的。而我国的管理机制和体制很多都是在计划经济背景下形成和发展的，主要由国家和地方政府部门制定规划实施管理，公众参与机制上的工作完全不够，形式上虽然存在，但不能切实地发挥必要的作用。

此外，管理方向单一，主要力度集中在水污染治理，经常忽略流域生态问题；管理机构中，政府起主导作用，科研机构只具有建议作用，无权直接管理，造成技术方面不能及时跟进；成立的几大流域管理机构的管理范围局限于防洪抗旱等方面，无权调用经济和行政手段来综合管理；政府和群众的环保理念不到位，主要精力在经济建设，没有意识到水问题的严重性，经常在发生重大问题之后才采取对策，水环境管理规划存在严重的滞后性；在队伍建设上，水务系统的思想观念、人员结构、业务素质不能适应水务统一管理体制的要求。

第二节　我国水资源保护成效分析

一、地方水资源保护管理调查评价

新水法第三条确立国家为水资源的唯一所有权主体，规定由国务院代表国家行使所有权，有利于国家水行政机关对全国的水资源进行战略全局的统筹规划以及统一管理；第十二条“国务院水行政主管部门负责全国水资源的统一管理和监督工作……县级以上地方人民政府水行政主管部门按照规定的权限，负责本行政区域内水资源的统一管理和监督工作。”可看出国家与地方水行政主管部门等对水资源进行统一管理。

另外，新水法明确规定了国务院水行政主管部门（及相关部门）、流域水行政主管部门、地方水行政主管部门在流域水资源管理中的各自职责和权限，建立了具有中国特色的流域水行政管理体系。

（一）管理现状

按照《水功能区管理办法》（水资源〔2003〕233号）第十二条规定，县级以上地方人民政府水行政主管部门和流域管理机构应组织对水功能区的水量、水质状况进行统一监测，建立水功能区管理信息系统，并定期公布水功能区质量状况，发现重点污染物排放总量超过控制指标的，或者水功能区水质未达到要求的，应当及时报告有关人民政府采取治理措施，并向环境保护行政主管部门通报。

另外第十一条明确规定，地方政府水行政主管部门或流域机构应当按照水功能区对水质的要求和水体的自然净化能力，审核该水域的纳污能力，向环境保护行政主管部门提出该水域的限制排污总量意见，该意见是地方政府水行政主管部门和流域机构对水资源保护实施监督管理以及协同环境保护行政主管部门对水污染防治实施监督管理的基本依据。

通过对我国各地区水资源保护和水环境管理的现状调查，发现部分地区的地方水资源保护管理只注重水量部分，重视本地区的水资源开发利用和经济社会效益，而没有从流域长远利益出发注重流域水资源与水环境的统一和谐性，难以保证向下游退水的水量和水质。较为成功的地方管理有北京市推进的水务一体化，江苏省水利和环保按统一划定的水（环境）功能区进行管理，泉州市开展的水资源保护补偿机制等，对其他地区的水资源保护功能工作具有一定借鉴意义。

1. 北京市水务一体化管理体制

水务一体化管理即对涉水事务的统一管理，就是对水资源的开发、利用、治理、配置、节约、保护实行全方位、全领域、全过程的统一管理。其核心是水行政主管部门代表国家对水资源所有权的统一管理，水务一体化管理体制有利于水资源的统一管理、统一规划、统一调配，有利于水资源的合理开发、利用和保护，有利于水资源的优化配置，实现了责权利统一。

2004 年 2 月中央机构编制委员会办公室同意撤销北京市水利局，组建水务局，明确北京市水务局的主要职责是在承担原北京市水利局所有职责之外，承担北京市城市供水、节水、排水与污水处理方面的工作，以及规划区内地下水的开发、利用和保护工作，将市自来水集团公司、市排水集团公司两大涉水国有企业划归水务业务管理。北京市水务局的成立标志着全国水务管理体制改革进入了一个新的阶段。建立“四级水务”管理体制，打破了水资源管理分割的体制，实现了水资源的集中统一管理，意味着“一龙管水、团结治水”的新型水资源管理格局初步形成。

水务一体化管理体制，符合水的客观规律，充分体现了水的自然属性、经济属性和社会属性。有利于水资源开发和保护，改善生态环境，实现人与自然和谐共处；有利于化解流域内不同行政区间的矛盾和冲突，形成团结友好、共同治水的局面。

2. 江苏省水利与环保两部门共同编制地表水（环境）功能区划

水利部出台的规范性文件《水功能区管理办法》于 2003 年 7 月 1 日开始实施，而在此之前，江苏省已经开展了相关方面的研究工作，为了有利于水资源保护和水污染防治工作的开展，江苏省水利厅和江苏省环保厅以《江苏省地面水水域功能类别划分》和《江苏省水功能区划报告》为基础，共同编制了《江苏省地表水（环境）功能区划》，2003 年 3 月经江苏省人民政府批准实施。

由水利和环保两个部门联手编制省级地表水（环境）功能区划，充分整合了两个部门的工作成果和行政资源，发挥了各自的特长，统一、协调地推进了全省的水资源和水环境保护工作，在全国尚属首次。《江苏省地表水（环境）功能区划》专门设立了管理规定，细化落实了《中华人民共和国水法》和《中华人民共和国水污染防治法》的有关法律条款，明确了水（环境）功能区的管理内容，并对今后功能区划的调整做出了相应规定，进一步明确了水利、环保等行政主管部门的管理职责，这些管理规定使该区划更具操作性和开放性。

3. 泉州市水资源保护补偿机制

福建省泉州市运用法律、行政和市场等手段，协调解决下游地区对上游地区、开发地区对保护地区、受益地区对受损地区的利益补偿。即把保护流域生态环境的责任和利益进行分割，获益方对为保护流域生态环境做出牺牲的另一方进行经济补偿，以维持“义务与权益”的平衡，解决“上游保护，下游受益；上游污染，下游遭殃”的体制性矛盾。其目的是促进流域共同发展，体现水资源保护的经济价值和市场价值。

2003 年，泉州市制定了“两江”流域污染物排放总量控制标准和保护计划，规定上游地区特别是沿江区位和涉及流域环境敏感区域不得开发建设重污染建设项目，实施流域“四不批”政策，即建设项目环境影响评价不清楚的不批，环境容量不允许的不批，区域或流域污染物总量超标的不批，污染防治措施不可行的不批。2005 年 6 月《晋江、洛阳江上游水资源保护补偿专项资金管理暂行规定》颁布实施，着重理清上下游关系，《暂行规定》根据下游 8 个县（市、区）经济受益区用水比例分摊补偿资金的方式，从 2005 年起每年共同筹集资金 2000 万元，5 年筹集 1 亿元，由泉州市财政部门设立资金专户，帮助上游重大环保项目建设，体现“谁受益谁补偿”的原则。该规定还明确接受补偿的条件是确保上游区域交接断面水质达到功能区标准，否则将暂缓或不安排补偿，体现“有利有责”的公平原则。日前在德化、永春等地调研时看到，上游水资源补偿资金促成了这些县污水处理厂、垃圾填埋场等一批环保设施的落成，推动了向污染工业推广使用清洁能源的进度，该补偿机制的效益正逐步地发挥出来。

（二）存在问题

地方水资源保护管理还是存在一些问题的，地方政府同时承担着本辖区的治污任务和对排污企业的监管任务，由于许多高耗水、高污染企业是地方的经济支柱，又缺乏对地方政府在水资源保护和水污染防治的责任追究政策，容易使地方政府对排污企业的监管动力不足。而地方环保部门在财政经费和人事上对地方政府的依附性也不利于地方环保部门对本地区排污企业的监管，另外排污企业数量多且位置分散，客观上监管难度较大。除此之外，流域管理机构在所管辖的范围内行使法律、行政法规规定的和水利部授予的管理和监督职责，但因为一些原因使得监管工作阻力重重。

1. 缺少流域管理法的支撑

目前，流域管理机构还没有出台体现流域特点的流域管理法，对流域和区域的水资源保护与水污染防治的监管没有具体的规定，只是按照水利部制定的“三定方案”代部在流域内行使水行政职能。国内外的实践证明，出台流域针对性的法律文件是实施流域综合管理的必要保证条件。流域管理机构在缺少必要法律支撑的条件下开展流域管理工作，遇到多方阻力和困难也是必然的。

2. 没有建立流域管理委员会制度

流域管理机构是水利部的派出机构，代表水利部在管辖流域内行使水行政职能，但是由于其中缺乏代表各方利益的委员代表参加，使得涉及多个行政区域和用水户的决策交流不够，流域管理的对象难以执行，导致流域的规划配置目标难以实现。

3. 相关部门之间事权划分不清，管理职责外延存在交叉，管理责任难以落实到位，运行机制不健全，难以发挥水资源管理效益

在调研中发现，比较典型的是云南昆明的柴石滩水库水资源保护工作。柴石滩水库工程位于珠江主源云南省境内南盘江上游干流河段，是南盘江梯级电站开发中的龙头水库。水库坝址位于昆明市，主要径流在曲靖市。水库管理主要由昆明市下辖的宜良县负责，并由柴石滩流域水资源保护局（副处级单位）具体负责日常管理工作。水库水体由于受上游南盘江沿岸陆良县西桥工业区、曲靖市麒麟区、沾益区工业企业及城市生活污水排污和农业径流的影响，来水被严重污染，水库成为一个大蓄污池。制约水库水资源保护的一个重要问题就是管理体制不顺，管理协调复杂，难度较大。

流域水资源管理主要由水行政主管部门负责，水环境主管则主要由环境保护行政部门负责。环境保护部门要配合水行政主管部门做好水资源管理工作，水行政主管部门要配合环境保护部门做好水环境管理工作。法律法规虽然对水资源与水环境的相关部门职责和权限做出了明确规定，但对于如何实现水资源与水环境的综合管理，相关法律法规却没有相应的规定，容易造成部门之间的纠纷，难以有效地管好有限的水资源，保护好水环境。水利部门在进行水资源保护管理决策时，难以与其他部门进行很好的沟通与协调，不能形成实施水资源综合管理决策。

4. 水务改革尚不彻底

水务局作为地方政府水行政主管部门，在规划编制、政策制定、监督检查、组织协调方面的职能还不够强化。水务基础设施对社会资金、外资以及金融资本等吸引力不强，市场化机制不健全，水务市场多元化、多渠道投资格局尚未形成。而现有的行政法规也不能适应城乡水务统一管理新体制的要求，水务管理技术标准体系有待建立和完善。供水、排水、节水、治污等方面仍然存在相互脱节的问题，水务一体化的法律法规体系尚没有真正形成，一体化管理的约束机制和权威性没有在社会上形成合力。

5. 水资源动态监控和考核机制有待完善

一是水资源动态监控机制，其中限制纳污总量控制与环保部门的污染排放总量控制之间缺乏交接，水资源配置及总量控制应是基础。二是水资源监督管理机制，目前关于水量调度，取水许可、入河排污口、饮用水水源地等方面的问责问效考核机制尚不完整有效。

二、水资源保护跨部门管理衔接现状调查评价

目前我国的水资源利用管理职权和水污染防治监管职权实行分部门管理。《水法》规定水行政主管部门负责全国水资源的统一管理和监督工作，其他有关部门按照职责分工，负责水资源开发、利用、节约和保护工作。水污染防治法规定环境保护部门对水污染防治工作实施统一监督管理，同时规定交通运输部门对船舶污染实施监督管理，水利部门、卫生行政部门、地质矿产部门、市政管理部门、重要江河的水源保护机构结合各自职责，协同环保部门对水污染防治实施监督管理。根据水法关于“流域管理和行政区域管理相结合”“重要江河、湖泊设立流域管理机构”的规定，按照统一管理和分级管理的原则，政府在淮河、海河等重点治理区域成立了诸如淮河水利委员会等跨区域性质的流域综合管理机构，负责“流域综合治理，开发管理具有控制型的重要水工程，搞好规划、管理、协调、监督、服务，促进江河治理和水资源综合开发、利用和保护”。这些机构和部门虽然按照法律法规授权和“三定”方案规定，各自履行相应的管理职责，在水资源和水环境管理方面有分工，但从根本上讲，水资源保护和水污染防治的目标是统一的，相互间需要协调而不能截然分开。由于目前缺乏部门协调机制和信息共享机制，在某些方面尚存在一定分歧，严重影响了水资源保护管理和水污染防治管理的效率。

（一）流域水资源保护机构作用

流域水资源保护机构的设立，旨在发挥纽带作用，将水行政主管部门的水

资源保护职责与环境保护主管部门的水污染防治职责有效地结合起来，团结治污，共同治水。水利部门与环保部门的双重领导体制有利于加强水的流域管理，符合当前水资源与水环境综合管理的新形势需要。但流域水资源保护机构在权利级别上低于省级行政区，且只负责流域江河湖库水质监测、水质公报发布以及水资源保护规划等，尽管2008年修订的水污染防治法确立了其职责范围内的水污染防治跨界水质监督权，但其执法权和监督权并不完备。目前流域水资源保护机构已由水利部和生态环境部的双重领导改为由水利部单方面领导，失去了与环保部门的正式联系渠道，难以建立流域水资源保护与水污染防治联动机制，难以实现水资源与水环境的综合管理。

（二）相关部门间配合情况

水资源管理部门负责水资源管理和保护，保护的对象主要是水资源的功能，包括维持合理的水量和水质的保护两方面，主抓水资源论证、取水许可管理和水功能区监督管理。水环境管理部门负责水污染防治和环境保护，主抓环境影响评价和排污许可管理，在编制区域水污染防治规划、污染物排放总量控制计划和发放排污许可证时，很少考虑水资源管理部门提出的水域限制排污意见。关于两个部门掌握的信息资料，比如水资源管理部门对流域江河湖库水文规律的全面监测资料、水质监测资料，水环境管理部门对工业污染源、排污口实测资料和水质监测资料等，均归部门内部拥有，不利于实现信息的共享，并造成监测网络缺乏统一规划，站点重复建设，资源严重浪费，并且不同部门监测遵循技术规范不同，造成水质监测数据存在分歧。

三、水资源保护与经济社会发展现状调查评价

水资源是国民经济和社会稳定发展的物质基础和保障。在经济社会中，各个利益团体都是经济人，水资源的不可替代性使其成为他们的争夺对象。水资源保护是经济发展的基础保障，而经济发展是提高水资源保护能力的坚强后盾，找到水资源保护与经济社会发展之间合理的动态平衡点是正确处理两者关系的关键点。

（一）水资源保护与经济社会协调性分析

地方政府国民经济和社会发展计划中应提出节水目标和指标，编制国民经济的总体规划、城市规划和建设重大项目都必须考虑水资源条件，要附有水资源和节约用水的专项规划或论证，以水定规模，以水定产。现状大部分地区还是没有很好地做到兼顾水资源合理开发利用和水资源保护，把经济发展与水资源保护和水资源的持续利用紧密结合，全面考虑水资源保护与社会经济协调发展。

我国干旱半干旱地区的经济发展，主要是依托自身优越的自然资源，如矿产资源、天然气资源，兴建了许多地方工业，这些行业在生产过程中消耗大量的水资源，而由于天然降水量的匮乏，高耗水工业的发展往往通过饮水或大量超采地下水资源来满足需要。这样的经济发展方式耗费了大量的水资源，挤占了生态环境保护中所需的关键资源。

黄河流域由于水资源的大量开采利用，加之近年来降雨偏少，气温偏高等因素影响，使得流域内主要河流的实测径流量有日趋减少的趋势。流域内的大小河流的中下游至上游河段，均处于或正在呈现出比较严重的缺水、断流状态。徨水、汾河、沁河、大黑等河流的中下游河段，自20世纪70年代以来，在枯季节经常处于断流状态；渭河、伊洛河、大河等河流的中下游河段，自20世纪80年代以来，河中的环境水量有相当一部分或者说绝大部分是城镇工业和生活污水。黄河干流下游河段，自1972年以来，断流情况一直呈加重趋势，其中1997年的断流历时高达226天，断流河长达700千米；黄河上、中游交界的托克托断面，也经常处于近乎断流的状态。黄河流域的地下水资源可开采量约为110亿立方米（《黄河的重大问题及对策》），目前的实际开采量已经达到了130多亿立方米，一些地区的地下水超采已经带来了许多严重的环境地质问题，造成地下水污染。据监测调查，西安市近郊潜水污染面积已达470平方千米，渭河傍河城市供水水源地被污染，太原、呼和浩特等城市以及汾河、渭河河川盆地都存在地下水超采或者大规模采矿活动，引起地面沉降、泉水枯竭和潜水污染。

黑河流域在经济发展过程中就忽视了该地区稀缺资源的合理开发与利用，中游地区由于人工绿洲的快速发展，特别是绿洲农业的发展，修建了许多水利工程，粗放型的灌溉方式导致下游水量急剧减少以及东、西居延海干涸和大片胡杨林的死亡，土地呈现沙漠化。为了控制额济纳地区沙漠化导致的沙尘暴问题，国家花费大量资金调水，保证下游地区的水量，这无疑是水资源粗放的利用方式给整个社会带来的巨大代价。把握水资源使用的量和度，对实现经济发展和生态环境保护的双赢具有重要意义。

（二）水功能区管理与经济社会发展关系

目前大部分的地区注重水资源开发利用和本地经济发展，容易忽视水资源保护的问题和地区间用水关系与可持续发展的协调问题，水功能区的合理划分和有效管理不仅可以维系地区的水资源水环境管理和保护，同时也是经济社会可持续发展的重要保障。水功能区管理包括划分水功能区、核定水域纳污能力、确定排污总量、水功能区水质监测及通报等。其中很重要的工作是建立水功能区限制纳污红线，既要严格控制水资源开发利用总量、提高用水效率，又要限制和减少污染物排放，保护水资源，促进经济社会可持续发展。

依据《水功能区管理办法》，确定污染物排放容量，实行水污染物总量控制，各直辖市、省会城市、经济特区城市、沿海开放城市及重点旅游城市的地表水水环境质量，必须达到国家规定的标准。这样可以有效地制约高耗水、重污染产业的不当排污行为，促使地方政府积极调整产业结构，大力发展低耗水、低污染产业。

如长江流域水量丰富，总体水质较好，但由于该流域流经的区域是我国经济社会发展较好的地区，其排污总量大，局部污染严重，此外，饮用水源区和开发利用区相互交错，一旦出现污染事件，后果严重。自 2000 年启动水功能区划工作以来，在各方面的共同努力下，长江流域水功能区划工作进展较顺利，水利部于 2002 年颁布试行了中国水功能区划，其中包括长江流域的重要河流，截至 2007 年，流域内 19 个省级人民政府批准实施了各自行政区域的水功能区划，随后进一步开展了水功能区确界立碑工作，流域机构加强了省界缓冲区的管理工作。在取水许可、入河排污口设置审批、采砂管理、河道内建设项目管理、流域综合规划等工作中，水功能区划已成为重要依据。

按照《水法》规定，长江干流及重要跨省河流水功能区划需要国务院批准，但由于多方面的原因，目前法定程序还没有完全完成，水功能区监测、评估与考核体系需进一步落实，部门间的协调与合作需要进一步加强。另外，经济发展方式的转变，对寻求经济社会和水资源保护的平衡点有重要意义，在长江流域可以发展通信设备、计算机及其他电子设备制造业等高新科技产业，因为在其运转过程中消耗资源和产生污染的指标都比较低，从水资源利用和水环境保护的角度来说应该是大力发展的。此外，还应大力发展低耗水、低污染的其他第二产业部门及第三产业的各部门等，因为发展这些产业，可以以更小的水资源、水环境代价取得更快的经济发展速度。

四、跨界河流水资源保护和水污染应急事件协调机制现状调查评价

（一）跨界流域水污染事件现状调查

随着我国加大流域水污染防治工作力度，重点流域水污染防治取得新的进

展，但跨界水污染近年来仍不时发生。自2004年以来先后发生了沱江特大水污染事故，松花江重大水污染事件，白洋淀水污染事件，广东北江镉污染事故，湖南岳阳砷污染事件，太湖水污染事件，巢湖、滇池蓝藻暴发等。生态环境部公布的2008年《中国水环境状况公报》显示，全国地表水污染依然严重，七大水系水质总体为中度污染。

《环境应急响应实用手册》中明确规定，跨界流域突发水污染事件应急基本处置原则是：联合通报机制——上下游水质变化异常要通报，突发环境污染事件要通报，查处成效要通报，应急效果要通报；联合监测制度——事件发生后，上下游应同时实现联合监测，并互交监测结果，同时监控污染物的迁移速率、浓度变化趋势等，为应急防范措施提供依据；联合防控制度——同时实施同类污染源禁排、限排措施，实施污染物的削减措施，同时实施自来水厂和水井保护措施。但在具体实施过程中，一方面缺乏上下游地区水使用权的划分和界定政策，另一方面缺乏上下游之间经济补偿、排污权交易和污染源信息公开通报等的相关规定，致使省界水质管理责任不能很好落实，难以对跨界断面的水量、水质实施有效监测管理。

以官厅水库为例，官厅水库所在的永定河流域是一个跨省、自治区和直辖市的跨界流域。水库本身及其下游地区的管理工作由北京市水利局负责，上游地区的水资源管理职权属于河北省张家口市水利局。北京市水利局在官厅水库管理中无权介入张家口市的水管理，即使其用水方式对下游地区的水资源和水环境产生不利影响时也是如此。两个部门之间在行政上不存在任何关系，地区间也没有建立任何水资源合理利用的协商机制，形成流域内各地区间水资源利用的直接相关而水资源管理间却互不关联之局面。可见，在跨界流域上下游间，水资源相关管理部门间缺乏流域统一协调管理和计划，缺乏明确的职责分工，一旦发生水污染事件，仅由北京市水务局来负责难以实现流域水资源的有效管理。而1984年发布的《官厅水系水源保护管理办法》中规定“本办法由当地人民政府环境保护部门和有关的监督管理部门监督实施”“违反本办法的罚款事项，由当地环境保护部门执行”，可见，由北京水利局管理的官厅水库，无权对官厅水库流域的水质保护和水资源维护实施监督管理权，无权追究各地区管理的责任，这样造成官厅水库管理者与水资源保护者的分离，不利于水资源保护管理。从水功能区的划分角度看，《管理办法》也没有明确官厅水库作为饮用水水源地功能的规定。

（二）跨界河流水资源保护与水污染防治协作机制

我国在1988年六届人大常委会颁布了《中华人民共和国水法》，是我国水资源治理的一个里程碑，之后又颁布了《中华人民共和国水污染防治法》，使我国在水污染防治的总体思路上进一步完善。

但是往往受到地方利益、部门利益的限制，其结果只能是导致流域水资源的污染和破坏。针对地区间水资源保护问题较为突出以及“多头管水”的问题，1995年8月国务院首次针对流域颁布了《淮河流域水污染防治暂行条例》，该条例是流域水污染防治的重大举措。同年，原国家环保总局根据松辽流域的具体情况制定颁布通过了《松辽流域水污染防治暂行办法》，但其立法层次还有待于进一步提高。此外，2007年黔、桂跨省（区）河流水资源保护与水污染防治协作机制成立，但相关运作模式还有待进一步探讨。这些说明我国在水资源保护和水污染防治法治建设方面不断地完善，但是在流域水污染防治方面的法律体系还不够健全。下面分别主要针对其协调机制进行简单阐述：

1. 淮河流域水污染防治暂行条例

条例的目的是为了加强淮河流域水污染防治，保护和改善水质，保障人体健康和人民生活、生产用水，制定本条例。并提出了淮河流域水污染防治的目标：1997年实现全流域工业污染源达标排放；2000年淮河流域各主要河段、湖泊、水库的水质达到淮河流域水污染防治规划的要求，实现淮河水体变清。

成立了淮河流域水资源保护领导小组（以下简称领导小组），负责协调、解决有关淮河流域水资源保护和水污染防治的重大问题，监督、检查淮河流域水污染防治工作，并行使国务院授予的其他职权。领导小组办公室设在淮河流域水资源保护局。

同时，明确了河南、安徽、江苏、山东四省（以下简称四省）人民政府各对本省淮河流域水环境质量负责，必须采取措施确保本省淮河流域水污染防治目标的实现。并且四省人民政府应当将淮河流域水污染治理任务分解到有关市（地）、县，签订目标责任书，限期完成，并将该项工作作为考核有关干部政绩的重要内容。而淮河流域县级以上地方人民政府，应当定期向本级人民代表大会常务委员会报告本行政区域内淮河流域水污染防治工作进展情况。

条例共20条，还对排污重点企业管理、水污染防治规划、水质监测与考核等做了具体说明。

2. 松辽流域水污染防治暂行办法

该办法由原国家环保总局于1995年颁布，主要目的是为防治松辽流域水污染，保护和改善生活环境与生态环境，保证水资源的合理利用，以保障人体健康，促进社会主义现代化建设的发展，制定本办法。

设立了松辽水系保护领导小组（以下简称领导小组），由吉林、黑龙江、辽宁和内蒙古四省（区）[以下简称四省（区）] 人民政府、国务院环境保护行政主管部门和水行政主管部门以及有关部门负责人组成。领导小组办公室设在松辽流域水资源保护局。

松辽流域县级以上人民政府，各对本辖区的水环境质量负责，并把水污染防治纳入各自行政区域内的国民经济和社会发展中、长期规划和计划。

松辽水系保护领导小组负责协调、解决与松辽流域水资源保护有关的重大问题，监督、检查松辽流域水污染防治工作。

办法还对排污单位和个人、水质监测、总量控制计划和断面考核要求等作了具体说明。

3. 黔、桂跨省（区）河流水资源保护与水污染防治协作机制

2007年，由珠江委、贵州和广西水利、环保部门组建的黔、桂跨省（区）河流水资源保护与水污染防治协作机制（以下简称“协作机制”）在广州成立。组建“协作机制”的主要目的就是让水利、环保部门携手合作，共同致力于加强对北盘江及北盘江汇入红水河河段沿线水资源保护和水污染防治力度，密切关注沿岸经济发展对水资源的影响状况；在加强监测、沟通，实现互通信息、资料互报的基础上，逐步摸索并完善沿岸跨省（区）水污染防治的预警预报制度；逐步建立并规范通过协商方式预防、解决跨省（区）的水污染事件引发的水事纠纷。

“协作机制”包括珠江委、珠江流域水资源保护局、贵州水利厅、贵州环保局、广西水利厅、广西环保局六个成员单位，各成员单位间不存在领导与被领导关系，是一种跨行业、跨部门，平等、互助、监督、协作的全新关系。主要通过协商的方式向有关地方政府提出解决问题的方案和建议，妥善解决、化解导致或引发跨省（区）的水污染问题，最终达到保护沿岸人民群众用水安全，保障社会经济的可持续发展的目标。

设置“协调小组”和“协调小组办公室”二级协商联动方式作为“协作机制”的组织机构。协调小组是“协作机制”的协商决策机构，由各成员单位的主要负责人组成，通过会商方式决定跨境水污染防治措施和方式以及需要“协

作机制”协商解决的重大问题。办公室是协调小组的日常工作机构，主要负责日常信息、资料的处理。“协作机制”的工作制度主要有例会制度、重大水污染事件报告制度和水资源保护与水污染防治信息共享制度三种。

（三）水污染事件的应急管理

我国水环境突发污染事故，主要表现在：化学品泄漏、危险品翻船、农药施肥不当等方面。这类突发污染事件防不胜防且事态严重，如不当机立断正确处理，会影响人民生命安全和社会稳定。

1. 松花江水污染事件

2005 年位于吉林市的中石油吉化公司双苯厂发生爆炸事故，苯类污染物流入第二松花江，造成重大水污染事件，直接影响了下游黑龙江省的哈尔滨市和相关地区的居民饮水安全，引起了国内外的广泛关注。

水污染重大突发性事故后，由于事发突然，如果没有相应的法律依据和科技支持，应急处理工作处于被动局面，有可能进一步加剧事故造成的损失。突发事故发生后，事故情况没有及时向有关部门报告，事故信息没有及时向下游地区和相关部门通报，也没有及时向社会公众发布。根据《中华人民共和国水污染防治法》第二十八条规定：“排污单位发生事故或者其他突然性事件，排放污染物超过正常排放量，造成或者可能造成水污染事故的，必须立即采取应急措施，通报可能受到水污染危害和损害的单位，并向当地环境保护部门报告。”《中华人民共和国水污染防治法实施细则》第十五条，更进一步明确限定报告时间期限是“事故发生后 48 小时内”。不少事故的信息传递没有按照这些法律严格执行，延误了处理污染事故时机，也会造成居民的恐慌心理。特别是河流突发性污染事故发生后，缺乏上下游、相邻省份和地区、各个部门之间的会商协调机制，更使局面陷于被动。另外，因为没有建立突发性事故的应急处理体系、预警系统和突发事故处理预案，主要依靠临时判断和处置，难以达到科学和准确的要求。

2007 年，松花江辽河流域水利委员会出台了《松辽水利委员会应对重大突发性水污染事件应急预案》，这一预案的适用范围，涵盖了松花江辽河流域内涉及省自治区界缓冲区水体、重要水域、直管江河湖库、跨流域调水及国际河流等重大突发性水污染事件。预案要求，决定实施应对行动后，要在一小时内调集完成应对工作所需人员、设备、物资，奔赴现场，开展水质监测，开展调查，实时与有关省自治区交流信息，掌握事态发展情况，及时将监测调查结果和分析预测成果向有关部门报告。

该预案中特别强调，如发生重大突发性水污染事件时，在一小时内将有关情况报告水利部和国务院有关部门，通报有关省级人民政府及其有关部门。特别紧急的，在报告水利部的同时，可直接报告国务院。这一预案按重大突发性水污染事件的严重程度、可控性和影响范围，将应对行动分为Ⅰ、Ⅱ两个级别。预案共有总则、主要职责及组织机构分工、预警、应对、应对保障、预案管理、演习和附则八个部分。

该预案的出台，建立了松花江辽河流域应对重大突发性水污染事件的有效机制，显著提升了应对重大突发性水污染事件的能力。

2. 大沙河煤焦油泄露事件应急管理

2006 年一辆装有 60 吨煤焦油的货车在山西省境内遭遇车祸，造成煤焦油泄露至大沙河，并顺流而下进入河北境内。事故发生地距离下游阜平县城 80 千米，距离王快水库仅 110 千米，直接威胁到阜平县城和保定市主要饮用水源之一王快水库水质安全，因此必须全力截污，否则后果不堪设想。在全力加快污染物清理的同时，采取了增建拦河坝和备用污水库等三项紧急措施，以确保阜平县城居民的饮水安全和王快水库的水质。

这次水污染事故发生后，在河北省与山西省交界至阜平县城布设入境、吴王口、县城三个测流断面，实测了三个断面流量、流速情况，并对水质进行了监测。通过各级政府和各部门之间的通力合作，最终将污染控制到最小范围。在污染事件的处理过程中，存在许多值得总结的经验和教训。

目前处理突发性水污染事件的依据主要有国务院办公厅 2000 年发出的《关于加强紧急重大情况报告工作的通知》，水利部 2000 年 7 月出台的《重大水污染事件报告暂行办法》以及国家环境保护局 1987 年出台的《报告环境污染与破坏事故的暂行办法》。但这些文件对于突发性水污染事件应急处理机制、事件预警和信息发布等方面还不健全。另外，由于水利部门没有专门的应急管理机构，主要依靠流域管理机构和各省级水行政主管部门以及水环境监测系统的工作，不利于与生态环境部进行相关协调工作的开展。

在大沙河煤焦油污染事件的抢险抗污工作中，山西省繁峙县和河北省阜平县分别调出了水利、环保、交通、城建、通信等多个部门，但这些部门之间缺乏沟通联系，功能划分不明确，不能有机地结合起来各自发挥作用，协调一致。

3. 太湖蓝藻暴发事件的应急管理

2007 年从 4 月 25 日起，太湖的梅梁湾就出现了大规模的蓝藻，2007 年 5 月

7日太湖蓝藻第一次大暴发，比2006年提前了近一个月。太湖藻类提前大暴发，藻类大范围死亡下沉，耗尽水中氧气，在水源地及其周围的湖底，死亡藻类和淤泥在厌氧状态下产生大规模“湖泛”，其臭味和有关指标，远超过自来水的正常处理能力，按正常处理手段无法进行处理和消除臭味，导致自来水产生严重异味、臭味，这是突发性水污染事件，也是水生态危机，给市民生活带来很大不便，直接影响到社会的和谐与稳定。太湖治理需要通过加强行政监管与科技攻关的方法，采取截污、控源、补水、修复等多种手段，但仅仅某一区域、某一行业或某一类的污染负荷削减量已满足局部要求，还是远远不能满足全局总量控制要求，必须对其调整或完善，满足全局总量控制要求。

综上所述，水资源保护管理重点是解决长期存在的“多龙管水”问题，需建立从中央到地方、从流域到区域的水资源统一管理机构，对水量、水能、水质与水生物实行统一保护，使水资源保护朝着良性方向发展，全面实现对水资源的统一规划、统一配置、统一调度，达到统一管理的目标。具体可分以下几方面：

（1）做好流域重要取水口、大中型农业灌区退水口、重点饮用水水源地的监测工作，进一步核定流域水功能区划、完善流域重点入河排污口普查登记工作及流域省界监测断面优化工作。

（2）建立完善与用水总量控制、水功能区管理、地下水管理、节水管理及水源地、水生态保护相适应的监控及预警体系；建立完善流域水质、水量、水生态监测网络。

（3）建立三个补偿机制和三个恢复机制，即谁耗费水量谁补偿、谁污染水质谁补偿、谁破坏生态谁补偿的三补偿机制和保证水量的供需平衡、保证水质达到需求标准、保证水环境与生态达到要求的三恢复机制。

（4）水生态系统是以水为基质的重要生态系统，它存在的根本在于必须要有相应的水资源作为最基本的支撑条件，水生态系统平衡必须建立在水资源正常之上。因而，水资源保护是水生态系统保护的前提。

水资源保护管理在经历了“以需定供”“供需平衡”和“以供定需”的发展历程后，水资源保护任务日益繁重而艰巨，随着“生态文明建设”的提出与推行，水生态与水环境问题受到重视；与此同时，需、用水量继续快速增长，水污染日益加剧，水生态与水环境衰退，成为制约经济社会持续、稳定发展的关键问题。水资源保护领域有待扩展，进入“生态优先”的阶段。遵循水资源保护管理体系扩展的客观规律与发展趋势，扩大水资源保护管理范畴和权限是形势所需与必然趋向，将水资源管理与保护、水环境管理与保护、水生态管理与保护进行整合，对水资源、水环境及水生态实行一体化管理与保护，有利于水资源保护管理效益与水资源保护效果的提高。

第十二章　国内外水资源保护管理体制与模式

第一节　我国水资源保护管理模式

一、我国流域与区域水资源保护管理特点

水资源保护的目的是增加水资源的可利用的水量，提高水质，改善水生态和水环境，而不仅仅是水污染防治。流域和区域在水资源保护和管理方面有不同的侧重点和权利范围，在过去水资源管理与保护的实践中，流域管理和区域管理共同发挥着重要作用，促进了我国水利事业的发展，但是也存在一些各自无法克服和避免的问题。

（一）流域水资源保护管理

1. 流域管理的特点

流域管理主要从整个流域水土资源高效利用出发，从生态、环境、经济社会等方面统筹考虑其水土资源的综合开发利用效益。总体而言，流域管理在水资源水环境管理和保护等方面更加注重整体性和宏观性。流域管理不仅把水资源作为区域经济社会发展的支撑，且更注重水的社会服务功能和生态环境功能效益的统一。流域水资源保护管理的特点主要可以归结如下。

（1）统一性

统一性是流域管理的最基本特性，是由水资源的系统性和自然统一性所决定的。流域是一个相对独立的系统，流域内的各要素之间关联性极强，相互间存在较高的互动性，这些要素相互依赖、相互作用，共同构成了一个可循环的流域整体。流域管理必须尊重流域的这种整体性，实行统一管理，把流域内的各项要素作为一个统一的整体进行管理，综合考虑流域防洪、水质、环境、泥

沙、土地、移民、国防、经济效益等各个方面。在管理内容方面，并非仅集中在水资源的经济效益功能方面，而是统筹考虑水资源的生态环境属性。

（2）协调性

流域管理的范围是整个流域，因此河流的干支流、上下游、左右岸均在流域管理的范围之内。这些区域的地理位置不同，自然条件、生态环境、经济发展水平、社会组织结构及管理程度各异，各方在水资源的利用和管理方面，在一定程度上存在利益冲突。流域管理机构根据不同区域间的差异，平衡各方利益，协调处理不同区域及不同部门之间的关系，达到全流域共同发展的目的。具体到水资源保护方面，流域管理需要实现水量在上下游的可持续利用，并通过生态服务补偿等方式实现上下游良好的水环境。此外，流域管理必须关注那些区域不愿或不能单独负担而全流域受益的事务，如河道内与河道外的生态保护、水土涵养、湿地保护等。在行使此项管理职责时，流域管理机构与有关区域存在潜在的冲突。因此，流域管理必须协调上下关系、全流域与某个区域的关系，做到既有利于流域的发展，又不损害单个区域的利益。

（3）长远性

如前所述，流域是一个自身循环的整体系统，任何对流域内局部的破坏最终必须通过流域加以修复。同时，流域内公益性事务的受益方也终将是全流域，即任何对流域的破坏或施益在未来仍在本流域得到反映，而流域管理的着眼点恰在于全流域的发展。因此，流域管理不同于区域管理，更加重视流域的长远利益，以全流域为基点，不仅关注水资源水环境的短期经济效益功能，而且更加注重水资源水环境的长期社会效益功能。

（4）宏观性

流域管理的宏观性是由流域管理的范围以及流域管理的性质所决定的。流域管理着眼于整个流域水环境的各个方面，其地域范围广泛、管理内容多样且流域内设有不同的行政区域以管理区域内的具体涉水事务，因此，流域不必也不可能进行具体、细致的管理。从流域管理的性质来看，流域管理是位于区域管理之上的管理和监督。因此，流域管理机构应当管理全流域的宏观事务，包括流域规划、水资源配置、水污染防治规划、流域项目审批、流域监督和纠纷解决，对属于行政区域管理的具体、微观的涉水事务，流域管理机构不宜进行管理，以防涉入过深，失去统管全流域的能力和平衡流域各方利益的公正性。

2. 流域水资源保护管理的目标

近年来，随着人口的增加、经济社会的快速发展和城市化进程的加快，流域内各省、自治区、直辖市对水资源和水环境的要求越来越高，尤其是在我国的北方地区，用水竞争越来越激烈，用水需求也更加复杂多样。因此，流域管理机构从流域全局利益出发对流域内的水资源开发利用和保护工作进行规划和管理是当前日益严峻的水资源形势的客观要求。目前，我国的流域水资源管理目标主要可以概括为以下几个方面：

（1）合理开发利用本流域的水资源（发电、灌溉、航运、水产、供水和旅游等）以及防治洪涝灾害（防洪、除涝以及抗旱等）；

（2）协调流域社会经济发展与水资源开发利用的关系，处理各地区、各部门之间的用水矛盾，在一定范围内最大限度地满足流域内各地区、各部门用水量不断增长的需求；

（3）监督、限制不合理的水资源利用活动以及污染、危害水源地的行为，控制水污染发展的趋势，加强水资源保护；

（4）遵照国家的经济发展政策，并以社会各部门各地区合理的用水需求和用水优先序为基础，以可持续开发利用以及保护的原则，对流域内的水资源进行综合规划，合理分配流域内的水资源；监控和调度流域内大型水利水电工程；

（5）根据需要确立或加强适当的体制、法律和财务机制，为水事政策的制定和执行奠定基础；

（6）保证流域生态系统的良好平衡。保障生态用水，严禁超采地下水，保证适当的人工植被用水。

3. 我国流域水资源管理保护的内容

新水法从法律上确定了流域管理与行政区域管理相结合的管理体制，从根本上确立了流域管理机构在水资源统一管理方面的法律地位，规定了流域管理机构可以在其所管辖的范围内行使法律、法规规定的和国务院水行政主管部门授予的水资源管理和监督职责。

在水资源保护方面，新水法除保留并强化了原水法有关水量保护的有关规定外，特别强调了水质管理，确立了相应的法律制度，如确立了江河、湖泊的水功能区划制度；规定国家建立饮用水水源保护区制度；规定在江河、湖泊新建、改建或者扩大排污口，应当经过有管辖权的水行政主管部门或者流域管理机构同意等。新水法明确的基本制度包括：取水许可制度；饮用水水源保护区制度；河道采砂许可制度；用水计量收费和超定额累进加价制度；用水总量控制和定额管理制度等，还有一些规定虽然没有指明，但也可以理解为制度，如建设工程规划同意书制度；水文基本资料公开制度等。流域机构需要负责在所辖范围内促进这些基本制度的建立和不断完善，从而实现流域内水质的改善和水量的提高等目的。

在水资源保护方面，流域机构的主要职责大致可以概括如下：

（1）贯彻执行国家有关水资源保护、水污染防治的方针、政策的拟定；负责由水污染引起的流域内省际水事纠纷的调处工作；

（2）组织水功能区的划分，指导和审查流域内各省市水功能区划分；实施水功能区监督、管理；

（3）审定主要水体水域纳污能力，提出限制排污总量的意见；负责对省界水体、直管江河湖库、主要水域以及跨流域调水水域的排污口进行监督和管理；

（4）负责监督主要饮用水源保护区等水域排污的控制；负责取水许可中水质管理和建设项目水资源论证中水质论证管理工作；

（5）组织编制水资源保护规划，并负责监督实施；指导和审查流域内省（市）水资源保护规划；参与编制流域内水污染防治规划；

（6）负责流域内水质监测工作的管理；组织和指导省界水体、重要水域、跨省调水水域、重要供水水源地等流域性水量和水质监测工作。负责发布流域内水资源质量、流域内省界水体水资源质量公报（通报）；指导和管理水文水资源监测局的水资源监测工作；

（7）参与编制流域内中央水资源保护投资计划，并指导和组织流域内水资源保护项目的建设；

（8）参与编制流域内水资源量质并重的优化调度方案；

（9）组织、指导和开展水资源保护宣传、科学研究、交流和培训；

（10）承办水利部、生态环境部和流域管理局交办或授权的其他事项。

4. 流域水资源保护局

我国水资源保护工作起始于20世纪50年代后期，20世纪70年代中期各流域相继成立了流域水资源保护机构，专职从事水资源保护工作。根据已经发布的法律、法规和部委规章，流域水资源保护机构具有一定行政职能。如《中华人民共和国水污染防治法》第四条规定重要江河的水资源保护机构结合各自的职责，协同环境保护部门对水污染防治实施监督管理。该法第十八条规定国家确定的重要江河流域的水资源保护工作机构，负责监测其所在流域的省界水体的水环境质量状况。

目前我国有7个中央直属流域水资源保护管理机构，即长江流域水资源保护局、黄河流域水资源保护局、淮河流域水资源保护局、海河流域水资源保护局、珠江流域水资源保护局、太湖流域水资源保护局、松辽流域水资源保护局。这7个流域水资源保护机构分别是1983年与1984年由当时的城乡建设生态环境部与水利电力部共同批准设立的，因而实行由这两部双重领导、以水电部为主的领导体制。当时这两部文件中规定了流域水资源保护局在环境保护方面有6项职责：贯彻执行国家环境保护的方针、政策和法规；草拟水系环境保护法规、条例；牵头组织流域内省、市、自治区的环保部门制定水系干流水体环境保护长远规划及年度计划；协助环保主管部门审批沿岸新建大、中型项目环境影响报告书，监督检查其执行“三同时”的情况；会同各级环保部门监督流域内水环境的污染和生态破坏；组织协调流域内水环境监测，开展流域内水环境保护科研及水利开发、工程建设对流域内环境的影响和评价。

1983年5月水电部与建设部对流域机构实行双重领导，是一种行政决定。受水电部和建设部委托，流域水资源保护机构行使部分水资源保护和水污染防治职能。这是作为事业组织的流域水资源保护机构首次获得跨国务院职能部门委托行政授权，符合我国行政法规则。1987年10月12日水利电力部、国家环保局《关于进一步贯彻水电部、建设部对流域水资源保护机构实行双重领导的决定的通知》（水电水资〔1987〕20号），肯定了1983年两部对流域水资源保护机构实行双重领导的决定是正确的和必要的，是流域管理和区域管理相结合的管理体制的新尝试。

国务院职能部门对流域水资源保护机构实行双重领导，是符合行政法规则的，也是必要的。总体来看，在一个时期流域机构执行双重领导决定是有积极作用的，对于推动我国水资源保护和水污染防治做出过积极贡献。

5. 应急状态下流域水资源保护机构的职责

在应急状态下，如出现水质水环境污染事件，流域机构及其水资源保护机构应充分利用其掌握的水文、流速等资料协助生态环境部做好水污染团的跟踪和检测，共同应对水质水环境应急事件；当出现水量应急事件时，流域机构应充分利用其协调流域内各方利益的优势，调动流域内的相关力量，共同做好抗旱或者防洪的工作。

6. 流域管理的特点与存在问题

目前，我国的流域管理也存在一些问题，主要包括：

（1）流域管理职能交叉与分割。职能交叉，流域管理机构和水资源保护机构并存，职责不明晰，水量与水质人为分割管理；权属分割，电力、交通运输部门与流域管理机构职能相争，水能、水域无法实行资源权属统一管理；

（2）流域管理缺少必要的制约手段，对入河排污、用水量控制，水工程建设和水域权属管理没有强制手段；

（3）流域管理机构经济实力不强，全部经费都来自国家财政，缺乏持续发展的能力；

（4）流域管理机构缺少较为独立的自主管理权，尤其对水资源开发、利用和保护方面存在的竞争性开发、掠夺性经营、粗放式管理、用水效益低以及不重视水生态保护等问题无法很好地履行其职责；

（5）流域管理缺少正式的充分的信息沟通渠道。由于部门分割，流域管理机构只能与上级主管部门进行信息交流，而与其他相关的部门正式的信息交流渠道不畅。体制缺陷降低了管理效能，造成了管理投资分散，不利于水资源的可持续利用，给科学开发、合理利用、优化配置和有效保护水资源带来诸多重负效应。

（二）区域水资源保护管理

水资源的区域管理就是从行政区域的角度对水资源进行管理。目前世界上大多数国家都实行水资源区域管理或以区域管理为主结合流域管理的水资源管理模式，但也有一些国家实行单一的流域管理，如法国。由于水资源管理是国家公共事务管理的一部分，因此，一般区域管理的实施方式与国家结构和政体有密切关系。

1. 我国区域水资源管理的职责

行政区域管理是我国水资源管理模式的一个重要管理层面与方式。根据水法和其他水事法律的规定，我国水资源行政区域管理主要由三级构成，即国家级、省级和县级。国家赋予不同的管理级别不同的管理权限。水法第十三条规定："县级以上地方人民政府有关部门按照职责分工，负责本行政区域内水资源开发、利用、节约和保护的相关工作。"据此，区域水资源管理涉及的工作包括水资源的开发、利用、节约和保护各环节。

2. 行政区域管理的特点

由于行政区域与流域并非完全重合，且现代社会中，行政区域是国家的基本组成部分，国家以行政区域为单位考察经济和社会发展水平。因此，不论基于区域在本国的地位，还是考虑区域行政首长自身职责，行政区域对水资源的保护和管理更加注重于本区域的经济和社会效益，在管理内容上偏重于服务本行政区域的基础功能，而相对忽视同流域其他区域的利益，这就导致了行政区域管理具有管理范围局部性、管理事务具体性和稳定性等特点。

（1）管理范围局部性

行政区域管理的局部性是指其管理范围和管理内容上的局部化和分裂化。一般来说，行政区域多为流域的组成部分，同时，由于行政区域内部存在分级管理的体制，因此，即使存在一个行政区域包含一个或多个流域的情况，通过划分管理层级，仍能将流域划归为不同的下级行政区域管理。因此，行政区域管理的是流域的部分地区，其地域范围决定了行政区域管理的局部性特征。

行政区域管理一般只注重本区域范围内的水资源保护，对同流域非本行政区域的其他区域，不做过多考虑，在水资源的配置、开发利用，水污染防治、水环境及水生态保护等方面，不考虑上下游其他区域，只关注流域的局部地区。行政区域管理的局部性还体现在割裂水资源保护特性，只注重其经济效益功能，忽视其社会效益功能。当然，在现代政治下，水资源保护的社会效益已经得到世界多数国家的认同，行政区域管理也不能完全忽略其社会效益方面，但仍然只考虑那些给本行政区域带来社会效益的部分，对全流域受益的部分，一般难以纳入区域管理的范畴。

（2）管理事务具体性

具体性特征是指管理内容的具体化。行政区域管理是国家政府管理的基本模式，行政区域实行层级式管理，每一级的管理内容都有具体规定，其层级和权限划分非常明确、具体。水资源保护的行政区域管理机构必须依照规定管理本区域范围内的具体涉水事务，包括区域规划和水资源的开发、利用、配置、节约、保护，水污染的防治等各项具体内容，这是国家性质所决定的。同时，行政机构熟悉本行政区域的资源情况、经济和社会发展情况，因此，管理机构能够对本行政区域的水资源水环境实行具体、深入地管理，以贴合区域需要。

（3）稳定性

稳定性是指区域管理的范围确定、内容固定、手段确定，这是由行政区划的稳定性和政府组织结构的稳定性所决定的。一国的行政区划完成后，为维护社会的稳定，一般不会发生变化。相应地，政府组织模式也具有稳定性的特征，其结构一旦确定，将保持长期稳定。在此前提下，由法律法规或政府文件确定的政府组织机构的职责和管理方式也相对固定和明确，即使改革，也大多数为平缓变动。作为政府组成部分的水资源行政区域管理机构，其管理范围、管理内容和管理方式都由政府管理模式所确定，在没有进行政府改革或政治变革的情况下，一般都保持稳定。

3. 流域管理与区域管理的区别与联系

流域管理往往更趋向于对水的自然属性的管理，注重整个流域的水循环，目标是使全流域内的水资源得到整体有效的利用和保护。区域管理通常趋向于对水的社会属性进行管理，从区域局部出发，目标是综合利用辖区内的水资源，促进经济社会的发展。

目前，区域管理是我国水资源管理的主要形式，实现从上到下的分级管理。流域与区域管理相结合的水资源管理模式客观地体现了人类对水资源开发利用的活动与水的自然运动规律的有机结合。流域对水的自然属性的管理和区域对水的社会属性的管理的目的是在综合利用辖区内的水资源发展区域经济的同时使流域水资源得到整体的利用与保护。

4. 区域管理存在的缺陷

2002 年对《水法》修订以前我国的水资源管理一直实行单一的区域管理模式，流域通常被分割为若干个行政单元，在每个行政单元内又有若干个部门共同负责水资源管理事务，在实际的工作中，这些部门往往缺乏对流域系统性和综合性的考虑，具体的缺陷可归纳如下：

(1) 按行政区域进行水资源管理，人为地割裂了水资源的系统性和整体性。在这种管理模式下，一个流域内上下游、干支流、左右岸之间因水量的分配与利用产生的矛盾往往得不到科学合理的解决。

(2) 按行政区域设立管理机构无法避免地方保护主义。我国的水资源管理部门隶属于地方人民政府，出于对地方利益的保护，在水资源保护和利用方面的决策往往带有自利性。在水资源开发利用上，上游对辖区内的河道过度开发利用，会直接影响到下游的开发利用，这种影响在干旱季节变得更加突然。在水资源保护问题上，上游向河道过量排污会使下游水环境恶化，尤其是在水质污染应急事件中，行政区域管理模式很难从全流域的角度出发，较好地处理污染物的转移对沿途地区的可能影响。

(3) 行政区域管理模式导致的分权和制衡，形成了区内各部门各自为政的局面，不利于对水资源实现有效且全面的保护。

二、流域和区域管理结合的必要性

在一个流域内，地表水和地下水资源不断发生相互转化，上下游、左右岸、干支流之间对水资源的开发利用相互影响，防洪、灌溉、供水、发电、生态等功能之间相互联系。过去那种单纯按照某个行政区域、一条河流、单项工程开发、治理和监督管理所产生的弊端日益突出。因此，依照水法确立的流域管理和行政区域管理相结合的水资源管理体制，流域内各地区、各部门只有加强协调、团结合作、共同做好全流域水资源特别是流域内跨省河流及地下水水源地的水资源开发、利用、治理、配置、节约和保护等工作，才能实现以流域水资源的可持续利用保障经济社会可持续发展的共同目标。

（一）流域与区域相结合的必要性

按照流域进行水资源保护与管理，从水资源系统看是科学合理的，符合系统论的观点，从生态系统来看也是科学合理的，但是由于①目前行政区域主要划分依据一是自然条件（如河流、山脉），二是民族、文化差异等因素，流域范围不一致；②经济区域一般是由于矿产的分布、经济社会联系和历史原因形成，与流域也不一致，使得目前各国按流域进行水环境统一管理都存在一定问题。因此实施流域管理与区域管理相结合为目前的最佳选择，其必要性主要表现在：

1. 流域与区域相结合的水资源保护体制符合自然规律

水体均有其集水的区域，即为流域。一般地说不同范围的流域都是由次一级若干相连的流域构成并以其地形轮廓把它与邻近流域划分开来。故水资源保护的本质是具有流域性的。在每一流域中，水体又直接与流域的地貌、岩石、土壤和植被密切相关。植物群落的构成受到了大气候、小气候、土壤的结构和构造及其化学特征的影响，而植物又影响了水体的径流率、蒸发损失和土壤侵蚀。为此，每一水体的流域范围无论大小如何，或流域内自然差异无论有多大，均可视为一个相对独立的具有复合性的生态系统。由于任何水体都依赖于源区的水流，受制于水源的流向，故流域内的水体不仅在物质和能量迁移上具有方向性，而且上中下游、左右岸、干支流之间相互制约、相互影响。因此只能从流域尺度出发，尊重水体的自然规律，对水资源、水环境进行统一的规划、管理、保护，才能合理地处理水资源开发利用与保护之间的关系，才能合理地制定水污染防治的总体方案和具体措施，才能保障流域生态系统的健康安全。

2. 流域与区域相结合的水资源保护体制能保障水资源保护措施的实施

水资源、水环境具有自然、生态、环境、社会经济多重属性，在水资源保护中除了涉及水体自身以外，必然和社会经济的各个方面有所联系。流域水资源保护部门从流域尺度制定的流域水资源规划、水污染防治规划等具体实施必然是从小的区域尺度出发，其实施过程中必然涉及区域社会经济各个领域。然而流域水资源保护管理部门制定的水资源规划、水污染防治规划等与区域的社会经济特征不一定协调，造成流域规划在区域无法实施，此时必须有区域水资源保护部门结合区域特征，在流域总体框架下，根据区域特征，做出相应调整，保障水环境管理政策的具体落实。

3. 流域和区域相结合的水资源保护体制是协调各区域间用水矛盾的必然选择

各区域水量分配，跨界断面水质已经成为当前备受关注的问题，也是目前各区域间社会矛盾产生的重要原因之一。区域水资源保护从区域自身对水资源的需求出发，同时区域社会经济发展程度又反过来作用于水环境。但由于水体的流动性，一个区域的水环境状况必然影响流域内其他区域，造成不同区域间的矛盾。流域管理从流域的尺度出发，对整个流域的水资源保护做出规划，能够充分协调不同区域的水环境矛盾，但是流域规划本身可能与具体区域的社会经济情况不符，造成流域水环境管理与区域实际需求的矛盾。因此只有通过流域与区域相结合的水资源保护体制，流域水资源保护机构在充分考虑各区域实际情况的基础上，对流域水环境做出统一协调的管理，区域水环境管理机构在流域综合规划的基础上根据区域需要做出相应调整，才能充分解决目前水量分配、跨界断面水质等矛盾。

4. 流域和区域相结合的水资源保护体制是经济社会可持续发展的必然要求

水资源保护与管理必须既有现实目的，又要有长远的计划。从区域水资源保护的特征来看，其以满足区域用水需求，保护区域水环境为主，具有一定的区域局限性，不利于水环境的长期保护和社会经济可持续发展对水资源保护的要求。流域是一个自身循环的整体系统，流域内公益性事务的受益方也终将是全流域，即任何对流域的破坏或施益在未来仍在本流域得到反映，而流域管理的着眼点正在于全流域的发展。因此，流域管理不同于区域管理，更加重视流域的长远利益，以全流域为基点，不仅关注水资源水环境的短期经济效益功能，而且更加注重其长期社会效益功能。因此区域与流域结合的水环境管理体制是可持续发展的必然要求。20 世纪 90 年代以来，黄河、黑河、塔里木河流域缺水干旱、断流，生态环境问题日趋严重，国家在三河流域实施了流域水资源的统一调度和管理，在与区域水资源管理机构进行协商和沟通的基础上，通过流域管理机构对流域水资源的优化配置和水量统一调度，黄河在确保不断流的同时缓解了全流域用水的紧张局面，塔里木河干流实现了调水至干枯的尾闾台特马湖，2001 年起黑河分水圆满完成国务院提出的三年分水目标，流域三河水量的统一调度，有效缓解了下游长期存在的缺水断流和生态环境恶化问题，受到了党和国家的充分肯定，赢得了社会各界的广泛好评。这些实践都证明，流域与区域相结合的水资源管理方式推动了我国水资源统一管理，符合我国的水情、国情，是未来我国水资源管理的必然选择。

流域管理是流域管理体制中最综合、最高层次的管理。流域管理机构在我国水资源管理过程中起着承上启下的作用。行政区域管理不可能替代流域管理机构管理，流域管理机构也不可能替代行政区域管理，两者的结合构成了完整的流域管理。流域管理体制包括流域管理的制度和相应的组织机构体系，组织机构体系包括流域协调管理机构和流域内的各级水行政主管部门。流域管理制度有法律、行政管理制度、流域开发政策等等。同时，每个流域都有形成与治理这个流域相适应的一套不断完善的科技对策和能力。

（二）流域与区域相结合管理内涵

1. 结合的原则

流域与区域相结合的水资源管理方式主要遵循以下三方面的原则：

（1）流域和区域管理并重的原则：在水资源保护中必须从流域的尺度出发，才能协调统一管理流域水量和环境。另一方面，由于不同行业用水、污染物排放等以及不同地区之间存在很大差异，从节水、清洁生产、污水减排、水污染防治的角度出发，区域行政管理部门可以对区域内各行业进行统筹安排，保证有效地节水和水污染防治。因此在水资源保护中，必须从流域的统一协调出发，又要充分考虑区域的特性，发挥区域行政管理的强力性，做到流域管理与区域管理并重。从流域尺度对水环境做出统一协调的规划，从区域尺度制定具体水资源管理和水污染防治措施。

（2）局部服从总体原则：从流域上讲，子流域服从上一级流域，流域内区域服从流域总体原则。从流域尺度进行水资源保护是水体的自然特性所决定的，符合自然规律。因此子流域或区域水资源保护过程必须符合流域管理的总体要求，局部的水资源规划、分配、调度，水污染防治、排污总量控制等必须融入流域的整体框架，局部服从流域总体。

（3）行业服从区域和流域发展原则：不同行业对水资源水环境的需求和影响程度不同。部门的专用性水管理要服从流域水资源综合管理，流域和区域水环境管理体系对行业用水进行以区域为基础的分类管理。同时根据国家和区域的中长期发展规划，对区域内发展的不同行业进行合理布局，并总体上要服从当地的水资源保护和水污染防治规划的要求。

2. 结合的内容

从水法看，流域管理侧重于宏观管理、控制性工程及河段等管理、省际协调管理、监督管理。行政区域对水资源的管理与用水户的利益、经济社会的发展联系更直接和密切。

流域管理与区域管理相结合的事项可分为三类：①涉及水资源的管理与监督，包括规划、计划、水量分配、水量调度、取水许可、水资源保护（包括水功能区划、水污染防治、水质监测等）；②涉及河道、工程管理与监督，包括河道整治；③水行政执法，包括水事纠纷调处、执法检查、行政处罚等。

（三）流域与区域相结合存在的问题

流域与区域相结合的水资源管理虽然能够提高水资源的管理效率，但是在实际中也存在一些亟待解决的问题。

1. 现有水法规体系仍不健全且针对性较弱，水资源管理制度，尤其是与流域水资源统一管理相关的具体制度尚未完善，不足以或不能为流域水资源统一管理和保护提供具体全面的依据和基础，尤其是流域机构与区域水行政主管部门间的权力不清、职能重复和矛盾的问题仍未解决。

2. 目前，许多职能都是由流域管理机构和地方水行政主管部门共同承担，在流域水资源管理汇总，流域管理机构代表流域整体利益，地方水行政主管部门代表地方利益，而地方利益与流域整体利益并不是完全一致的，有时甚至会发生冲突。由此导致流域管理机构和地方政府水行政主管部门在监督管理中，因维护利益的不同而发生相互争权或推诿的现象。流域机构与地方水行政主管部门的管理权限如何实现结合，以及结合的原则、方式、内容、结合点等都是亟待研究的问题。将两种完全不同的管理模式结合起来，归入对水资源的统一管理中，这需要做好协调工作，与流域内地方政府及其水行政主管部门进行沟通。流域管理是以宏观管理为主，但并不意味着流域管理就不具体。以长江河道采砂管理为例，长江委不仅有编制采砂规划、审批发证、监督管理等具体职责，而且有直接管理省际边界重点河段采砂的权力。这些具体的职责，都需要认真履行，落到实处。在目前的水资源统一管理体制中，很多职责是由地方政府及其水行政主管部门承担的，这并不意味着流域管理就不必到位，属于流域管理机构的职责，必须坚决履行。

三、流域与区域水资源保护管理模式

（一）流域与区域管理的合作方式

本质来说，流域管理与区域管理相结合的水资源管理方式是统一管理与分散管理相结合的管理方式。同一管理会涉及多区域、多部门、多目标的多元管理，是一种需要多方配合的合作管理，而分散管理的各部门各自为政，需要避免部门间的无序竞争和资源浪费。流域管理与区域管理相结合的形势可以大致归纳为以下几种：

1. 服从关系，这种关系主要涉及的是：以流域为单元水资源宏观管理事务中流域管理与行政区域管理的关系，即分级管理服从统一管理。如流域范围内的区域规划应当服从流域规划；省际边界河流上修建的水资源开发、利用等项目需报流域机构批准等。

2. 合作关系，此种关系主要涉及上下游、左右岸各方利益，须由流域管理机构与有关省级行政区域的水行政部门共同完成相关任务。如流域管理机构会同省级水行政主管部门编制规划、拟定水功能区划；跨省水量分配方案和水量调度预案等。

3. 分工关系，主要涉及的是实施各项水资源管理制度和直接管理水资源的具体事项中，流域管理机构与省级水资源主管部门之间的关系，如实施取水许可制度，审批河道内建设项目，对水资源动态进行监测等。

4. 监督关系，主要涉及的是省际边界水事活动和水事纠纷调处中，流域管理机构与地方行政关系。如省级边界河流上建设水资源开发、利用项目要由流域管理机构批准；流域管理机构依据职权对违法建设水利工程的行为进行查处等。

（二）流域与区域管理模式探讨

流域管理在我国虽然有几十年的历史，但是其法律地位在新水法中才得以明确。因此，建立和完善流域管理与行政区域管理相结合的管理体制的重点应当是如何确定流域机构的职能，如何找到两者的结合点。

1. 明晰流域与区域管理的事权划分

划分流域与区域管理事权，必须明确流域管理机构的宏观管理职能和直管功能。在宏观管理职能中，实行流域统一规划、统筹安排、宏观指导、监督检查的方式，实行流域的统一管理。流域管理机构与地方水行政主管部门是指导、协作、监督和行业管理的关系。流域机构负责统一管理流域水资源。主要是负责拟订流域内的水量分配方案和年度调度计划，在授权范围内实施取水许可制度，负责水资源动态检测。

流域机构在水资源保护方面的职责包括组织水功能区的划分和向饮用水水源保护等水域排污的控制；审定水域纳污能力，提出限制排污总量的意见；负责对设置排污口的审查等。

总体来说，对于流域管理职能与区域管理职能间的协调，流域管理机构应着重于流域水资源规划、流域水功能区划及其标准制定、流域水资源的检测并监督实施等工作，而具体的实施管理职能主要由地方政府负责，实现较为明晰的流域水资源管理职能分工。这样既加强了流域管理机构的管理协调能力，又调动了地方政府流域水资源管理的参与、协商作用和直接管理的积极主动性。

2. 流域与区域管理的结合点

（1）规划方面。流域规划包括流域综合规划和流域专业规划；区域规划包括区域综合规划和区域专业规划。流域范围内的区域规划应服从流域规划，专业规划应服从于综合规划。规划级别以及编制和批准规划的机构，充分体现了流域和区域相结合的思想，分级规划是流域管理与区域管理相结合的有效途径。

（2）开发利用方面。在水资源开发利用过程中，流域的管理主要体现在维持河流可持续利用，而区域管理则体现水资源使用效益的最大化。因此，流域内的各行政区在对水资源进行开发利用的过程中，必须服从流域综合规划的总体安排，防治对水生态水环境的破坏。

（3）水资源保护方面。流域水资源保护的重点是以流域为单元确定流域的生态需水量及流域的纳污能力，对污水排放及污水资源化进行管理；区域水资源保护的重点是加强生活用水的管理，对点源污染和面源污染进行综合管理。流域管理机构应加强对跨界河流、湖泊水功能区和排污口的监督管理，建立重大水污染事件通报制度，加强对水源地的保护，实现城乡居民饮用水安全。

（4）水资源配置与节约方面。流域水资源配置与节约的职能主要体现在以流域为单元实施水资源统一调度、优化配置；区域的水资源配置与节约职责主要体现在各产业间高效配置水资源，为区域创造更大的效益。

（5）水工程管理方面。水工程管理是水资源管理的基础条件和重要手段。根据法律规定，对流域水资源配置有重大作用和影响的控制性水工程，以及不适宜由地方直接管理的重要河段或容易引起纠纷的省际边界河段，应由流域管理机构直接管理。

（6）水法治体系建设方面。法律法规是建立流域管理与区域管理的保障。进一步推进流域水法规建设，加强流域性和地方性水法规的协调与建设，为流域水利事业提供法律保障。

第二节　国外水管理体制和模式

一、国外水资源管理概况

立法工作一直以来都是水资源保护和水环境管理的重点，以欧盟为例，欧盟的水环境立法大体经历了三个阶段：第一阶段立法是在1970年—1980年间，主要是根据水体的用途制定不同的水质标准，主要有《游泳水指令》《饮用水指令》《控制特定危险物质排放污染水体指令》等；第二阶段是20世纪90年代至2000年前后，此阶段关注点源头控制市政污水、农业退水和大型工业污染排放对水体的污染。制定了《市政污水处理指令》《硝酸盐指令》等；第三阶段弥补了前两个阶段立法单一性和分散性的不足，将水污染防治和保护工作统一起来，制定了《综合污染防治指令》和《水框架指令》等综合性法令。随着经济社会的发展和人们认识水平的提高，欧盟的水环境立法工作也将继续完善。

无论发达国家还是发展中国家，无论水资源丰沛还是贫乏，各个国家和地区的水资源保护工作在过去几十年里都经历了不同的演变过程。比如从传统的部门分割管理到综合的水资源管理；从政府管理为主到以市场调节为主要手段；制定新的法律和制度框架；进行了技术发展和制度创新等。下面选取几个典型国家进行阐述。

1. 资源保护

美国是联邦制国家，对水资源的管理是一种分散性的管理。中央一级没有统一的水资源管理机构，水资源属州所有，在水资源管理上实行以州为基本单位的管理体制。州以下分成若干个水务局，对供水、排水、污水处理等诸多水务统筹考虑、统一管理。

美国的水资源管理机构主要有以下几个部门：

- 美国陆军工程师兵团隶属于国防部。主要负责联邦政府投资项目的设计、施工，编制流域水资源开发利用规划，审查地方政府做的规划及设计，其工作主要侧重于防洪、航道、水电工作以及参与环境保护方面的工作。

- 归属于美国内务部的垦务局。是美国西部17个州水管理的一个职能部门，主要承担由联邦政府投资的跨州工程或其他重大工程，职能是呼吁美国公众关注水及相关的水环境、水资源管理、发展和保护。

• 流域管理委员会没有归属上级。与联邦政府属于并行机构，主要职责是协调流域内水资源开发与管理，制定相关法律法规。

• 归属于各州政府的州水资源局。主要负责本州的水资源开发与管理，承担本州内工程的规划、设计、监理、评估、分析、管理等业务。

• 除以上机构外，还有一个特别的管理机构——田纳西流域管理局（TVA），它既拥有联邦政府机关的权力，同时又具有私营企业的灵活性和主动性，集中了流域的规划、开发、研究、工程设计与施工、工程招标、土地转让、发放债券以及产品的生产、经营和销售的多种权力。

由于美国的水资源管理属于分散管理，在国家层面上没有统一机构，不利于整体的调动和管理。全国无统一的水资源管理法规，以各州自行立法与州际协议为基本管理规则，州际水资源开发利用的矛盾则由联邦政府有关机构进行协调，如果协调不成则往往诉诸法律，通过司法程序予以解决。另外，由于水资源保护工作涉及的部门较多，在国家层面上缺乏宏观管理，这往往会给水资源管理工作带来被动。

美国的水权制度是美国水资源管理和水资源开发利用的基础，建立在私有制的基础上。近年来，为了更合理有效地利用水资源，西部地区出现了水银行的水权交易体系，将每年水资源量按水权分成若干份，以股份制形式对水权进行管理，方便了交易程序，使水资源的经济价值得到充分体现。

美国水资源管理的重要工具是价格杠杆。美国水价的制定遵循市场规律，基本上要考虑水资源价值、供水及污水处理成本、新增供水能力投资。近年来水价的变化对水资源可持续利用也起到了促进作用。

当前，美国水资源管理的重要特点是水资源成为国家科技战略的重要支撑。为加强水资源管理决策并提供新的选择方案，对控制供水方面进行了研究和量化，主要技术工具包括新型测量技术、创新的观测网络设计、改善的数据访问途径和供水预测系统等，这些技术手段无疑拓宽了水资源管理的思路和途径。

2. 资源流域管理

法国水资源管理的成功经验主要体现在遵循自然流域（大水文单元）规律，设置流域水管理机构即流域管理局。这些流域管理局是法国的水质管理中心，是财政独立的公共行政管理机构，负责制定流域内的水污染控制政策，从经济和技术上协助实行防治水污染和开发水资源的合理规划。流域管理局利用经济和行政手段推动和保障防治水污染的各项工作。使得水污染的增长趋势得到了控制，河流水质得到很大改善。

历史上，法国曾实行以省为单位的水资源管理，随着法国工业的快速发展和城市化进程的推进，用水需求迅速增长，同时伴随着污染的加剧，导致水资源破坏严重。针对这种情况，法国在 1964 年颁布了《水法》，对水资源管理体制进行了改革。在此基础上不断地修改、补充与完善，目前施行的是 1992 年颁布的《水法》。从法律上强化全社会对水污染的治理，确定了职务目标的同时，建立了以流域基础的解决水问题的机制。由此可以看出法国根据其经济和社会的发展，适时调整本国对水资源的管理，由行政区域管理改变为流域管理的形式，这种管理形式既符合水文特征，又适应社会的发展。

法国在中央的水资源管理机构是国家水务委员会和部际水资源管理委员会。国家水务委员会隶属于法国环境部。为了加强水资源的集中管理，法国环境法规定将国家水务委员会直接归属于政府总理领导。部际水资源管理委员会由环境部、交通运输部、农业农村部、卫计委等有关部门组成，在各部之间，环境部拥有较广泛的综合权力，居于优先的地位。在地方，法国政府将全国的水体分为 6 大流域。流域级水资源管理机构是流域管理委员会和水利管理局。

以流域为整体立法是国际上水资源管理和污染防治的主要模式，美国、英国、日本等发达国家均采用此模式，其做法值得我们研究和借鉴。

3. 资源保护

德国的水资源比较充沛，总体上不存在水资源短缺的问题，但为了实现水资源的可持续利用，德国政府制定了严格的法律法规，并对水资源开发利用和污水处理排放实行严格管理，而通过技术研发推动水资源管理的思路也得到了很好的贯彻。

在联邦政府层面上。德国联邦环境、自然保护与核安全部总体负责全国水资源管理事务，负责相关法律法规的起草和实施，负责德国在欧盟范围跨流域水资源保护和海洋资源环境保护。此外，其他部门在联邦环境部总体协调下负责相关领域水资源管理工作。

在地方政府层面上。德国是联邦制国家，根据宪法，地方州政府在水资源管理方面拥有较大的自主权。虽然各联邦州对水资源管理的政策体系有所差异，但其机构设置和管理方法基本一致。

在国家层面上《联邦水法》是德国水资源管理的基本法，该法对水资源管理和保护规定详尽到具体技术细节，对城镇和企业的取水、水处理、用水和废水排放标准都有明确的规定。此外，德国政府还相继出台了一些专门法律法规。各联邦州和市政府需要地方立法将联邦政府制定的法律转化为地方法律，也可自行制定补充性的规定，同时负责水资源管理法律条例的实施。

从以上分析不难看出，德国的水资源行政管理体系分工明确，形成了联邦政府、地方政府和社会组织相互合作、互为补充的水资源可持续管理体制。此外，还构建了有效的跨流域管理国际合作机制，如“保护莱茵河国际委员会”等，该委员会的委员由该流域的相关国家组成，共同对莱茵河流域的水资源进行保护和管理。

4. 资源保护

从管理体制来讲，日本的水资源管理处于“多龙管水”的模式，日本政府部门有中央和省市，省以下的部门称为地方自治体。全国的水资源综合规划由国土厅负责；防洪、抗旱设施的建设，河流水资源开发的审批，由建设省负责；水力发电、工业用水由通商产业省负责；灌溉和农业用水由农林水产省负责；生活用水由厚生省负责等。

较完善的法制和严格法治是日本水环境管理的重要特点，也是污染防治成功的经验之一，较完善的环境法律体系，保证了环境管理的有法可依；合作式的机制，保证了在环境管理中严格执法。在日本，每一部法律之下，都有一些配套的政令，规则和告示作为法律实施中的具体操作规则，成为日本依法执政的法律保障。日本1970年颁布了《水质污染防治法》，1996年颁布了以流域为单元的《特定水系水道障碍防止及水源水质保护特别措施法》。日本地方政府创造的，被称为日本环境政策创新的《污染防治协议》在日本产业公害防治阶段发挥了更显著的作用。《污染防治协议》在1925年的一次最高法院裁决中取得了准法律的地位。大多数情况下，协议实际上是企业首要的环境约束。另一方面，日本政府（包括地方）在产业政策和投资政策上对企业有很强的干预和控制能力，所以企业基本上都必须履行协议。另外，剧烈的公害运动和特有的日本文化价值观也是企业履约的压力和社会基础，所以《污染防治协议》有其良好的优势，地方政府赢得了更多的自治权，企业与地方政府和市民能保持良好的关系，市民可以参与到污染防治中去。

从法律角度来讲，首先是对河流的管理，1964年出台了《河川法》，过去的法律主要是应对洪水，但存在着不足。因此对原有法律进行了修订，包括河流的管理、洪水的对策、水利的疏通和治水等。除此以外还有特定目的的《水库法》，是由国家直接管理的水库相关法律。

除此以外，为了促进利用水库来开发相应的地区，通过水源地区对策特别措施法；1997年修改的《河川法》追加了河流环境和治水计划的相关内容，除了这些与河流直接相关的法律，还有其他与之相关的法律，如土地改良法、点源促进法、工业用水法、水务法等。

5. 水资源保护

作为水资源极度缺乏的国家，以色列的水资源管理体制值得借鉴。以色列的水资源管理在中央政府方面主要包括以下部门：

• 基础设施部。负责实施水法以及其他的水资源管理法律。通过水法授权，基础设施部制定了在渔场、花园、工厂、家禽养殖场以及游泳池等地使用水资源的规定，此外还规范某些地区的水供给和需求，建立用水定额和优先秩序。它授权某个公司作为一个水管理机构去规划、建立和运行水设施，如果水管理机构没有履行职责，可以对其采取措施。这个部还可以任命一些与水相关的机构，如水规划和消费代表委员会。基础设施部还有权确定供水的费率，包括 Mekorot 公司（Mekorot 公司负责向消费者供水）供水的费率。

• 农业农村部。农业农村部的任务是为农民提供大量、廉价的水资源。

• 财政部。主要为水资源管理提供预算。

• 环境部。负责防治水污染。

• 健康部。负责实施国家健康条例（1940 年）。健康部被授权颁布一些规定，如定义饮用水的卫生质量，确定水源的卫生条件，并负责管理供水系统的卫生问题。健康部还制定了废水治理和排放方面的法规。健康部与农业农村部一起，确定用于灌溉和其他用水的水质标准，对达到水净化标准的授予许可证。

• 内政部。内政部管理着地方管理机构。通过控制其预算，内政部监督地方管理机构的涉及水和废水方面的活动。

Mekorot 是以色列的国家供水公司，它的目标是建立一个国家的供水系统。它是根据 1959 年水法成立的一个控制全国供水系统的机构。作为国有公司，它在政府的监督下独立运作，但附属于基础设施部和财政部，为城镇居民、农民和工业提供大量供水。此外，以色列还有一些与水相关的实体，如地方管理机构、规划委员会等。

为协调部门间涉水事务，根据水法，以色列成立了全国水务委员会。负责制定水政策、发展规划、用水计划和供水配额。以及水土保护、防治污染、污水净化、海水淡化等有关水资源开发与管理的具体工作。

以色列不仅以法律的形式对水资源利用进行了严格规定，还采取了许多积极的水资源开发和保护措施，中水回用、截流和人工回灌、人工降雨以及海水淡化等新型水资源开发也非常值得借鉴。

在国外，20世纪80年代以前，水环境管理基本上经历了“污染—治理”的路子，并通过生物化学等手段净化水体，改善水环境质量。而目前更多地已从控制单元的污染防治转移到流域生态系统的整体恢复与保护上来。例如，美国以水生态分区作为管理基础，采用水生态系统完整性评价方法，综合考虑水生态资源和人类干扰，实现水资源与水环境质量综合管理。

当前，国际基于水生态系统安全的环境管理日益成为主流，这种管理强调了从生态系统健康角度进行管理。美国EPA基于水生态分区开展水环境管理，根据水生态分区制定生物保护指标和标准，确定富营养化的基准，确定面源控制的管理标准，以此确定生态参考区域的选择等等问题。欧盟在其2000年制定的水框架协议中，也提出水生态系统健康保护是其所追求的基本目标，在2015年实现境内水体的生态系统状况良好，为此，也制定了基于水体分区的保护目标制定策略。

二、国外流域政府间横向协调

以美国为例，科罗拉多流域政府间横向协调机制是以府际治理协调机制为主，府际治理机制重视对协商手段的运用，并综合采取流域“公共能量场”、流域政府间联盟、流域规划以及流域政府间电子治理等各种实现形式，对于协调流域政府间关系，促进对流域水资源配置使用的负外部性合作治理发挥着举足轻重的作用。在协调过程中，注重科层协调机制的保障作用，科层协调机制运用自上而下的层级控制方式，进而通过流域管理机构、流域法治、一体化行政区划等实现形态在协调流域政府间关系过程中起着异乎寻常的作用。同时将市场协调机制引入，市场协调机制经由产权自由化和创造竞争的途径，进而采取流域水权交易、排污收费与排污权交易、流域政府间生态补偿以及污水处理民营化等策略选择，可以有效增进流域政府间对流域水资源配置使用的负外部性合作治理。

而美国其他流域也有自己一套横向协调机制，如田纳西流域政府间横向协调机制是以科层制为主导，另外辅以府际治理协调机制和市场协调机制。同时设立了“地区资源管理理事会”，构建了协商的场所，具有重要意义。

澳大利亚的墨累—达令流域的横向协调机制也很典型，该流域的横向协调机制也是以府际治理机制为主，科层机制和市场机制为补充。

流域“公共能量场”是府际治理机制的重要实现形式，墨累—达令流域1992年协议的重要成果在于建构和完善了部长理事会、流域委员会和社区咨询委员会等三个机构，它们正是州政府间以及联邦、公众等多种利益主体真诚参与并展开平等协商的话语场所，也由此成了流域“公共能量场”的现实依托，这使得后者的效能得以切实体现。墨累—达令流域以上三个不同层面的管理机构，其成员均来自流域内各州政府以及其他相关利益群体，具有广泛的代表性；其性质亦均非科层体系的官僚机构；其议事过程则都采取了平等、真诚协商的方式。由于这些原因，三者恰当而充分地体现了流域“公共能量场”的特点，也正缘于此，三者的流域水环境治理工作及其通过的水权分配决议更能获得流域内各州的理解和尊重，进而可以实现对州际流域水资源消费的负外部性合作治理较为理想的效果。

科层型协调机制主要表现在：首先，设立了统一的、权威性的流域管理机构。部长理事会及其执行机构——流域委员会是“流域公共能量场”的话语场所，但同时亦被授予充分的权威，这使其在一定程度上又符合了科层型协调机制的特征和要求。其次，出台了流域法律。

水权交易及流转是市场型协调机制的一种策略选择，墨累—达令流域正存在着临时水权交易、水权出租等多种水资源流转形式，在墨累河下游地区还开展了州际水权交易试点。

参考文献

[1] 孟伟. 流域水污染物总量控制技术与规范［M］. 北京：中国环境科学出版社，2008.

[2] 沈渭寿，曹学章金燕. 矿区生态破坏与生态重建［M］. 北京：中国环境科学出版社，2004.

[3] 曾贤刚. 环境与资源价值评估：理论与方法［M］. 北京：中国人民大学出版社，2002.

[4] 安婷，朱庆平. 青海湖“健康”评价及保护对策［J］. 华北水利水电大学学报（自然科学版），2018，39（5）.

[5] 包存宽，张敏，尚金城. 流域水污染物排放总量控制研究——以吉林省松花江流域为例［J］. 地理科学，2000（1）.

[6] 毕守海. 全国地下水超采区现状与治理对策［J］. 地下水，2003，25（2）.

[7] 卜跃先，柴铭. 洞庭湖水污染环境经济损害初步评价［J］. 人民长江，2001，32（4）.

[8] 曹凤中，周国梅. 对中国环境污染损失估算的评估与建议［J］. 环境科学与技术，2001（4）.

[9] 陈家长，孟顺龙，尤洋，等. 太湖五里湖浮游植物群落结构特征分析［J］. 生态环境学报，2009，18（4）.

[10] 陈新凤. 太原市能源结构调整的大气环境损益评价［J］. 经济师，2005（2）.

[11] 陈星，崔广柏，刘凌，等. 计算河道内生态需水量的 DESKTOP RESERVE 模型及其应用［J］. 水资源保护，2007（1）.

[12] 陈禹衡. 浑太流域生物完整性健康评估［J］. 水利规划与设计，2022

(1).

[13] 程琳琳，胡振琪，宋蕾. 我国矿产资源开发的生态补偿机制与政策 [J]. 中国矿业，2007 (4).

[14] 董哲仁. 水利工程对生态系统的胁迫 [J]. 水利水电技术，2003 (7).

[15] 董哲仁，张晶，赵进勇. 环境流理论进展述评 [J]. 水利学报，2017, 48 (6).

[16] 郭升选. 生态补偿的经济学解释 [J]. 西安财经学院学报，2006, 19 (6).

[17] 邓红兵，王青春，王庆礼，等. 河岸植被缓冲带与河岸带管理 [J]. 应用生态学报，2003, 23 (1).

[18] 邓建明，蔡永久，陈宇炜，等. 洪湖浮游植物群落结构及其与环境因子的关系 [J]. 湖泊科学，2010, 22 (1).

[19] 丰华丽，王超，李剑超. 生态学观点在流域可持续管理中的应用 [J]. 水利水电快报，2001 (14).

[20] 郭妮娜. 浅析我国水资源现状、问题及治理对策 [J]. 安徽农学通报，2018, 24 (10).

[21] 侯佳明，赵昀皓. 太湖流域水生态状况演变及评价 [J]. 吉林水利，2016 (5).

[22] 胡振琪，杨秀红，鲍艳，等. 论矿区生态环境修复 [J]. 科技导报，2005 (1).

[23] 黄学伟，李永庆，刘江侠，等. 北运河旅游通航水源条件分析 [J]. 海河水利，2021 (5).

[24] 纪强，史晓新，朱党生，等. 中国水功能区划的方法与实践 [J]. 水利规划设计，2002 (1).

[25] 金友良，肖序，王伟达. 对企业环境成本控制的探讨 [J]. 上海会计，2001 (12).

[26] 鲁洪. 水资源利用中存在的生态问题及对策 [J]. 绿色环保建材，2016 (10).

[27] 李丽华，水艳，喻光晔. 生态需水概念及国内外生态需水计算方法研究 [J]. 治淮，2015 (1).

[28] 雷波，张琳琳，冯姣姣，等. 陕西省泾河河岸带状况评估 [J]. 陕西水利，2021 (10).

[29] 李连华，丁庭选. 环境成本的确认和计量 [J]. 经济经纬，2000 (5).

[30] 李丽娟，郑红星. 海滦河流域河流系统生态环境需水量计算 [J]. 地理学报，2000 (4).

[31] 林万祥，肖序. 企业环境成本的确认与计量研究 [J]. 财会月刊，2002 (6).

[32] 门宝辉，林春坤，李智飞，等. 永定河官厅山峡河道内最小生态需水量的历时曲线法 [J]. 南水北调与水利科技，2012，10 (2).

[33] 倪晋仁，崔树彬，李天宏，等. 论河流生态环境需水 [J]. 水利学报，2002 (9).

[34] 倪深海，郑天柱，徐春晓. 地下水超采引起的环境问题及对策 [J]. 水资源保护，2003，19 (4).

[35] 彭文启. 水功能区限制纳污红线指标体系 [J]. 中国水利，2012 (7).

[36] 普传杰，秦德先，黎应书. 矿业开发与生态环境问题思考 [J]. 中国矿业，2004 (6).

[37] 茹彤，韦安磊，杨小刚，等. 基于河流连通性的河流健康评价 [J]. 中国人口·资源与环境，2014，24 (S2).

[38] 尚时路. 资源开发的生态补偿——一个不容回避的话题 [J]. 中国发展观察，2005 (6).

[39] 沈大军. 水资源费征收的理论依据及定价方法 [J]. 水利学报，2006，37 (1).

[40] 史浙明，黄薇. 大量利用地下水的生态补偿机制研究 [J]. 长江科学院院报，2009，26 (9).

[41] 孙军，刘东艳. 多样性指数在海洋浮游植物研究中的应用 [J]. 海洋学报，2004，26 (1).

[42] 孙庆先，胡振琪. 中国矿业的环境影响及可持续发展 [J]. 中国矿业，2003，12 (7).

[43] 孙雪岚，胡春宏. 关于河流健康内涵与评价方法的综合评述 [J]. 泥沙研究，2007 (5).

[44] 谭仲明. 行业生态损益能力评价及生态经济禀赋研究 [J]. 统计研究, 1996 (6).

[45] 田立鑫, 韩美, 徐泽华, 等. 近 50 年淮河流域气温时空变化及其与 PDO 的关系 [J]. 水土保持研究, 2019, 26 (6).

[46] 欧阳志云, 赵同谦, 王效科, 等. 水生态系统服务功能分析及其间接价值评价 [J]. 生态学报, 2004, 24 (10).

[47] 王冬朴, 马中. 浅析环境影响评价体系在环境与发展综合决策中的功能 [J]. 环境保护, 2005 (5).

[48] 王红旗, 秦成, 陈美阳. 地下水水源地污染防治优先性研究 [J]. 中国环境科学, 2011, 31 (5).

[49] 王怀军, 潘莹萍, 陈忠升. 1960~2014 年淮河流域极端气温和降水时空变化特征 [J]. 地理科学, 2017, 37 (12).

[50] 王乙震, 罗阳, 周绪申, 等. 白洋淀浮游动物生物多样性及水生态评价 [J]. 水资源与水工程学报, 2015, 26 (6).

[51] 王幼莉. 项目经济评价中环境成本问题探讨 [J]. 企业经济, 2003 (4).

[52] 韦翠珍, 李洪亮, 付小峰, 等. 淮河流域新时期突出水生态问题探讨 [J]. 安徽农业科学, 2021, 49 (15).

[53] 吴卫菊, 王玲玲, 张斌, 等. 梁子湖水生生物多样性及水质评价研究 [J]. 环境科学与技术, 2014, 37 (10).

[54] 肖卫, 周刚炎. 三种生态流量计算方法适应性分析及选择 [J]. 水利水电快报, 2020, 41 (12).

[55] 肖序, 毛洪涛. 对环境成本应用的一些探讨 [J]. 会计研究, 2000 (6).

[56] 熊惠波, 周燕芳, 江源, 等. 扎鲁特旗土地利用变化中的生态损益估算 [J]. 干旱区研究, 2003, 20 (2).

[57] 徐得潜, 张乐英, 席鹏鸽. 制定合理水价的方法研究 [J]. 中国农村水利水电, 2006 (4).

[58] 徐嵩龄. 生态资源破坏经济损失计量中概念和方法的规范化 [J]. 自然资源学报, 1997, 12 (2).

[59] 徐志侠，董增川，周健康，等. 生态需水计算的蒙大拿法及其应用 [J]. 水利水电技术，2003 (11).

[60] 徐志侠，王浩，陈敏建，等. 基于生态系统分析的河道最小生态需水计算方法研究（Ⅱ）[J]. 水利水电技术，2005 (1).

[61] 徐志侠，陈敏建，董增川. 湖泊最低生态水位计算方法 [J]. 生态学报，2004 (10).

[62] 徐中民，张志强，程国栋，等. 额济纳旗生态系统恢复的总经济价值评估 [J]. 地理学报，2002 (1).

[63] 尹小娟，钟方雷. 生态系统服务分类的研究进展 [J]. 安徽农业科学，2011, 39 (13).

[64] 杨晓航，管毓和，黄明杰. 矿产资源开发的生态补偿机制探索 [J]. 中国工程咨询，2007 (7).

[65] 游清徽，刘玲玲，方娜，等. 基于大型底栖无脊椎动物完整性指数的鄱阳湖湿地生态健康评价 [J]. 生态学报，2019，39 (18).

[66] 于龙娟，夏自强，杜晓舜. 最小生态径流的内涵及计算方法研究 [J]. 河海大学学报（自然科学版），2004 (1).

[67] 郁丹英，贾利. 关于洪泽湖生态水位的探讨 [J]. 水利规划与设计，2005 (2).

[68] 郁丹英，赖晓珍，贾利. 淮河流域重要河流湖泊水功能区达标分析 [J]. 治淮，2013 (1).

[69] 张建春. 河岸带功能及其管理 [J]. 水土保持学报，2001，15 (6).

[70] 张萍，高丽娜，孙翀，等. 中国主要河湖水生态综合评价 [J]. 水利学报，2016，47 (1).

[71] 张强，崔瑛，陈永勤. 基于水文学方法的珠江流域生态流量研究 [J]. 生态环境学报，2010，19 (8).

[72] 张赛赛，高伟峰，孙诗萌，等. 基于鱼类生物完整性指数的浑河流域水生态健康评价 [J]. 环境科学研究，2015，28 (10).

[73] 张志强，徐中民，程国栋，等. 黑河流域张掖地区生态系统服务恢复的条件价值评估 [J]. 生态学报，2002 (6).

[74] 赵军凯，蒋陈娟，祝明霞，等. 河湖关系与河湖水系连通研究 [J].

南水北调与水利科技，2015，13（6）.

［75］赵美丽，史小红，赵胜男，等. 2019 年夏季内蒙古呼伦湖的水生动植物物种多样性和生态状况［J］. 湿地科学，2022，20（2）.

［76］赵艳红，徐小松，罗煜宁，等. 南四湖健康评估及问题探讨［J］. 水利规划与设计，2019（12）.

［77］郑文英，杨寿彭，孙海. 安徽省环境系统经济损失值及其分布特征［J］. 环境监测管理与技术，2000（3）.

［78］中国水利水电科学研究院. 河湖健康评估技术导则［M］. 北京：水利水电出版社，2020.

［79］钟华平，刘恒，耿雷华，等. 河道内生态需水估算方法及其评述［J］. 水科学进展，2006（3）.

［80］祝立宏. 略论可持续发展战略下的环境成本核算［J］. 会计之友，2001（11）.

［81］朱少波. 太浦河河岸带物理结构健康评估——以金泽水库段河岸带为例［J］. 中国资源综合利用，2021，39（10）.

［82］朱瑶. 大坝对鱼类栖息地的影响及评价方法述评［J］. 中国水利水电科学研究院学报，2005（2）.

［83］李雪松. 查干湖湖泊健康评估研究［D］. 长春：吉林大学，2018.

［84］李翀. 长江流域实现可持续发展生态环境管理综合决策模型［D］. 北京：中国水利水电科学研究院，2001 .

［85］梁友. 淮河水系河湖生态需水量研究［D］. 北京：清华大学，2008.

［86］田雪娇. 黄河三峡风景名胜区旅游资源价值评估及客源市场研究［D］. 兰州：兰州大学，2007.

［87］王备新. 大型底栖无脊椎动物水质生物评价研究［D］. 南京：南京农业大学，2003.

［88］魏辰. 水功能区优化布局研究［D］. 西安：西北大学，2019.

［89］吴岚. 水土保持生态服务功能及其价值研究［D］. 北京：北京林业大学，2007.

［90］吴阿娜. 河流健康评价：理论、方法与实践［D］. 上海：华东师范大学，2008.

[91] 杨净. 鼓山风景名胜区旅游资源经济价值评估研究 [D]. 福州：福建师范大学，2010.

[92] 张锋. 森林游憩资源价值评估理论方法与实践 [D]. 南京：南京农业大学，2007.

[93] 张泽聪. 大凌河河流健康物理结构完整性调查技术及计算方法研究 [D]. 保定：河北农业大学，2013.

[94] 赵军. 生态系统服务的条件价值评估：理论、方法与应用 [D]. 上海：华东师范大学，2005.

[95] BARBOUR M T, GERRITSEN J, SNYDER B D, et al. Rapid Bioassessment Protocols For Use in Streams and Wadeable Rivers: Periphyton, Benthic Macroinvertebrates, and Fish Second Edition [M]. Washing DC: US Environmental protection Agency, office of water, 1999.

[96] NEHRINGR B. Evaluation of instream flow methods and determination of water quantity needs for streams in the state of Colorado [M]. Colorado: Colorado Division of Wildlife, 1979.

[97] PARSONS M, THOMS M, NORRIS R. Australian River Assessment System: Review of Physical River Assessment Methods——A Biological Perspective [M]. Canberra: Commonwealth of Australia and University of Canberra, 2002.

[98] WRIGHT J F, SUTCLIFFE D W, FURSE M T. Assessing the biological quality of fresh waters: RIVPACS and other techniques [M]. Ambleside: The Freshwater Biological Association, 2000.

[99] AMES D P. Estimating 7Q10 confidence limits from data: a bootstrap approach [J]. Journal of water resources planning and management, 2006, 132 (3).

[100] ARTHINGTON A H, RALL J L, KENNARD M J, et al. Environmental flow requirements of fish in Lesotho rivers using the DRIFT methodology [J]. River Research & Applications, 2003, 19 (5-6).

[101] ARUNACHALAM M. Assemblage structure of stream fishes in the Western Ghats (India) [J]. Hydrobiologia, 2000, 430 (1-3).

[102] LIU B J, SHENGPING L. The present situation, utilization and protection of water resource [J]. Journal of Southwestern Petroleum Institute Natural

Science Edition, 2007, 29 (6).

[103] BOON P J, WILKINSON J, MARTIN J. The application of SERCON (System for Evaluating Rivers for Conservation) to a selection of rivers in Britain [J]. Aquatic Conservation: Marine and Freshwater Ecosystems, 1998, 8 (4).

[104] CAI J, VARIS L, YIN H. China's water resources vulnerability: A spatio-temporal analysis during 2003-2013 [J]. Journal of Cleaner Production, 2017, 142.

[105] CAISSIE D, ELJABI N. Comparison and regionalization of hydrologically based instream flow techniques in atlantic canada [J]. Canadian Journal of Civil Engineering, 1995, 22 (2).

[106] COTTINGHAM P, THOMS M C, QUINN G P. Scientific panels and their use in environmental flow assessment in Australia [J]. Australian Journal of Water Resources, 2002, 5 (1).

[107] GIPPEL C J, STEWARDSON M J. Use of wetted perimeter in defining minimum environmental flows [J]. Regulated Rivers Research & Management, 1998, 14 (1).

[108] KARR J R. Assessment of biotic integrity using fish communities [J]. Fisheries, 1981, 6 (6).

[109] KARR J R, CHU E W. Sustaining living rivers [J]. Hydrobiologia, 2000, 422.

[110] KARR J R, ROSSANO E M. Applying public health lessons to protect river health [J]. Ecology and Civil Engineering, 2001, 4.

[111] KERANS B L, KARR J R. A benthic index of biotic integrity (B-IBI) for rivers of the Tennessee Valley [J]. Ecological Applications, 1994, 4.

[112] KLEYNHANS C J. A qualitative procedure for the assessment of thehabitat integrity status of the Luvuvhu River (Limpopo system, South Africa) [J]. Journal of Aquatic Ecosystem Health, 1996, 5 (1).

[113] KING J, LOUW D. Stream flow assessments for regulated rivers in South Africa using the Building Block Methodology [J]. Aquatic Ecosystem Health&Management, 1998, 1 (2).

[114] LIU J, YANG W. Water Sustainability for China and Beyond [J]. Science, 2012, 337 (6095).

[115] MATTHEWS R C, BAO Y. The texas method of preliminary instream flow determination [J]. Rivers, 1991, 2 (4).

[116] MCKONE P D. Streams and their corridors-functions and values [J]. Journal of Management in Engineering, 2000, 5.

[117] NAIMAN R J, ECAMPS H D. The ecology of interfaces: riparian zones [J]. Annu Rev Ecol Syst, 1997, 28.

[118] JIA J, CHEN Q, REN H, et al. Phytoplankton Composition and Their Related Factors in Five Different Lakes in China: Implications for Lake Management [J]. International Journal of Environmental Research and Public Health, 2022, 19 (5).

[119] JIANG Y, CHAN F, HOLDEN J, et al. China's water management-challenges and solutions [J]. Environmental Engineering and Management Journal, 2013, 12 (7).

[120] JUNGWIRTH M, MUHAR S, SCHMUTZ S. Assessing the ecological integrity of running waters, proceedings of the international conference [J]. Hydrobiologia, 2000, 422/423.

[121] JUNGWIRTH M, MUHAR S, SCHMUTZ S. Re-establishing and assessing ecological integrity in riverine landscapes [J] Freshwater Biology, 2002, 47.

[122] LADSON A R, WHITE L J, DOOLAN J A, et al. Development and testing of an Index of Stream Condition for waterway management in Australia [J]. Freshwater Biology, 1999, 41 (2).

[123] ORTH D J, LEONARDP M. Comparison of discharge methods andhabitat optimization for recommending instream flows to protect fishhabitat [J]. Regulated River, 1988, 5.

[124] RICHTER B D, BAUMGARTNER J V, BRAUN D P, et al. A spatial assessment of hydrologic alteration within a river network [J]. Regulated Rivers: Research and Management, 1998, 14 (4).

[125] TENNANT D L. Instream Flow Regimes for Fish, Wildlife, Recreation and Related Environmental Resources [J]. Fishers, 1976, 1 (4).

[126] THARME R E. A global perspective on environmental flow assessment: E-merging trends in the development and application of environmental flow methodologies for rivers [J]. River Research and Applications, 2003, 19 (5-6).

[127] MARGALEF R. Diversity [C] //SOURNIA A. Phytoplankton Manual: Monographs on Oceanographic Methodology 6. Pairs: UNESCO, 1978.

后 记

水资源是人类社会经济发展和维持生态系统的重要保障。由于社会经济的发展和人口的高度聚集，这些地区对水资源的需求更为迫切，而我国水资源区域分布不均，需求与供给的矛盾成为水资源管理的焦点。随着我国生态文明战略的提出和实施，生态系统保护与修复是我国当前的重要工作之一，考虑生态系统的水资源需求和平衡生态需水与人类生产生活需水成为当前水资源管理工作的重点。水资源管理工作的实效性和前瞻性需要科学研究成果来支撑，本书的成稿是在课题组多项科研课题的研究成果基础上汇集而成。

课题组从事水资源科学研究始终与我国水资源管理需求紧密结合，科学研究与我国实际相结合，这是我们从事科学研究一直秉持的理念。我们从事水资源管理的科学研究得益于许新宜教授丰富的水资源管理工作经历和具国际视野的战略眼光，他真正了解中国水资源管理的实际需求。在课题的研究过程中，他带领课题组深入基层一线，调查研究水资源管理工作的具体情况和实际需求，促进了课题研究成果接地气和落地。同时，研究工作得到水利部诸多领导和同仁的指导和帮助，有石秋池女士、刘平先生、李原园先生、郦建强先生、魏开湄教授、高尔坤先生、袁建平先生等，在此表示诚挚的谢意。

我国幅员辽阔，水资源分配不均，各地的需求差异大，如何高效管理水资源、保障人类福祉始终是我国水资源管理工作的首要任务。本书仅仅从我国水功能区的管理目标、与水相关的生态补偿机制以及水资源保护协调机制方面进行了研究，体现了我国水资源管理工作需求的点滴。未来我国水资源管理工作的纵深推进将提供更多的科学研究需求，如地表水-地下水协同管理、流域多水源协同管理、水资源多属性协同管理、水资源精细化管理等，本书的成果抛砖引玉，课题组期望与更多的同行、学者交流共进，提升水资源科学研究的支撑作用。

在本书研究和成稿期间，当时我国水资源管理中存在的突出问题主要是水资源匮乏和水生态系统恶化等突出问题。因此，本书中较为强调河流断面的水质保护与生态流量的维持等。习近平总书记在中共十八大报告中提出了生态文明的发展理念，先后提出了“绿水青山也是金山银山”和流域高质量发展的理论，强调了从流域系统开展水、土、生态等资源的系统管理与保护。因此，在本书研究基础上，作者也与时俱进正在开展流域水土资源系统治理和生态修复研究，希望后期也能以飨读者。

作者

2023 年 7 月

于北京师范大学